Statistische Methoden in der Experimentalphysik

Statistische Methoden in der Experimentalphysik

Martin Erdmann
Thomas Hebbeker
Alexander Schmidt

Pearson

Bibliografische Information der Deutschen Nationalbibliothek

Die Deutsche Nationalbibliothek verzeichnet diese Publikation in der Deutschen Nationalbibliografie; detaillierte bibliografische Daten sind im Internet über *http://dnb.dnb.de* abrufbar.

ISBN 978-3-86894-391-7 (Buch)
ISBN 978-3-86326-888-6 (E-Book)

Lilienthalstr. 2, D-85399 Hallbergmoos/Germany

www.pearson.de
A part of Pearson plc worldwide

Programmleitung: Birger Peil, bpeil@pearson.de
Korrektorat: Micaela Krieger-Hauwede, micaela.krieger@online.de
Herstellung: Philipp Burkart, pburkart@pearson.de
Coverabbildung: © Sergey Nivens, Shutterstock
Satz: Micaela Krieger-Hauwede, Leipzig

Inhaltsverzeichnis

Motivation

Statistische Methoden? Berechnung am Computer? Ich studiere Physik! – hören wir gelegentlich. Richtig: Wir entwickeln physikalische Konzepte zu Naturvorgängen und überprüfen diese theoretischen Vorhersagen anhand von Experimenten. Bloß, warum treffen unsere Experimente nicht direkt den richtigen Naturwert? Warum streuen die Messwerte? Wie können wir trotz Streuungen der Messwerte sichere Schätzungen des korrekten Naturwerts gewinnen? Und wie genau ist dann unsere Schätzung? Ist unsere Messung mit einer theoretischen Vorhersage kompatibel?

Die Statistik hat die zugehörigen Antworten: Unsere Messwerte fassen wir als Stichprobe aus einer Wahrscheinlichkeitsverteilung auf. Ihr liegt der korrekte Naturwert zugrunde. Die Form der Verteilung hängt von den experimentellen Bedingungen und den Unsicherheiten der experimentellen Apparatur ab und kann wegen der vielen Einflüsse oft nur mit dem Computer berechnet werden. Zum Experimentieren gehört beides: die Schätzung des korrekten Naturwerts aus den Messungen und die Schätzung der Genauigkeit in der Form von statistischen und systematischen Unsicherheiten, die die Präzision unseres Experiments begrenzen.

Dieses Lehrbuch orientiert sich an den Anforderungen des Bachelorstudiums Physik und konkretisiert den Lernstoff für Datenanalysen in der Experimentalphysik an den Universitäten. Studierende sollen sich die wesentlichen Datenanalysekonzepte aneignen, relevante statistische Methoden kennenlernen und anwenden sowie Fähigkeiten zur Durchführung von Berechnungen und Simulationen am Computer entwickeln.

Als Programmiersprache verwenden wir *Python* mit den zugehörigen Bibliotheken *numpy*, *scipy* und *matplotlib* [1, 2, 3, 4]. Für häufig verwendete Funktionen geben wir den Python-Quellcode an. Für markierte Abbildungen steht beim Verlag Quellcode zum Download zur Verfügung. Damit können diese Abbildungen am eigenen Computer nachvollzogen werden.

EXTRAS ONLINE Quellcode

Wir starten bei den elementaren Konzepten der Statistik, zeigen die Grundlagen der Wahrscheinlichkeitsverteilungen und vermitteln schließlich auch eine Idee von den modernsten Entwicklungen mit Boosted Decision Trees und neuronalen Netzwerken sowie der Behandlung korrelierter systematischer Unsicherheiten, die in aktuellen Datenanalysen bei großen internationalen Experimenten der Teilchenphysik verwendet werden.

Univ.-Prof. Dr. rer. nat. M. Erdmann,
Univ.-Prof. Dr. rer. nat. T. Hebbeker,
Univ.-Prof. Dr. rer. nat. A. Schmidt

Aachen

Messwert und Messgenauigkeit

1

ÜBERBLICK

» Messwerte eines Experiments unterliegen zufälligen Schwankungen, die zum Beispiel durch naturgegebene physikalische Prozesse oder die begrenzte Genauigkeit der Messapparatur zustande kommen können. Wir stellen in diesem Kapitel das wichtigste statistische Verfahren vor, um aus Messwerten eine Schätzung des wahren Werts und quantitative Angaben über die Unsicherheit der Schätzung zu extrahieren.

Für einfache Praktikumsversuche mag die Anwendung solcher Rezepte ausreichen. Um professionell zu experimentieren und mit Messdaten auch komplexere Fragestellungen beantworten zu können, ist ein Verständnis für die Gründe und Ursachen der Verfahren erforderlich. Wir werden daher in diesem Kapitel den weiteren Verlauf dieses Lehrbuchs motivieren. «

1.1 Ergebnisangaben eines Experiments

Datenanalysen werden in vielen unterschiedlichen Bereichen wie z. B. Medizin, Psychologie, Wirtschaft, Banken, Wettervorhersage, Geheimdiensten etc. benötigt. Weltweit werden offensichtlich immer mehr Daten aufgenommen, man spricht von »Big Data«. Um die Bedeutung der Daten zu verstehen, werden überall Experten gebraucht, die mit statistischen Verfahren korrekt umgehen können.

In den experimentellen Naturwissenschaften werden Datenanalyseverfahren eingesetzt, um Gesetzmäßigkeiten herauszufinden und um die Reproduzierbarkeit von Experimenten zu quantifizieren. Die beiden wichtigsten Fragestellungen betreffen hier das Messresultat und die Unsicherheit, mit der das Resultat des Experiments behaftet ist.

Bei den Messunsicherheiten unterscheidet man zwei Sorten von Messfehlern:

Systematische Fehler: Fehler, die auch bei Wiederholung des Experiments Messwerte in dieselbe Richtung verschieben (z. B. zu kleineren Werten).

Statistische Fehler: Zufällig auftretende Fehler. Sie streuen um den wahren Wert.

Als **Messergebnis** eines Experiments wird üblicherweise die aus vielen Messwerten extrahierte beste Schätzung des wahren Werts (»Messwert«) inklusive der Unsicherheiten in folgender Weise notiert:

$$\text{Messwert} \pm \text{Fehler} \tag{1.1}$$

Falls sich statistische und systematische Fehler trennen lassen, gibt man sie häufig auch separat an:

$$\text{Messwert} \pm \text{statistische Fehler} \pm \text{systematische Fehler} \tag{1.2}$$

Diese Messfehler beziehen sich auf die Genauigkeit des mit dem Experiment ermittelten Messresultats. *Nicht* gemeint sind mit diesen Fehlern Abweichungen von theoretischen Berechnungen oder von Angaben aus der Literatur.

Die Fehlerangabe ist eine Wahrscheinlichkeitsaussage. Üblicherweise bedeutet diese Angabe, dass sich der **wahre Wert** mit 68% Wahrscheinlichkeit innerhalb des Fehlerintervalls [Messwert−Fehler, Messwert+Fehler] befindet.

Außerdem enthält die Fehlerangabe ein Maß für die Reproduzierbarkeit des Experiments. Bei einer wiederholten Messung wird der neue Messwert mit 68% Wahrscheinlichkeit innerhalb des Fehlerintervalls um den ursprünglichen Messwert liegen.

1.2 Messwerte einer Messreihe

Um uns einen Eindruck von einer statistischen Auswertung von Messdaten zu verschaffen, machen wir das folgende Gedankenexperiment:

Experiment 1.1: Zeitmessung für Tennisball

Eine Tennisballmaschine (► Abbildung 1.1) schleudert einen Ball unter einem festen Abwurfwinkel mit einer bestimmten Anfangsgeschwindigkeit. Wir messen die Zeit t vom Abschuss bis zum Überqueren des Netzes insgesamt 8 Mal. Die Messwerte der Messreihe sind in der ► Tabelle 1.1 aufgeführt.

t/s:	1,10	0,98	1,22	1,01	1,05	0,85	0,99	1,03

Tabelle 1.1 Die Werte zeigen 8 Zeitmessungen mit der Tennisballmaschine vom Abschuss des Balls bis zum Überqueren des Netzes in Einheiten von Sekunden.

Tennisballmaschine

Abbildung 1.1 Tennisballmaschine

Eine automatische Schleuder soll Tennisbälle möglichst gleichförmig in das gegnerische Spielfeld katapultieren. Wir messen wiederholt die Zeit vom Abschuss bis zum Überqueren des Netzes.

Gesucht ist eine Schätzung der wahren Flugzeit des Tennisballs über die Zeitmessungen der Messreihe. Wir gehen in diesem Beispiel davon aus, dass Abwurfwinkel und Abschussgeschwindigkeit sehr genau reproduzierbar sind und nur die Zeitmessung mit einer Stoppuhr messbar schwankt.

Wir wollen die Genauigkeit dieser Zeitschätzung bestimmen und dabei auch eine Aussage über die Reproduzierbarkeit des Experiments erhalten. Bevor wir die entsprechenden Antworten geben, entwickeln wir eine Vorstellung davon, wie die Messwerte zustande kommen.

1.2.1 Statistische Interpretation von Messwerten

Jede einzelne Messung wird von naturgegebenen Schwankungen und von apparativen Fehlerquellen beeinflusst, die den Wert zum Zeitpunkt der Messung bestimmen. Einen Messwert erhalten wir demnach mit einer gewissen Wahrscheinlichkeit (Kapitel 2).

Die Messdaten $x_1, x_2, \ldots, x_n$ eines Experiments können wir als Zufallsvariable auffassen, die einer Wahrscheinlichkeitsverteilung $f(x)$ entnommen wurden (Kapitel 3). Gemeinsam bilden diese Messwerte eine sogenannte **Stichprobe** aus dieser Wahrscheinlichkeitsverteilung (Kapitel 4). Die Wahrscheinlichkeitsverteilung ist vom Experiment abhängig.

Mit mehreren Messdaten können wir die zugrunde liegende Wahrscheinlichkeitsverteilung rekonstruieren und z. B. mit dem wahrscheinlichsten Wert und der Breite der Verteilung charakterisieren (Kapitel 3). Dabei wollen wir den wahren Wert, den wir z. B. als den Mittelwert der Verteilung $f(x)$ ansehen, möglichst genau bestimmen.

Der Zentrale Grenzwertsatz hilft uns bei den statistischen Fehlern mit der folgenden Wahrscheinlichkeitsinterpretation: Viele Fehlerquellen, die unabhängig voneinander sind und zufällig den Messwert in die eine oder andere Richtung ziehen, folgen gemeinsam einer Gaußverteilung $f(x)$. Sie ist demnach für viele Situationen eine gute Näherung für die den Messwerten zugrunde liegende Wahrscheinlichkeitsverteilung (Kapitel 4).

1.3 Datenanalyse

In der ► Abbildung 1.2 ist eine Häufigkeitsverteilung der Messdaten unseres Tennisballexperiments gezeigt (► Abbildung 1.1). Dabei ist die Anzahl N der Messungen innerhalb von einzelnen Intervallen als Funktion der Zeit t aufgetragen. Die Darstellung einer solchen Verteilung bezeichnet man als **Histogramm**.

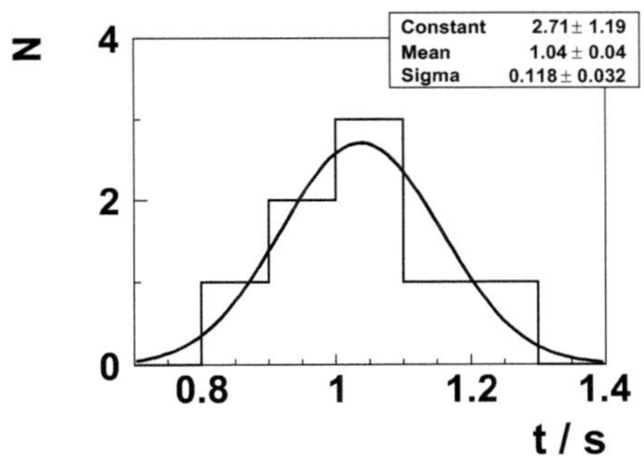

Abbildung 1.2 Visualisierung der Zeitmessungen (► Tabelle 1.1) mit der Tennisballmaschine

Das Histogramm zeigt den einzigen Messwert im Zeitintervall $0{,}8\,\text{s} < t < 0{,}9\,\text{s}$, die beiden Messwerte im Zeitintervall $0{,}9\,\text{s} < t < 1\,\text{s}$ etc. Offenbar sind die Zeitwerte um ca. 1 s verteilt. Ebenfalls ist eine Gaußkurve gezeigt, die an das Histogramm der Messwerte angepasst wurde. Die Parameter der Gaußkurve mit ihren jeweiligen Fehlern sind in der Abbildungslegende oben rechts gezeigt: Die Amplitude beträgt $2{,}71 \pm 1{,}19$, der Mittelwert $\bar{t} = (1{,}04 \pm 0{,}04)$ s und die Standardabweichung $\sigma = (0{,}118 \pm 0{,}032)$ s.

Außerdem ist die Anpassung einer Gaußverteilung an die Messdaten gezeigt. Die Anpassung erfolgt über ein mathematisches Optimierungsverfahren. Rechts oben im Bild sind die Anpassungswerte und ihre Fehler angegeben.

Wie die Anpassung einer Funktion an Messdaten durchgeführt wird, stellen wir in den Kapiteln 7 und 8 vor. Wie wir die Güte der Anpassung der Funktion an die Messdaten quantitativ beurteilen, erläutern wir in Kapitel 8.

Dieses Vorgehen ist eine Möglichkeit, die Wahrscheinlichkeitsverteilung zu rekonstruieren und damit eine Schätzung der wahren Flugzeit durch den Mittelwert der Gaußverteilung vorzunehmen.

Die übliche und einfache Vorgehensweise zur Schätzung der wahren Flugzeit verwendet den aus der Summe der Messwerte berechneten Mittelwert $\overline{t}$. Wir werden im Folgenden dieses Verfahren ausführlich vorstellen und im Kapitel 4 die Vorgehensweise begründen.

Außerdem werden wir die Breite der Wahrscheinlichkeitsverteilung mithilfe der sogenannten Standardabweichung aus den Messungen abschätzen. Sie reflektiert die Wahrscheinlichkeit für die Streuung einzelner Messwerte.

Schließlich werden wir eine Schätzung des Fehlers des Mittelwerts $\overline{t}$ durchführen. Damit werden wir das Messergebnis mit seinem statistischen Fehler angeben.

Alle zugehörigen Berechnungen können mit im Internet frei zugänglichen Computerprogrammen durchgeführt werden, die Datenanalysen insbesondere für physikalische Fragestellungen unterstützen und die kontinuierlich weiterentwickelt werden.

Wir verwenden vorwiegend die Programmiersprache **Python** mit den zugehörigen Bibliotheken **numpy**, **scipy** und **matplotlib** [1, 2, 3, 4]. Ein umfangreiches Grundpaket für Datenanalysen ist auch **ROOT** [5]. Eine Arbeitsumgebung für wissenschaftliche Datenanalysen im Webbrowser bietet **VISPA** [6].

1.3.1 Mittelwert einer Stichprobe

Als allgemeine Bezeichnung für unsere Messwerte benutzen wir an dieser Stelle den häufig verwendeten Buchstaben x. Den Mittelwert $\overline{x}$ unserer insgesamt n Messwerte x_i berechnen wir durch:

$$\overline{x} = \frac{1}{n} \sum_{i=1}^{n} x_i \qquad (1.3)$$

Mit ihm erhalten wir eine Schätzung des wahren Werts.

Beispiel 1.1: Berechnung des Mittelwerts

In unserem Experiment ergibt sich ein Wert von

$$\overline{t} = \frac{1}{n} \sum_{i=1}^{n} t_i = \frac{1}{8}\, 8{,}23\ \text{s} \approx 1{,}03\ \text{s}\ .$$

Er stimmt mit dem Mittelwert der angepassten Gaußverteilung in der ► Abbildung 1.2 gut überein. Man kann intuitiv einsehen, dass sich bei einem sehr großen Stichprobenumfang $n \to \infty$ der Stichprobenmittelwert $\overline{x}$ dem wahren Mittelwert $\langle x \rangle$ annähert:

$$\lim_{n \to \infty} \overline{x} = \langle x \rangle$$

1.3.2 Streuung der Einzelmessungen

Um die Streuung der Messwerte x_i zu bestimmen, berechnen wir zunächst die quadratische Abweichung der Messwerte von diesem Mittelwert $\overline{x}$. Diese quadratische Abweichung bezeichnen wir als **Varianz**:

$$V = \frac{1}{n-1} \sum_{i=1}^{n} (x_i - \overline{x})^2 \tag{1.4}$$

Wir dividieren hier nicht durch die Gesamtzahl n der Messwerte, sondern nur durch $n-1$. Später werden wir sehen, dass der Grund dafür in der Verwendung des aus den Daten bestimmten Mittelwerts $\overline{x}$ liegt.

Die Wurzel aus der Varianz ergibt die Streuung der Messwerte x_i, die wir **Standardabweichung** $s = \sqrt{V}$ nennen:

$$s = \sqrt{\frac{1}{n-1} \sum_{i=1}^{n} (x_i - \overline{x})^2} \tag{1.5}$$

Physiker bezeichnen die Standardabweichung s häufig als **Fehler**. Man muss sich allerdings bei jeder experimentellen Fragestellung überlegen, ob mit s bereits der Fehler des Messergebnisses (1.1) oder nur die Streuung der einzelnen Messwerte gemeint ist.

Beispiel 1.2: Berechnung der Standardabweichung

In unserem Experiment ergibt sich ein Wert von

$$s = \sqrt{\frac{1}{n-1} \sum_{i=1}^{n} \left(t_i - \overline{t}\right)^2} = 0{,}11 \text{ s} . \tag{1.6}$$

Dieser Wert stimmt ebenfalls mit der Standardabweichung der angepassten Gaußverteilung in der ► Abbildung 1.2 überein.

1.3.3 Reproduzierbarkeit des Experiments

Die Standardabweichung s wurde per Konvention als Fehlerangabe gewählt. Sie ist ein Maß für die **Reproduzierbarkeit** eines Experiments in dem folgenden Sinn:

Bei bisher aufgenommenen n Messungen liegen $68\% \approx 2/3$ aller Messwerte innerhalb von $\pm\, 1$ Standardabweichung um den Mittelwert $\overline{x}$. Die Zahl 68% ergibt sich durch die Standardabweichung der Gaußverteilung, wie wir später sehen werden.

Ein neu genommener Messwert x_{n+1} sollte dann mit der Wahrscheinlichkeit von ca. 68% im Intervall einer Standardabweichung s um den Mittelwert liegen:

$$\overline{x} - s < x_{n+1} < \overline{x} + s$$

Beispiel 1.3: Wiederholungsmessung

Bei einer erneuten Messung mit der Tennisballmaschine ergab sich als neunter Messwert

$$t = 1{,}15 \text{ s} .$$

Dieser Wert liegt in der Nähe von $\overline{t} + s = 1{,}14$ s und ist damit ein wenig mehr als eine Standardabweichung vom Mittelwert entfernt. Er gehört damit zu dem ca. 1/3 der Messwerte, die nicht im Bereich von $\pm$ 1 Standardabweichung um den Mittelwert $\overline{t}$ liegen.

Mit diesem neuen Messwert kann natürlich ein neuer Mittelwert und eine neue Standardabweichung für eine bessere Schätzung des wahren Werts berechnet werden.

1.3.4 Fehler von Mittelwert und Standardabweichung

Nicht nur die Messwerte selbst können wir als Zufallsvariablen auffassen, sondern auch den Mittelwert $\overline{x}$ und die Standardabweichung s, die ja aus Zufallsvariablen berechnet werden.

Die Genauigkeit $s_{\overline{x}}$ in der Schätzung des Mittelwerts $\overline{x}$ verbessert sich mit der Wurzel $\sqrt{n}$ aus der Anzahl der Messungen. Den Fehler des Mittelwerts berechnen wir aus:

$$s_{\overline{x}} = \frac{s}{\sqrt{n}} \tag{1.7}$$

Beispiel 1.4: Berechnung des Fehlers vom Mittelwert

In unserem Experiment ergibt sich ein Mittelwertfehler von

$$s_{\overline{t}} = \frac{s}{\sqrt{n}} = \frac{0{,}11 \text{ s}}{\sqrt{8}} \approx 0{,}04 \text{ s} .$$

Auch die Standardabweichung s wird mit steigender Anzahl der Messungen n genauer. Der Fehler s_s der Standardabweichung beträgt:

$$s_s = \frac{s}{\sqrt{2(n-1)}} \tag{1.8}$$

Beispiel 1.5: Berechnung des Fehlers der Standardabweichung

Für unser Experiment berechnen wir:

$$s_s = \frac{s}{\sqrt{2(n-1)}} = \frac{0{,}11\ \mathrm{s}}{\sqrt{2(8-1)}} = 0{,}03\ \mathrm{s}$$

Das Ziel unseres Experiments ist, die Zeit vom Abschuss eines Tennisballs bis zum Überqueren des Netzes zu bestimmen. Als beste Schätzung für diese Zeit nehmen wir den Mittelwert $\bar{t}$ der Zeitmessungen und seinen Fehler $s_{\bar{t}}$ als Maß für die Messgenauigkeit. Unser Messergebnis lautet daher vom statistischen Standpunkt aus gesehen:

$$\bar{t} = 1{,}03 \pm 0{,}04\ \mathrm{s}$$

Der so berechnete Mittelwert stimmt mit dem Parameter der Gaußanpassung im Rahmen der Unsicherheit in der ► Abbildung 1.2 gut überein.

Die Bezeichnung der Standardabweichung s (1.6) als Fehler wäre in diesem Versuch ungünstig. Die Standardabweichung s selbst ist *nicht* der Fehler der Flugzeitmessung, sondern ein Maß für die Streuung der einzelnen Zeitmesswerte. Die Streuung kann auch durch Wiederholungsmessungen nicht kleiner werden, da die gleiche experimentelle Apparatur verwendet wird.

Die statistische Genauigkeit $s_{\bar{t}} = s/\sqrt{n}$ unserer Flugzeitmessung $\bar{t}$ kann natürlich durch mehr Meswswerte weiter verbessert werden.

1.3.5 Systematische Fehler

Für die vollständige Auswertung eines Experiments müssen wir auch die systematischen Fehler bestimmen.

Beispiel 1.6: Systematische Fehler

Typische systematische Unsicherheiten ergeben sich z. B. aus der Eichgenauigkeit eines Uhrwerks oder eines Längenmaßbands. Ihre Eichgenauigkeit bestimmen wir im Vergleich mit anderen, genaueren Apparaturen.

Andere systematische Unsicherheiten entstehen durch Effekte wie z. B. Luftreibung an bewegten Objekten oder zeitliche Änderungen bei den Messbedingungen.

Allgemeine, einfache Regeln für die Behandlung systematischer Fehler gibt es nicht. Bewährt hat sich zum Beispiel, die Eichgenauigkeit der verwendeten Geräte zu ermitteln und deren Unsicherheit auf den Fehler des Messresultats zu übertragen. Genauere Überlegungen dazu werden wir im Kapitel 6 vorstellen.

Das Wichtigste zum Mitnehmen

- Ein experimentell ermitteltes Ergebnis besteht aus der gemessenen Größe und einer Angabe zur Messgenauigkeit, die wir als Fehler bezeichnen. Wir unterscheiden statistische Fehler (gleichbedeutend mit zufällig auftretenden Fehlern) und systematische Fehler, die das Messergebnis in eine Richtung verschieben.
- Einen Datensatz von n Messwerten x_i aus wiederholten Messungen charakterisieren wir durch den Mittelwert der Messwerte

$$\overline{x} = \frac{1}{n}\sum_{i=1}^{n} x_i$$

und durch die Standardabweichung, die die Streuung der Messwerte beschreibt:

$$s = \sqrt{\frac{1}{n-1}\sum_{i=1}^{n}(x_i - \overline{x})^2}$$

Ein zusätzlicher $(n+1)$-ster Messwert liegt mit etwa 68% Wahrscheinlichkeit im Intervall $\pm s$ um den Mittelwert $\overline{x}$.

- Aus n wiederholten Messungen schätzen wir den wahren Wert durch den Mittelwert $\overline{x}$ und dessen statistischen Fehler durch die Standardabweichung des Mittelwerts $s/\sqrt{n}$:

$$\overline{x} \pm \frac{s}{\sqrt{n}}$$

Für die Angabe des systematischen Fehlers gibt es kein einfaches Rezept, wir untersuchen dafür die Komponenten unseres Experiments auf mögliche Verschiebungen der Messwerte.

Aufgabe 1.1: Mittelwert, Standardabweichung

Fassen Sie die Bedeutung folgender Begriffe in Ihre Worte und notieren Sie eine Möglichkeit der Berechung:

1. Was bezeichnet der Mittelwert?
2. Welche Bedeutung hat die Standardabweichung?
3. Worin unterscheiden sich die Streuung der Messwerte und der Fehler des Mittelwerts?

Vertiefende Fragen und Ziele des Lehrbuchs

Anhand der Diskussion unseres Gedankenexperiments und weiterer Überlegungen zu Datenanalysen ergeben sich viele Fragen:

- Wieso verwendet man als Maß für die Streuung der Messwerte einen Bereich von 68% (Kapitel 3 und 4)?
- Warum wird der Fehler des Mittelwerts mit der Wurzel aus der Anzahl der Messungen genauer (Kapitel 4)?
- Warum stimmen der Mittelwert und die Standardabweichung, die wir über die Summation von Messwerten berechnen, mit den Parametern der Gaußverteilung überein (Kapitel 4)?
- Wie fassen wir verschiedene Messgrößen und deren Messfehler zu einer neuen Messgröße und deren Fehler zusammen (Kapitel 5)?
- Wie bestimmen wir systematische Fehler (Kapitel 6)?
- Wie bestimmen wir Parameter aus Messwerten wie beispielsweise eine Geradensteigung (Kapitel 7)?
- Warum liegt der wahre Wert mit 68% Wahrscheinlichkeit innerhalb des Fehlerintervalls um den Messwert (Kapitel 8)?
- Wie können wir die Verträglichkeit eines Messergebnisses mit theoretischen Erwartungen überprüfen (Kapitel 8)?
- Wie nutzen wir Computer, um Experimente zu simulieren (Kapitel 9)?
- Mit welchen Verfahren können wir ähnliche Objekte optimal voneinander unterscheiden (Kapitel 10)?

Das Ziel unseres Lehrbuchs ist, zunächst die Bedeutung des Wahrscheinlichkeitsbegriffs für die experimentelle Physik zu verstehen und dann mithilfe von Wahrscheinlichkeitsverteilungen quantitative Aussagen über Experimente und Übereinstimmungen mit theoretischen Modellen zu treffen.

Wahrscheinlichkeit

2

ÜBERBLICK

» Betrachtungen zu wahrscheinlichen und unwahrscheinlichen Vorgängen sind heutzutage Teil unserer Alltagsüberlegungen. In diesem Kapitel stellen wir den Wahrscheinlichkeitsbegriff zunächst in den Zusammenhang mit der Anzahl möglicher Ereignisse. Dazu geben wir mathematische Berechnungswege für die Anzahl von möglichen Ereignissen aus der Kombinatorik an. Anschließend berechnen wir Kombinationen von verschiedenen Wahrscheinlichkeiten und stellen das wichtige Theorem von Bayes vor. «

2.1 Wahrscheinlichkeitsbegriff

Beim Würfelspiel ist der Wahrscheinlichkeitsbegriff intuitiv verständlich: Die Wahrscheinlichkeit, mit einem sechsseitigen Würfel die begehrte Augenzahl 6 zu würfeln, beträgt 1/6.

Wir formulieren hier allgemein für Situationen, bei denen offenbar Symmetrieeigenschaften vorhanden sind: Wenn ein Ereignis auf n verschiedene, gleichwahrscheinliche Arten eintreten kann, wovon k die Eigenschaft A haben, dann ist die Wahrscheinlichkeit P für das Auftreten von A gegeben durch:

$$P(A) = \frac{k}{n} \tag{2.1}$$

Beispiel 2.1: Würfel

Wir berechnen die Wahrscheinlichkeit P für das Ereignis A, die Augenzahl 5 zu würfeln. Die Anzahl der Würfelseiten beträgt $n = 6$, aber nur eine Seite hat die Augenzahl 5, d. h. $k = 1$. Die Wahrscheinlichkeit ist demnach:

$$P(\text{Augenzahl 5 würfeln}) = \frac{1}{6}$$

Die Wahrscheinlichkeiten für die verschiedenen Ereignismöglichkeiten können auch stark unterschiedlich sein. Häufig lässt sich auch dann über die Konfiguration eines Experiments oder einer Situation eine Aussage über die Wahrscheinlichkeit eines Ereignisses treffen.

Beispiel 2.2: Luftfilter

Der Luftstrom eines Gebläses wird durch einen Filter gebremst. Das Filtermaterial bestehe aus einem dünnen Geflecht von j Molekülen, die sich gegenseitig nicht überlappen und quer zum Luftstrom jeweils die Fläche σ aufweisen. Gemeinsam überdecken sie 90% der Fläche F des Luftstroms. Die Teilchen des Luftstroms haben einen vernachlässigbaren Durchmesser im Vergleich zu den Molekülen des Filters. Die Wahrscheinlichkeit, dass ein Teilchen des Luftstroms ungehindert den Filter passiert, entspricht der nicht-überdeckten Filterfläche:

$$P(\text{Filter ungehindert passieren}) = 1 - \frac{j\,\sigma}{F} = 1 - 0{,}9 = \frac{1}{10} \tag{2.2}$$

Für Situationen, in denen keine offensichtlichen Symmetrieargumente vorliegen, können wir empirisch vorgehen. Wir können m Beobachtungen unter gleichen Bedingungen durchführen und achten darauf, dass die Beobachtungen unabhängig voneinander sind.

Unabhängig heißt, dass wir z. B. einen Messvorgang wiederholen, wobei jeder einzelne Messvorgang keinen Einfluss auf die anderen Messvorgänge hat.

Die Eigenschaft A trete bei unseren m Beobachtungen k Mal auf. Damit beträgt die Wahrscheinlichkeit für das Auftreten von A:

$$P(A) = \frac{k}{m} \tag{2.3}$$

Die Unsicherheit von $P(A)$ können wir reduzieren, indem wir die Anzahl m der Beobachtungen erhöhen.

Beispiel 2.3: Fälscherbande

Durch häufiges Würfeln und die Messung der Augenzahlverteilung können wir eine Würfel-Fälscherbande entlarven...

Experiment 2.1: Teilchenstreuung an einer Goldfolie

Der Protonenstrahl eines Teilchenbeschleunigers trifft gleichmäßig auf die Fläche F einer sehr dünn ausgewalzten Goldfolie. Analog zum obigen Beispiel des Luftfilters besteht die Folie aus j Goldatomen, die sich gegenseitig nicht überlappen. Quer zum Protonenstrahl haben die Atomkerne von Gold jeweils die Fläche σ_{Goldkern}. Wie groß die Fläche σ_{Goldkern} ist, sei aber zunächst nicht bekannt. Die Protonen des Strahls sind viel kleiner als die Goldkerne. Die Elektronen der Goldatome beeinflussen die Ergebnisse der folgenden Messung nur unwesentlich und werden vernachlässigt.

Wir bestimmen die Wahrscheinlichkeit, dass Protonen die Goldfolie ungehindert durchqueren, d. h. aus ihrer ursprünglichen Flugrichtung nicht abgelenkt werden. Diese Wahrscheinlichkeit ergibt sich aus dem Verhältnis der Anzahl $N_{\text{Unabgelenkt}}$ der unabgelenkten Protonen und der Anzahl N_{Strahl} der Protonen des Protonenstrahls:

$$P(\text{Proton passiert Folie unabgelenkt}) = \frac{N_{\text{Unabgelenkt}}}{N_{\text{Strahl}}} \tag{2.4}$$

Diese Wahrscheinlichkeit entspricht der Fläche der Goldfolie, die aus der Perspektive des Protons nicht von Goldkernen überdeckt ist:

$$P(\text{Proton passiert Folie unabgelenkt}) = 1 - \frac{j\,\sigma_{\text{Goldkern}}}{F} \tag{2.5}$$

Falls ein Proton genau dann abgelenkt wird, wenn es auf einen Goldkern trifft, beschreibt σ_{Goldkern} die geometrische Querschnittsfläche des Goldkerns. Wegen der Coulombabstoßung ist eine Ablenkung aber auch möglich, wenn das Proton in einem gewissen Abstand an einem Goldkern vorbeifliegt. Dann beschreibt σ_{Goldkern} eine effektive Querschnittsfläche des Goldkerns.

Die Anzahl j der Goldatome erhalten wir durch Wiegen der Goldfolie aus der Masse $M_{\text{Goldfolie}}$ und der Molmasse von Gold M_{mol} sowie der Avogadrozahl N_A, die die Anzahl der Teilchen pro Mol der Substanz angibt:

$$j = N_A \frac{M_{\text{Goldfolie}}}{M_{\text{mol}}} \tag{2.6}$$

Mit einem solchen Experiment bestimmen wir sowohl die Wahrscheinlichkeit P als auch die Größe σ_{Goldkern} der Goldkerne aus der Perspektive der Protonen. σ_{Goldkern} wird auch Streuquerschnitt oder Wirkungsquerschnitt genannt. Durch Einsetzen erhalten wir:

$$\sigma_{\text{Goldkern}} = \frac{F}{j}\left(1 - \frac{N_{\text{Unabgelenkt}}}{N_{\text{Strahl}}}\right) \tag{2.7}$$

Eine Variante dieses Experiments wurde 1911 von Ernest Rutherford mit Alphateilchen (Heliumkernen) an einer Goldfolie durchgeführt und offenbarte erstmalig die Atomstruktur aus Atomkern und Atomhülle.

2.2 Kombinatorik

Den Hauptgewinn einer Lotterie zu erhalten ist unwahrscheinlich. Das liegt an der großen Anzahl der Tippmöglichkeiten: Je größer diese Anzahl ist, desto kleiner ist die Gewinnwahrscheinlichkeit. Im Rahmen der Kombinatorik können wir die Fallzahl N gleichwahrscheinlicher Ereignisse und damit unsere Gewinnwahrscheinlichkeit P berechnen:

$$P = \frac{1}{N} \tag{2.8}$$

Mathematischer Einschub 2.1: Fakultät

Die Fakultät einer natürlichen Zahl r berechnen wir aus dem Produkt sämtlicher natürlicher Zahlen, die kleiner als r oder gleich r sind:

$$r! = r \cdot (r-1) \cdot (r-2) \cdot \ldots \cdot 1 \tag{2.9}$$

2.2.1 Anordnung von unterscheidbaren Objekten

Zunächst möchten wir eine bestimmte Anzahl r von unterscheidbaren Objekten in einer Reihe anordnen. Die Anzahl der verschiedenen Möglichkeiten beträgt:

$$N = r! \tag{2.10}$$

Beispiel 2.4: Zahlenanordnungen

Wir haben die Objekte a, b und c. Die Anzahl ihrer Anordnungen können wir mithilfe der Fakultät für $r = 3$ Objekte berechnen:

$$r! = 3 \cdot 2 \cdot 1 = 6$$

Wir überprüfen unsere Rechnung, indem wir die Objekte entsprechend anordnen:

abc acb
bac bca
cab cba

Allgemein stehen für das erste, beliebig ausgewählte Objekt r Plätze zur Verfügung. Für das nächste Objekt verbleiben dann nur noch $(n-1)$ mögliche Plätze, und so weiter.

2.2.2 Geordnete Auswahl von unterscheidbaren Objekten

Wir wählen aus n verschiedenen Objekten insgesamt k Objekte aus. Die Reihenfolge der selektierten Objekte sei bei dieser Auswahl wichtig. Die Anzahl der Möglichkeiten, k Objekte anzuordnen, beträgt:

$$N = n \cdot (n-1) \cdot (n-2) \cdot \ldots \cdot (n-k+1) \tag{2.11}$$

$$= \frac{n!}{(n-k)!}. \tag{2.12}$$

Beispiel 2.5: Geordnete Auswahl von Objekten

Aus insgesamt $n = 4$ Objekten a, b, c und d wählen wir $k = 2$ Objekte aus. Wir erwarten insgesamt

$$N = \frac{4!}{2!} = 4 \cdot 3 = 12$$

Kombinationen. Wir können die folgenden Auswahlen treffen:

ab ac ad
ba bc bd
ca cb cd
da db dc

2.2.3 Allgemeine Auswahl von unterscheidbaren Objekten

Wir wählen wieder aus n verschiedenen Objekten insgesamt k Objekte aus. Die Reihenfolge der selektierten Objekte spiele bei dieser Auswahl keine Rolle. Damit verringert sich die Anzahl der verschiedenen Möglichkeiten, die k Objekte auszuwählen, um die Anzahl der Anordnungsmöglichkeiten.

Mathematischer Einschub 2.2: Binomialkoeffizient

Der Binomialkoeffizient beschreibt die Anzahl N von wählbaren Objektkombinationen:

$$N \equiv \binom{n}{k} \tag{2.13}$$

$$= \frac{n!}{k!\,(n-k)!} \tag{2.14}$$

$$= \frac{n}{k} \cdot \frac{n-1}{k-1} \cdot \ldots \cdot \frac{n-k+1}{1} \tag{2.15}$$

Bei großen Zahlen n und k eignet sich der zuletzt genannte Ausdruck bei numerischen Rechnungen wegen der geringeren Rundungsfehler.

Beispiel 2.6: Ungeordnete Auswahl von Objekten

Aus insgesamt $n = 4$ Objekten a, b, c und d wählen wir $k = 2$ Objekte aus. Wir erwarten insgesamt

$$N = \binom{4}{2} = \frac{4!}{2!\,2!} = 6$$

Möglichkeiten, da die Fälle $a\ b = b\ a$ usw. hier identisch sind. Wir können die folgenden Kombinationen bilden:

ab	ac	ad
	bc	bd
		cd

2.3 Kombinationen von Wahrscheinlichkeiten

2.3.1 Wahrscheinlichkeit von alternativen Ereignissen

Wenn nicht nur eine Art, sondern zwei Arten von Ereignissen A und B auftreten können, müssen wir die Wahrscheinlichkeiten kombinieren. Die Wahrscheinlichkeit $P(A \vee B)$, dass entweder das Ereignis A *oder* das Ereignis B eintritt, ist gegeben durch

$$P(A \vee B) = P(A) + P(B) - P(A \wedge B) . \tag{2.16}$$

Dabei bezeichnet $P(A \wedge B)$ die Wahrscheinlichkeit, dass die Ereignisse A *und* B gleichzeitig eintreten.

2.3.2 Wahrscheinlichkeit von sich ausschließenden Ereignissen

Wenn Ereignisse sich gegenseitig ausschließen, ist die Kombination der Wahrscheinlichkeiten einfach. In diesem Fall ist $P(A \wedge B) = 0$ und die Wahrscheinlichkeit, entweder Ereignis A oder B zu erhalten, entspricht der Summe der beiden Einzelwahrscheinlichkeiten:

$$P(A \vee B) = P(A) + P(B) \tag{2.17}$$

Häufig ergibt sich hier als Spezialfall, dass das Ereignis B dem Nichtauftreten von A entspricht:

$$B \equiv \overline{A} \tag{2.18}$$

Auch hier ist $P(A \wedge B) = P(A \wedge \overline{A}) = 0$ und die kombinierte Wahrscheinlichkeit beträgt:

$$P(A \vee B) = P(A \vee \overline{A}) \tag{2.19}$$

$$= P(A) + P(\overline{A}) \tag{2.20}$$

Da auf jeden Fall entweder das Ereignis A oder das Ereignis $\overline{A}$ – nicht A – auftritt, ist die kombinierte Wahrscheinlichkeit

$$P(A \vee \overline{A}) = P(A) + P(\overline{A}) = 1 . \tag{2.21}$$

Beispiel 2.7: Münzwurf

Wenn wir eine Münze mit sehr dünnem Rand werfen, so ist es ausgeschlossen, Kopf und Zahl gleichzeitig zu erhalten. Damit verschwindet der kombinierte Term:

$$P(\text{Kopf} \wedge \text{Zahl}) = 0$$

Bei dem Wurf tritt immer einer der beiden Fälle auf, sodass die Wahrscheinlichkeit insgesamt

$$P(\text{Kopf} \vee \text{Zahl}) = P(\text{Kopf}) + P(\text{Zahl}) = 1$$

beträgt.

2.3.3 Bedingte Wahrscheinlichkeit

Wir betrachten Ereignisse vom Typ A, die zusammen mit Ereignissen vom Typ B auftreten können, d. h. $P(A \wedge B) > 0$. Wir bezeichnen mit

$$P(B|A) \tag{2.22}$$

die **bedingte Wahrscheinlichkeit**, dass B dann auftritt, wenn das Resultat des Ereignisses A bereits gegeben ist.

Im allgemeinen Fall können wir für das gemeinsame Auftreten der Ereignisse A und B schreiben:

$$P(A \wedge B) = P(B|A) \cdot P(A) \tag{2.23}$$

Beispiel 2.8: Schachspiel

Die klassische Eröffnung eines Schachspiels durch Bewegen des weißen Bauerns vor dem König habe die Wahrscheinlichkeit $P(A)$. Als Reaktion bringe der Gegenspieler seinen linken schwarzen Springer mit der Wahrscheinlichkeit $P(B|A)$ in Position. Offensichtlich hängt für den geübten Spieler die Wahrscheinlichkeit $P(B|A)$ für den ersten Zug von der Entscheidung $P(A)$ des Eröffnungsspielers ab, sodass $P(B|A)$ eine bedingte Wahrscheinlichkeit ist. Für diese beiden Spielzüge zusammen beträgt die gesamte Wahrscheinlichkeit $P(A \wedge B) = P(B|A) \cdot P(A)$.

2.3.4 Wahrscheinlichkeit für unabhängige, zusammenkommende Ereignisse

Man bezeichnet zwei Ereignisse A und B als unabhängig, wenn gilt:

$$P(B|A) = P(B) \tag{2.24}$$

Häufig werden unabhängige Ereignisse A und B miteinander kombiniert. Dann berechnet sich die Gesamtwahrscheinlichkeit für das gemeinsame Auftreten der Ereignisse nach Gleichung (2.23) aus dem Produkt der Einzelwahrscheinlichkeiten:

$$P(A \wedge B) = P(A) \cdot P(B) \tag{2.25}$$

Beispiel 2.9: Kanalüberquerung

Nehmen wir an, die Wahrscheinlichkeit beim Durchschwimmen des Ärmelkanals umzukommen, sei

$$P(A) = 5\% \ .$$

Damit ist die Überlebenswahrscheinlichkeit

$$P(\overline{A}) = 1 - P(A) = 0{,}95 \ .$$

Wie groß ist die Wahrscheinlichkeit, bei einem Dutzend Schwimmversuchen im Ärmelkanal umzukommen?

Die Wahrscheinlichkeit, bei zwei unabhängigen Durchquerungen zu überleben, ist offenbar

$$P(\overline{A} \wedge \overline{B}) = P(\overline{A}) \cdot P(\overline{B}) = 0{,}95^2 = 0{,}9025 \ .$$

Entsprechend ist die Überlebenswahrscheinlichkeit bei $N = 12$ Durchquerungsversuchen leider nicht sehr groß:

$$P(12\,\overline{A}) = 0{,}95^{12} = 0{,}54$$

2.4 Theorem von Bayes

Die Wahrscheinlichkeit für das gemeinsame Auftreten der Ereignisse A und B ist symmetrisch:

$$P(A \wedge B) = P(B \wedge A) \tag{2.26}$$

Nach Gleichung (2.23) gilt dann auch:

$$P(B|A) \cdot P(A) = P(A|B) \cdot P(B) \tag{2.27}$$

Sind die Wahrscheinlichkeiten $P(A)$ und $P(B)$ für das Auftreten der Ereignisse A und B bekannt, und ist auch eine der bedingten Wahrscheinlichkeiten z. B. $P(B|A)$ bekannt, so lässt sich die andere bedingte Wahrscheinlichkeit $P(A|B)$ sofort berechnen:

$$P(A|B) = P(B|A) \cdot \frac{P(A)}{P(B)} \tag{2.28}$$

Diese Gleichung ist das sogenannte **Theorem von Bayes**.

Im allgemeinen Fall von n Ereignisklassen mit den Eigenschaften $j = 1, \ldots, n$, bei denen jedes Ereignis A_i seiner Klasse i zugeordnet ist, lautet das Theorem von Bayes:

$$P(A_i|B) = P(B|A_i) \cdot \frac{P(A_i)}{\sum\limits_{j=1}^{n} P(B|A_j) \cdot P(A_j)} \tag{2.29}$$

Die Ereignisklassen sollen disjunkt sein, d. h. jedes Ereignis soll genau nur einer Ereignisklasse angehören. Zusätzlich sollen die n Ereignisklassen gemeinsam alle möglichen Fälle erfassen. Die Summe im Nenner entspricht der Wahrscheinlichkeit $P(B)$ für das Auftreten des Ereignisses B.

Beispiel 2.10: KANU-Suchtest

Angenommen, eine Person unter 1000 Personen hat eine neuartige Krankheit namens »KANU«. Die Wahrscheinlichkeit, an KANU erkrankt zu sein, beträgt also:

$$\begin{aligned} P(\text{KANU}) &= \frac{1}{1000} \quad = \quad 0{,}001 \\ P(\text{kein KANU}) &= 0{,}999 \end{aligned}$$

Die Verlässlichkeit eines medizinischen Suchtests für KANU sei:

$$\begin{aligned} P(+|\text{KANU}) &= 0{,}98 && \text{positives Testergebnis für Person mit KANU} \\ P(+|\text{kein KANU}) &= 0{,}005 && \text{falsch positiver Test auf KANU} \end{aligned}$$

Die Wahrscheinlichkeit für ein positives Testergebnis beträgt somit:

$$P(+) = P(+|\text{KANU}) \cdot P(\text{KANU}) + P(+|\text{kein KANU}) \cdot P(\text{kein KANU})$$

Daraus ergibt sich nach (2.29) die Wahrscheinlichkeit, dass eine positiv getestete Person auch wirklich an KANU erkrankt ist:

$$\begin{aligned} P(\text{KANU}|+) &= \frac{P(+|\text{KANU}) \cdot P(\text{KANU})}{P(+)} \\ &= \frac{0{,}98 \cdot 0{,}001}{0{,}98 \cdot 0{,}001 + 0{,}005 \cdot 0{,}999} \approx 0{,}16 \end{aligned}$$

Eine positiv getestete Person ist also nur mit 16% Wahrscheinlichkeit tatsächlich an KANU erkrankt. Um sicher zu stellen, dass ein positives Testergebnis eine KANU-Erkrankung anzeigt, werden in diesem Fall weitere Tests durchgeführt.

Das Theorem von Bayes spielt im späteren Verlauf des Lehrbuchs bei Aussagen über den Wert eines Parameters a, den wir aus Messdaten ermitteln, eine wichtige Rolle (Abschnitt 6.3 und Abschnitt 7.1). Mit *daten* bezeichnen wir hier die Messdaten eines Experiments und mit a den Parameter einer theoretischen Vorhersage, den wir an die Messdaten anpassen.

Uns interessiert dabei, mit welcher Wahrscheinlichkeit

$$P(a|daten) \tag{2.30}$$

sich der theoretische Wert a aus den Messdaten ergibt. $P(a|daten)$ wird als **»A-posteriori«**-Wahrscheinlichkeit bezeichnet.

Häufig ergibt sich bei statistischen Analyseverfahren nicht direkt (2.30), sondern die Wahrscheinlichkeit

$$P(daten|a) \tag{2.31}$$

dafür, dass wir für einen gegebenen Parameterwert a die Daten *daten* beobachten.

Um die A-posteriori-Wahrscheinlichkeit (2.30) aus (2.31) zu erhalten, verwenden wir das Theorem von Bayes (2.28):

$$P(a|daten) = P(daten|a) \cdot \frac{P(a)}{P(daten)} \tag{2.32}$$

Dafür werden auch die beiden Verteilungen $P(a)$ und $P(daten)$ benötigt. Sie enthalten Informationen, die vor der Anpassung von a an die Daten bekannt sein müssen, und werden als **»A-priori«**-Verteilungen bezeichnet.

Die Daten sind üblicherweise vor Beginn des Anpassungsverfahrens schon gemessen worden. Das heißt, $P(daten)$ variiert bei der Anpassung des Parameters a nicht und ist deswegen eine Konstante in (2.32):

$$P(daten) = \text{const.} \tag{2.33}$$

Für $P(a)$ muss eine Verteilung als Funktion von a vorgegeben werden. Hier ist eine Einschätzung des Physikers erforderlich, welche Verteilung sinnvollerweise zur Anwendung kommt. Zum Beispiel können alle Werte von a gleichermaßen zugelassen werden:

$$P(a) = \text{const.} \tag{2.34}$$

In dieses statistische Verfahren geht also die Vorerfahrung des Physikers und damit seine subjektive Einschätzung mit ein. Üblicherweise wird die vorgegebene Verteilung $P(a)$ variiert. Damit wird der Einfluss der subjektiven Wahl von $P(a)$ auf den resultierenden Parameter a untersucht und in der Fehlerangabe für a berücksichtigt.

Das Wichtigste zum Mitnehmen

- Eine Eigenschaft A trete bei m Beobachtungen k-mal auf. Die Wahrscheinlichkeit $P(A)$ für das Auftreten von A beträgt:

  $$P(A) = \frac{k}{m}$$

  Vielfach können wir $P(A)$ empirisch (durch Ausprobieren) bestimmen. Für bestimmte Situationen lässt sich $P(A)$ aus Symmetrieüberlegungen (z. B. Würfel), der Anzahl möglicher Kombinationen oder der Konfiguration eines Experiments herleiten.

- Die Wahrscheinlichkeit für das Auftreten einer Konfiguration mit mehreren Objekten berechnen wir über die inverse Anzahl N von Anordnungsmöglichkeiten:

  $$P = \frac{1}{N}$$

  Diese Anzahl hängt davon ab, ob die Objekte unterscheidbar sind und ob die Reihenfolge der Anordnung zu beachten ist. Für n unterscheidbare Objekte ist die Anzahl der geordneten Anordnungsmöglichkeiten:

  $$N = n!$$

  Für eine Untermenge von k Objekten aus insgesamt n unterscheidbaren Objekten reduziert sich die Anzahl auf:

  $$N = \frac{n!}{(n-k)!}$$

  Ist die Reihenfolge der ausgewählten, unterscheidbaren Objekte unwesentlich, reduziert sich die Anzahl weiter:

  $$N = \binom{n}{k} = \frac{n!}{k!\,(n-k)!}$$

- Bei der Kombination von Wahrscheinlichkeiten unterscheiden wir alternatives Auftreten und gleichzeitiges Auftreten von Ereignissen. Fragen wir nach der Gesamtwahrscheinlichkeit, dass entweder Ereignis A oder Ereignis B auftritt, *summieren* wir die Einzelwahrscheinlichkeiten, müssen aber gleichzeitiges Auftreten von A und B berücksichtigen (falls es das gibt):

  $$P(A \vee B) = P(A) + P(B) - P(A \wedge B)$$

  Wenn das Auftreten von B dem Nicht-Auftreten von A entspricht ($B = \overline{A}$), beträgt die Gesamtwahrscheinlichkeit:

  $$P(A \vee \overline{A}) = P(A) + P(\overline{A}) = 1$$

  Die bedingte Wahrscheinlichkeit für das Auftreten von Ereignis B, nachdem Ereignis A eingetreten ist, lautet:

  $$P(A \wedge B) = P(B|A) \cdot P(A)$$

  Ein typischer Fall ist, dass A und B auftreten können und unabhängige Ereignisse sind, dann *multiplizieren* wir für die Gesamtwahrscheinlichkeit die Wahrscheinlichkeiten für das Auftreten der Einzelereignisse:

  $$P(A \wedge B) = P(A) \cdot P(B)$$

- Das Theorem von Bayes verbindet die bedingten Wahrscheinlichkeiten, bei denen zuerst Ereignis A und dann Ereignis B eintritt, mit dem umgekehrten Fall:

$$P(B|A) \cdot P(A) = P(A|B) \cdot P(B)$$

In den folgenden Kapiteln des Lehrbuchs werden wir die große Bedeutung des Theorems für Datenanalysen ausführlich beschreiben. Zum Beispiel lässt sich nach der Anpassung $P(Daten|a)$ eines theoretischen Modells mit dem Parameter a an die Daten die A-posteriori Wahrscheinlichkeit $P(a|Daten)$ berechnen, sodass sich der Modellparameter a aus den Messdaten ergibt.

Aufgabe 2.1: Lotterie

In einer Lotterie sind aus den sechs Zahlen $(1, 2, 3, 4, 5, 6)$ insgesamt 3 verschiedene Zahlen zu tippen.

1. Wie groß ist die Anzahl der Möglichkeiten, drei verschiedene Zahlen auszuwählen?
2. Wie wahrscheinlich ist es, die Kombination $(2, 4, 6)$ zufällig zu treffen?

Wahrscheinlichkeitsverteilungen

3

ÜBERBLICK

» In diesem Kapitel stellen wir das Konzept der Wahrscheinlichkeitsverteilungen vor. Bei der Ziehung von Zufallszahlen ist ihre Form entscheidend dafür, ob ein zufälliger Wert wahrscheinlich oder unwahrscheinlich ist.

Zunächst werden wir die grundlegenden Eigenschaften von Verteilungen diskreter und kontinuierlicher Zufallsvariablen vorstellen und zeigen, wie eine Wahrscheinlichkeit ermittelt wird. Außerdem werden wir Kenngrößen der Verteilungen wie z. B. den Mittelwert und die Standardabweichung definieren.

Dann werden wir die wichtigsten Wahrscheinlichkeitsverteilungen vorstellen (Binomial-, Poisson-, Gauß-, Exponential- und Gleichverteilung) und Zusammenhänge zwischen ihnen diskutieren. Zum Abschluss werden wir unsere Überlegungen auf Verteilungen mit zwei Zufallsvariablen erweitern. «

3.1 Zufallsvariablen, Messdaten

Die Messdaten eines Experiments können wir als Zufallsvariablen auffassen, die einer Wahrscheinlichkeitsverteilung entnommen wurden.

Führen wir »Messungen« mit einem Würfel durch, so ist die Augenzahl eine solche Zufallsvariable, die sechs verschiedene diskrete Werte hat. Alle Werte besitzen die gleiche Wahrscheinlichkeit.

Auch kontinuierliche Messgrößen können einen zufälligen Charakter haben. Ein radioaktiver Atomkern zerfällt zu einem zufälligen Zeitpunkt. Die Zeitpunkte vieler radioaktiver Zerfälle folgen der Exponentialverteilung.

Ein weiteres Beispiel ist die Messung der Geschwindigkeiten einzelner Atome eines Gases. Die Atomgeschwindigkeiten entsprechen einer Zufallsvariablen, die kontinuierliche Geschwindigkeitswerte annehmen kann. Die Atomgeschwindigkeiten sind nicht gleichwahrscheinlich, sondern entsprechen der temperaturabhängigen Maxwell-Boltzmann-Verteilung.

Auch wenn die Messgrösse selbst keinen zufälligen Charakter aufweist, treten zufällige Effekte bei der Messung auf. Ein Beispiel ist die Messung der Periodendauer eines Pendels mit einer Stoppuhr. Der Experimentator betätigt die Stoppuhr manuell, was zufällig zu geringfügig verkürzten oder verlängerten Messzeiten führt. Solche Effekte lassen sich durch die Gaußverteilung beschreiben.

Im Folgenden beschreiben wir allgemeine Eigenschaften von diskreten und kontinuierlichen Verteilungen von Zufallsvariablen.

3.1.1 Verteilung einer diskreten Zufallsvariablen

Eine Zufallsvariable $r \in \mathbb{Z}$ aus der Menge der ganzen Zahlen kann ausschließlich diskrete Werte annehmen. Wir gehen hier von einer Variablen aus, die nur eine begrenzte Anzahl von n Werten annehmen kann $(1 < n < \infty)$.

Die Wahrscheinlichkeit, dass bei einer zufälligen Auswahl der Wert r auftritt, sei

$$P(r)\,, \tag{3.1}$$

wobei der Wertebereich zwischen dem Ereignisausschluss $(P = 0)$ und seinem sicheren Eintritt $(P = 1)$ liegt:

$$0 \leq P(r) \leq 1 \tag{3.2}$$

Bei einer zufälligen Auswahl tritt einer der n möglichen Werte der Variablen mit Sicherheit ein. Die Summe der Wahrscheinlichkeiten von allen möglichen Fällen ist deswegen normiert:

$$\sum_{j=1}^{n} P(r_j) = 1 \tag{3.3}$$

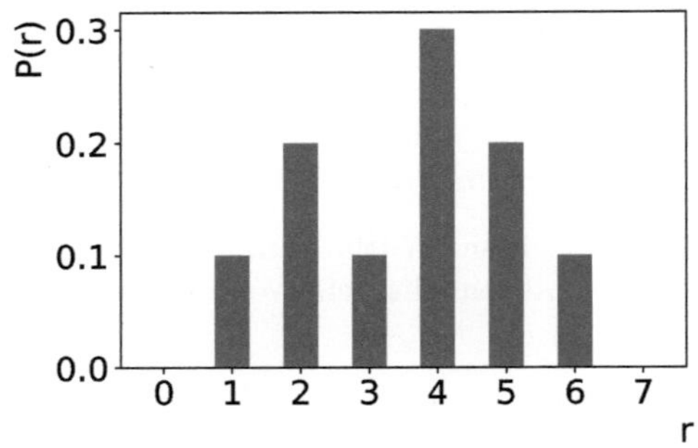

Abbildung 3.1 Diskrete Wahrscheinlichkeitsverteilung

Die Zahl 4 ist die wahrscheinlichste Zufallszahl, da $P(4)$ maximal ist. Die Zahlen $1, 3, 6$ haben eine geringe, gleiche Wahrscheinlichkeit $P(r)$. Die Zahlen 0 und 7 kommen nicht vor. Die Wahrscheinlichkeit für Zahlen $r \geq 4$ ist größer als für Zahlen $r < 4$. Beachten Sie, dass wir auf jeden Fall irgendeine Zahl zwischen $1 \leq r \leq 6$ zu erhalten, da die summierte Wahrscheinlichkeit $\sum_{i=1}^{6} P(i) = 1$ ergibt. (Python-Code: `Fig_diskrete.py`)

EXTRAS ONLINE Quellcode

Zur Vereinfachung betrachten wir in ► Abbildung 3.1 eine Verteilung, bei der die Werte der Zufallsvariablen r der natürlichen Zahlenfolge $i = 1, 2, \ldots, n$ entsprechen.

Soll bei einer zufälligen Auswahl der Wert i im Intervall $i_a \leq i \leq i_b$ liegen, so ist die Wahrscheinlichkeit, dass i in diesem Bereich liegt:

$$P(i_a \leq i \leq i_b) = \sum_{i=i_a}^{i_b} P(i) \tag{3.4}$$

3.1.2 Verteilung einer kontinuierlichen Zufallsvariablen

Für eine Zufallsvariable x, die kontinuierliche Werte $x \in \mathbb{R}$ aus den reellen Zahlen annehmen kann, definieren wir die Wahrscheinlichkeit über Bereiche, in denen der Wert von x liegen kann. Die Wahrscheinlichkeit, dass der Wert x zwischen a und b liegt, ist durch das folgende Integral gegeben:

$$P(a \leq x \leq b) = \int_a^b f(x)\, dx \tag{3.5}$$

Im Vergleich zum diskreten Fall (3.4) wird hier das Integral anstelle der Summe verwendet. Die Funktion $f(x)$ in ► Abbildung 3.2 ist die sogenannte **Wahrscheinlichkeitsdichtefunktion** oder auch die **Wahrscheinlichkeitsdichte** der Variablen x.

Häufig wird $f(x)$ selbst als **Wahrscheinlichkeitsverteilung** bezeichnet, was aber eigentlich nicht korrekt ist. Man muss sich immer wieder klar machen, dass es sich bei $f(x)$ um eine Wahrscheinlichkeitsdichte handelt und erst die Integration über einen x-Bereich $\int_a^b f(x)\, dx$ eine Wahrscheinlichkeit ergibt.

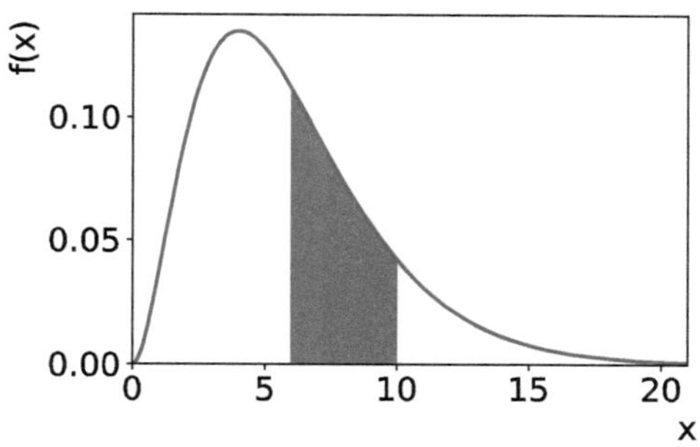

Abbildung 3.2 Kontinuierliche Wahrscheinlichkeitsdichtefunktion

Häufig wird diese Verteilung auch verkürzt Wahrscheinlichkeitsverteilung genannt. Die wahrscheinlichsten Werte liegen um $x = 4$. Die Wahrscheinlichkeit für Werte im Bereich $6 \leq x \leq 10$ erhalten wir durch eine Integration über die Wahrscheinlichkeitsdichte $f(x)$, die durch die graue Fläche visualisiert ist. Beachten Sie die Normierung der Verteilung $\int_{-\infty}^{\infty} f(x)\, dx = 1$. (Python-Code: `Fig_kontinuierlich.py`)

EXTRAS ONLINE Quellcode

Da die Wahrscheinlichkeit eine positive Größe ist, ist auch die Wahrscheinlichkeitsdichte überall positiv bzw. in ausgeschlossenen Bereichen null:

$$f(x) \geq 0 \tag{3.6}$$

Die Zufallsvariable x nimmt bei einer Ziehung auf jeden Fall einen Wert zwischen $-\infty \leq x \leq \infty$ an. Daher ist das Integral über die Wahrscheinlichkeitsdichte folgendermaßen normiert:

$$P(-\infty \leq x \leq \infty) = \int_{-\infty}^{\infty} f(x)\, dx = 1 \tag{3.7}$$

Die Funktion $f(x)$ kann Werte oberhalb von $f(x) = 1$ aufweisen, solange die Normierungsbedingung (3.7) erfüllt ist.

Häufig wird auch die integrierte Verteilungsfunktion benötigt:

$$F(x_\circ) = \int_{-\infty}^{x_\circ} f(x)\, dx \tag{3.8}$$

Mit $F(x_\circ)$ erhalten wir demnach die Wahrscheinlichkeit, dass ein x-Wert im Bereich $x \leq x_\circ$ liegt. $F(x_\circ)$ wird auch als **kumulative** Verteilungsfunktion bezeichnet.

3.2 Kenngrößen für Wahrscheinlichkeitsverteilungen

Wesentliche Eigenschaften einer Wahrscheinlichkeitsverteilung werden häufig in wenigen Kenngrößen zusammengefasst. Zu diesen sogenannten Verteilungsparametern gehört z. B. der Mittelwert einer Verteilung, der einen typischen Wert für die Zufallsvariable anzeigt.

Der Mittelwert der Verteilung einer diskreten Zufallsvariablen ergibt sich aus der Summe über das Produkt aller Werte und ihrer Wahrscheinlichkeiten:

$$\langle r \rangle = \sum_{i=1}^{N} r_i \cdot P(r_i) \tag{3.9}$$

Beispiel 3.1: Mittlere Augenzahl beim Würfel

Im Fall des Würfels ergibt sich wegen der konstanten Wahrscheinlichkeit $P(r_i) = 1/6$ jeder Augenzahl der Mittelwert der Augenzahlverteilung zu:

$$\langle r \rangle = (1+2+3+4+5+6) \cdot \frac{1}{6} = \frac{21}{6} = 3{,}5$$

Vielleicht etwas überraschend ergibt der Mittelwert der diskreten Zahlen des Würfels eine reelle Zahl, die mit einem einzigen Wurf des Würfels nicht erzielt werden kann.

Wir werden im Folgenden üblich verwendete Verteilungsparameter vorstellen. Dabei werden wir nicht nur wahrscheinliche Werte einer Verteilung betrachten, sondern auch die Streuung der Werte charakterisieren.

Zur Einordnung einiger der Verteilungsparameter ist es hilfreich, den sogenannten Erwartungswert einer Größe zu kennen:

Mathematischer Einschub 3.1: Erwartungswert

Der Erwartungswert einer Funktion $h(x)$ ist durch das folgende Integral definiert:

$$E[h] = \int_{-\infty}^{\infty} h(x) \cdot f(x) \ dx \tag{3.10}$$

Für den Spezialfall einfacher Polynomfunktionen $f(x) = x^n$ werden die Erwartungswerte »Momente« genannt:

$$E[x^n] : \ n\text{-tes algebraisches Moment} \tag{3.11}$$

$$E[(x - \langle x \rangle)^n] : \ n\text{-tes zentrales Moment} \tag{3.12}$$

3.2.1 Lokalisierungsparameter

Verteilungsparameter zur Beschreibung wahrscheinlicher Werte der Zufallsvariablen bezeichnen wir als Lokalisierungsparameter.

Mittelwert

Der Mittelwert einer kontinuierlichen Verteilung ist gegeben durch:

$$\langle x\rangle = \int_{-\infty}^{\infty} x \cdot f(x)\,dx \tag{3.13}$$

Auch hier wird beim Vergleich mit dem diskreten Fall (3.9) das Integral anstelle der Summe verwendet.

Der Mittelwert entspricht dem ersten algebraischen Moment (3.11) einer Verteilung:

$$E[x] = \int_{-\infty}^{\infty} x \cdot f(x)\,dx \tag{3.14}$$

$$= \langle x\rangle \tag{3.15}$$

Das erste zentrale Moment (3.12) ergibt hingegen keine hilfreiche Beschreibungsgröße:

$$\begin{aligned} E[x - \langle x\rangle] &= \int_{-\infty}^{\infty} (x - \langle x\rangle) \cdot f(x)\,dx \\ &= \underbrace{\int_{-\infty}^{\infty} x \cdot f(x)\,dx}_{=\langle x\rangle} - \langle x\rangle \cdot \underbrace{\int_{-\infty}^{\infty} f(x)\,dx}_{=1} \\ &= 0 \end{aligned} \tag{3.16}$$

Wahrscheinlichster Wert

Der maximale Wert der Wahrscheinlichkeitsdichte $f(x)$ zeigt den wahrscheinlichsten Wert x_{max} für die Zufallsvariable x an:

$$f_{\text{max}} = f(x_{\text{max}}) \tag{3.17}$$

Median

Der Median x_{med} einer Verteilung ist dadurch definiert, dass ein zufällig ausgewählter Wert x mit gleicher Wahrscheinlichkeit oberhalb bzw. unterhalb von x_{med} liegt:

$$\int_{-\infty}^{x_{\text{med}}} f(x)\,dx = \int_{x_{\text{med}}}^{\infty} f(x)\,dx = 0{,}5 \tag{3.18}$$

Dieser Lokalisierungsparameter ist zur Beschreibung von Verteilungen mit langen Ausläufern hilfreich, bei denen der Mittelwert $\langle x \rangle$ und der wahrscheinlichste Wert x_{max} weit voneinander entfernt liegen können.

Bei einer symmetrischen Verteilung entspricht der Median dem Mittelwert: $x_{\text{med}} = \langle x \rangle$.

Beispiel 3.2: Median

In einer Umfrage werden Personen nach ihrem Einkommen befragt. 999 Personen haben ein Einkommen von 300, eine Person hat ein Einkommen von 1.000.000. Der Mittelwert beträgt also 1.300, während der Median 300 beträgt.

Wenn der Untersuchungsbericht den Mittelwert angibt, denken 999 Personen, dass sie viel weniger als die meisten anderen Personen verdienen. Bei Angabe des Medians entsteht ein weniger verzerrtes Bild der Wirklichkeit.

Getrimmter Mittelwert

Mit dem sogenannten getrimmten Mittelwert kann man den Einfluss von Werten auf die Mittelwertberechnung reduzieren, die weit von den wahrscheinlichen Werten entfernt liegen. Dabei werden bei n Messpunkten die jeweils r größten und kleinsten Werte unberücksichtigt gelassen.

Beispiel 3.3: Getrimmter Mittelwert

Bei Sportwettbewerben, in denen eine Gruppe von Schiedsrichtern Bewertungen z. B. zu ästhetischen Kriterien abgibt, kann es zu einzelnen, stark abweichenden Bewertungen kommen. Deren Einfluss kann man dadurch mindern, dass man die beste und die schlechteste Schiedsrichterwertung bei der Mittelwertbildung grundsätzlich nicht berücksichtigt.

3.2.2 Dispersionsparameter

Für die Beschreibung der Streuung der Werte einer Zufallsvariablen verwenden wir sogenannte Dispersionsparameter.

Varianz, Standardabweichung

Das zweite zentrale Moment (3.12) ergibt die sogenannte **Varianz** $V[x]$ einer Verteilung:

$$V[x] \equiv E[(x - \langle x \rangle)^2] = \int_{-\infty}^{\infty} (x - \langle x \rangle)^2 \cdot f(x)\ dx \tag{3.19}$$

Das Integral können wir über die Definition der Erwartungswerte (3.10) und die Rechenregeln der Integralrechnung vereinfachen:

$$\begin{aligned} V[x] &= E[(x - \langle x \rangle)^2] \\ &= E[x^2 - 2x\langle x \rangle + \langle x \rangle^2] \\ &= E[x^2] + \langle x \rangle^2 - 2\langle x \rangle \underbrace{\int_{-\infty}^{\infty} x\, f(x)\, dx}_{=\langle x \rangle} \\ &= E[x^2] - \langle x \rangle^2 \end{aligned}$$

Damit erhalten wir die Varianz also alternativ über die folgende Berechnung:

$$V[x] = E[x^2] - \langle x \rangle^2 = \int_{-\infty}^{\infty} x^2 \cdot f(x)\ dx - \langle x \rangle^2 \tag{3.20}$$

Aus der Varianz (3.19) berechnen wir weiter die sogenannte **Standardabweichung** σ, die wir üblicherweise als Maß für die Größe der statistischen Schwankungen der Zufallsvariablen x angeben:

$$\sigma = \sqrt{V[x]} = \sqrt{\int_{-\infty}^{\infty} (x - \langle x \rangle)^2 \cdot f(x)\ dx} \tag{3.21}$$

Die Standardabweichung hat dieselbe Einheit wie die Zufallsvariable x während die Varianz die quadratische Einheit hat. Die Standardabweichung σ wird auch als der **Fehler** einer Messgröße bezeichnet. Den Grund für diese Bezeichnung diskutieren wir in Kapitel 4.

Root-Mean-Square

Das zweite algebraische Moment (3.11) hängt eng mit der Standardabweichung σ und dem Mittelwert $\langle x \rangle$ zusammen. Wir bezeichnen die Wurzel aus dem zweiten Moment mit **Root-Mean-Square (RMS)** oder auch als quadratischen Mittelwert:

$$x_{\mathrm{RMS}} \equiv \sqrt{E[x^2]} = \sqrt{\int_{-\infty}^{\infty} x^2 \cdot f(x)\ dx} \tag{3.22}$$

Root-Mean-Square und die Varianz stehen wegen Gleichung (3.20) in folgendem Zusammenhang:

$$V[x] = x_{\mathrm{RMS}}^2 - \langle x \rangle^2 \tag{3.23}$$

Damit können wir das RMS aus der Varianz und dem Mittelwert berechnen:

$$x_{\mathrm{RMS}} = \sqrt{V[x] + \langle x \rangle^2} \tag{3.24}$$

Für den Fall, dass der Mittelwert der Verteilung bei $\langle x \rangle = 0$ liegt, entspricht das RMS der Standardabweichung σ (3.21):

$$x_{\mathrm{RMS}} = \sqrt{V[x]} = \sigma \tag{3.25}$$

Full-Width-Half-Maximum

Ein nützliches Maß für die Schätzung der Streuung einer Zufallsvariablen x aus einer graphischen Verteilung ist das sogenannte **Full-Width-Half-Maximum (FWHM)**, das in ► Abbildung 3.3 gezeigt ist.

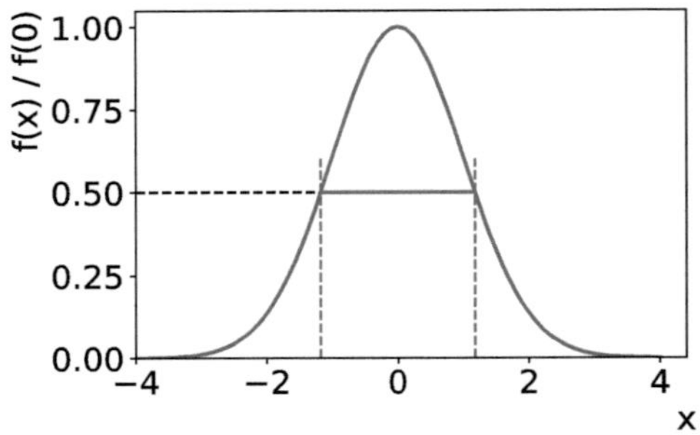

Abbildung 3.3 Bestimmung des Full-Width-Half-Maximums, kurz FWHM

Zunächst wird die Position des Maximums bestimmt, die hier bei $x = 0$ liegt. Die Verteilung $f(x)$ wurde hier so normiert, dass ihr maximaler Funktionswert $f(x)/f(x=0) = 1$ beträgt. Links und rechts vom Maximum lesen wir die Werte von x ab, bei denen die Verteilung auf die Hälfte des Maximums $f(x)/f(0) = 0{,}5$ abgesunken ist. Der Abstand dieser beiden x-Werte ergibt den Wert des FWHM. (Python-Code: `Fig_FWHM.py`)

EXTRAS ONLINE Quellcode

Vom Maximum f_{max} der Verteilung ausgehend sucht man zu großen und kleinen x-Werten die Positionen $x_{(\pm,1/2)}$, an denen die Verteilung auf die Hälfte des Maximalwerts abgesunken ist:

$$f(x_{(+,1/2)}) = f(x_{(-,1/2)}) = \frac{f_{\text{max}}}{2}$$

Der Absolutwert der Differenz dieser x-Werte ergibt das Full-Width-Half-Maximum:

$$\text{FWHM} = |\, x_{(+,1/2)} - x_{(-,1/2)} \,| \tag{3.26}$$

Das Full-Width-Half-Maximum ist ein robustes Maß für die Bestimmung der Breite von Verteilungen. Es ist insbesondere hilfreich, wenn die Integration für die Berechnung der Varianz (3.19) bzw. Standardabweichung (3.21) einer Verteilung nicht durchgeführt werden kann.

Beispiel 3.4: Maxwell-Boltzmann-Geschwindigkeitsverteilung

Die Maxwell-Boltzmann-Verteilung beschreibt die statistische Verteilung der Geschwindigkeiten v von Atomen eines idealen Gases bei der Temperatur T (in Kelvin) als Wahrscheinlichkeitsdichte (► Abbildung 3.4). Mit k ist die Boltzmann-Konstante und mit m die Masse eines Atoms bezeichnet:

$$f(v) = \left(\frac{m}{2\,\pi\,k\,T}\right)^{\frac{3}{2}} \cdot 4\,\pi\,v^2 \cdot \exp\left(-\frac{m\,v^2}{2\,k\,T}\right) \tag{3.27}$$

Den wahrscheinlichsten Wert für die Geschwindigkeit $v_{\max}$ erhalten wir aus der Bedingung $df(v)/dv = 0$ (3.17):

$$v_{\max} = \sqrt{\frac{2\,k\,T}{m}}$$

Dieser Wert fällt nicht mit dem Geschwindigkeitsmittelwert $\langle v \rangle = \int_0^\infty v\,f(v)\,dv$ (3.13) zusammen, wie eine nicht ganz einfache Rechnung ergibt:

$$\langle v \rangle = \sqrt{\frac{8\,k\,T}{\pi\,m}} = \frac{2}{\sqrt{\pi}} \cdot v_{\max} = 1{,}128 \cdot v_{\max} \tag{3.28}$$

Der Wert des Root-Mean-Square $v_{\mathrm{RMS}} = \sqrt{\int_0^\infty v^2\,f(v)\,dv}$ (3.22) ist:

$$v_{\mathrm{RMS}} = \sqrt{\frac{3\,k\,T}{m}} = \sqrt{\frac{3}{2}} \cdot v_{\max} = 1{,}225 \cdot v_{\max}$$

Die Standardabweichung $\sigma = \sqrt{v_{\mathrm{RMS}}^2 - \langle v \rangle^2}$ (3.23) beträgt:

$$\sigma = \sqrt{\frac{3}{2} - \frac{2^2}{\pi}} \cdot v_{\max} = 0{,}476 \cdot v_{\max} \tag{3.29}$$

Als Median $\int_0^{v_{\mathrm{med}}} f(v)\,dv = 0,5$ (3.18) der Verteilung erhält man:

$$v_{\mathrm{med}} = 1{,}098 \cdot v_{\max}$$

Kenngrößen der Verteilung einschließlich des Full-Width-Half-Maximums (3.26) sind ebenfalls in der ► Abbildung 3.4 gezeigt.

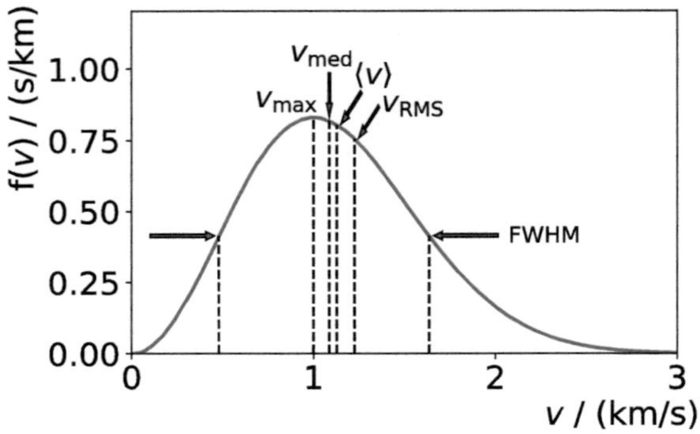

Abbildung 3.4 Maxwell-Boltzmann-Verteilung

Die Maxwell-Boltzmann-Verteilung (3.27) beschreibt die Wahrscheinlichkeitsdichte, mit der ein Gasmolekül die Geschwindigkeit v besitzt. Für die hier gewählte Temperatur ist die wahrscheinlichste Molekülgeschwindigkeit $v_{\max} = 1\,\mathrm{km/s}$. Die Verteilung ist asymmetrisch, sodass Mittelwert $\langle v \rangle$ und Median v_{med} nicht mit dem Maximum $v_{\max}$ zusammenfallen. Die Streuung der Molekülgeschwindigkeiten kann durch das Root-Mean-Square v_{RMS} oder das Full-Width-Half-Maximum FWHM charakterisiert werden. (Python-Code: `Fig_maxwell.py`)

EXTRAS ONLINE Quellcode

3.3 Gleich-, Binomial-, Poisson-, Gauß-, Exponentialverteilung

Im Folgenden stellen wir die wichtigsten Wahrscheinlichkeitsverteilungen vor. Dazu gehören bei den diskreten Zufallsverteilungen die Binomialverteilung und die Poissonverteilung, und bei den kontinuierlichen Verteilungen die Gleichverteilung, die Gaußverteilung und die Exponentialverteilung.

3.3.1 Gleichverteilung

Die Gleichverteilung ist eine Wahrscheinlichkeitsdichte mit einem konstanten Funktionswert für alle Werte der Zufallsvariablen x im Intervall zwischen $x = a$ und $x = b$ (► Abbildung 3.5).

Die mathematische Definition der Gleichverteilung lautet

$$f(x) = \begin{cases} \dfrac{1}{b-a} & a \le x \le b \\ 0 & \text{außerhalb,} \end{cases} \tag{3.30}$$

wobei die Normierung $\int_{-\infty}^{\infty} f(x)\,dx = 1$ durch den Faktor $1/(b-a)$ erfüllt wird.

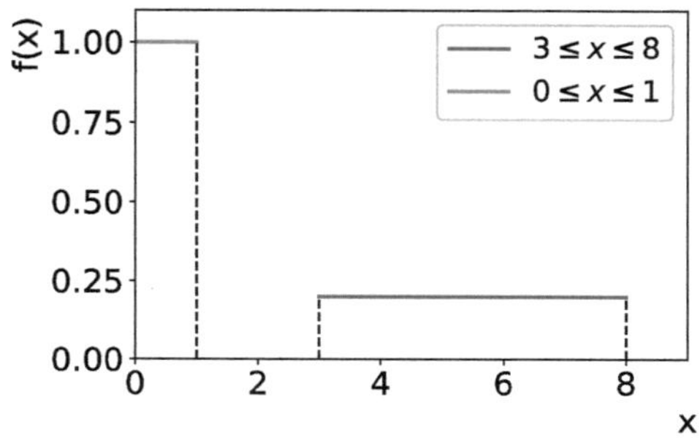

Abbildung 3.5 Gleichverteilung

Die Gleichverteilung $f(x)$ (3.30) ergibt die gleiche Wahrscheinlichkeitsdichte für alle x-Werte in einem kontinuierlichen Bereich. In diesem Beispiel sind zwei Gleichverteilungen für die Wertebereiche $3 \leq x \leq 8$ (rechts) und $0 \leq x \leq 1$ (links) gezeigt. Für x-Werte außerhalb dieser Bereiche ist die Wahrscheinlichkeitsdichte null. Die Wahrscheinlichkeitsdichte ist in beiden Fällen über $\int_a^b f(x)\,dx = 1$ normiert. (Python-Code: `Fig_gleich.py`)

EXTRAS ONLINE Quellcode

Der Mittelwert liegt offensichtlich bei

$$\langle x \rangle = \frac{a+b}{2}. \tag{3.31}$$

Die Varianz der Gleichverteilung berechnen wir mit Gleichung (3.20)

$$\begin{aligned}
V[x] &= \int_{-\infty}^{\infty} x^2 \cdot f(x)\,dx - \langle x \rangle^2 \\
&= \frac{1}{b-a} \int_a^b x^2\,dx - \left(\frac{a+b}{2}\right)^2 \\
&= \frac{1}{3}\,\frac{1}{b-a}\,(b^3 - a^3) - \frac{1}{4}\,(a^2 + 2\,a\,b + b^2) \\
&= \frac{1}{12}\,\frac{1}{b-a}\,\left(4\,b^3 - 4\,a^3 - 3\,(b-a)\,\left(a^2 + 2\,a\,b + b^2\right)\right) \\
&= \frac{1}{12}\,\frac{1}{b-a}\,\left(4\,b^3 - 4\,a^3 - 3\,a^2\,b - 6\,a\,b^2 - 3\,b^3 + 3\,a^3 + 6\,a^2\,b + 3\,a\,b^2\right) \\
&= \frac{1}{12}\,\frac{1}{b-a}\,\left(b^3 - a^3 - 3\,a\,b^2 + 3\,a^2\,b\right) = \frac{1}{12}\,\frac{1}{b-a}\,(b-a)^3
\end{aligned}$$

und erhalten:

$$V = \frac{(b-a)^2}{12} \tag{3.32}$$

Die Standardabweichung beträgt dann wegen $V = \sigma^2$ (3.21):

$$\sigma = \frac{b-a}{\sqrt{12}} \tag{3.33}$$

Python Quellcode: Gleichverteilung

```
from scipy.stats import uniform
uniform.pdf(x,a,b)
```

Berechnet die Wahrscheinlichkeitsdichte einer Gleichverteilung mit den Parametern `a` und `b` an der Stelle `x`.

3.3.2 Binomialverteilung

Wir bezeichnen mit p die Wahrscheinlichkeit für das Eintreten eines einzelnen Ereignisses und mit $(1-p)$ die Wahrscheinlichkeit, dass das Ereignis nicht eintritt (2.21).

Dann ist die Zahl r der beobachteten Ereignisse bei n Versuchen **binomialverteilt** mit der Wahrscheinlichkeit $P(r)$:

$$P(r) = \binom{n}{r} \cdot p^r \cdot (1-p)^{n-r}, \quad r = 0, 1, 2, ..., n \tag{3.34}$$

Die folgende kurze Überlegung führt zur Binomialverteilung: Das Ereignis trete in insgesamt n Versuchen bei den ersten r, aber nicht bei den letzten $n-r$ Versuchen auf. Für diese konkrete Situation beträgt die gesamte Wahrscheinlichkeit wegen (2.25):

$$P = p^r \cdot (1-p)^{n-r} \tag{3.35}$$

Falls die r Ereignisse ohne eine feste Reihenfolge verteilt auf die n Versuche auftreten, erhöht sich die Wahrscheinlichkeit P durch die gestiegene Anzahl der Möglichkeiten für das Auftreten der r Ereignisse.

Nach unseren Überlegungen zur Kombinatorik (2.13) beträgt die Anzahl der Möglichkeiten, in n Versuchen r mal das Ereignis zu finden, $\binom{n}{r}$. Die Wahrscheinlichkeit, dass das Ereignis mit Wahrscheinlichkeit p in n Versuchen genau r mal auftritt, ist daher:

$$P(r) = \binom{n}{r} \cdot p^r \cdot (1-p)^{n-r}$$

Beispiel 3.5: Binomialverteilung

In der ► Abbildung 3.6 ist die Binomialverteilung $P(r)$ (3.34) mit der Wahrscheinlichkeit für einzelne Ereignisse $p = 0{,}2$ und $n = 20$ Versuche gezeigt.

Die Wahrscheinlichkeit, bei den $n = 20$ Versuchen insgesamt $r = 4$ Ereignisse zu finden, beträgt hier $P = 0{,}22$. Die Wahrscheinlichkeit für das Auftreten von $r = 10$ Ereignissen ist im Vergleich dazu viel geringer: $P = 0{,}002$.

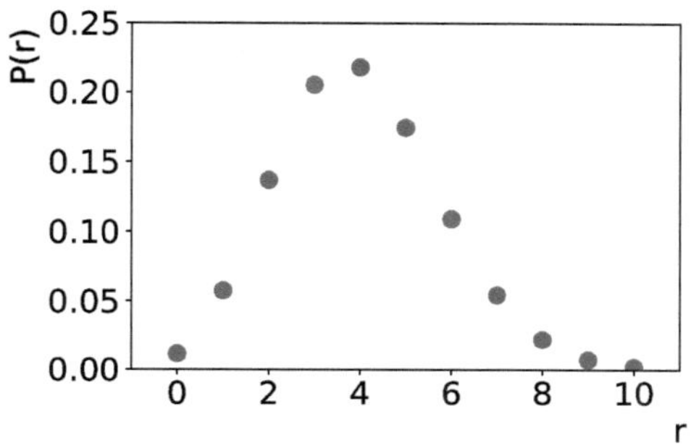

Abbildung 3.6 Binomialverteilung

Die Wahrscheinlichkeit für das Auftreten eines einzelnen Ereignisses bezeichnen wir mit p. Die diskrete Binomialverteilung $P(r)$ (3.34) beschreibt die Wahrscheinlichkeit, dass bei n Versuchen das Ereignis genau r Mal auftritt. Als Beispiel ist die Binomialverteilung für $p = 0{,}2$ bei $n = 20$ Versuchen gezeigt. Die Binomialverteilung ist durch $\sum_{i=0}^{n} P(r) = 1$ normiert, hat den Mittelwert $\langle r \rangle = n\,p = 4$ und die Standardabweichung $\sigma = \sqrt{n\,p\,(1-p)} \approx 1{,}8$. (Python-Code: `Fig_binom.py`)

EXTRAS ONLINE Quellcode

Python Quellcode: Binomialwahrscheinlichkeit

```
from scipy.stats import binom
binom.pmf(r,n,p)
```

Berechnet die Wahrscheinlichkeit, bei `n` Versuchen `r` Ereignisse zu beobachten, wenn ein Ereignis mit Wahrscheinlichkeit `p` auftritt.

Mathematischer Einschub 3.2: Binomialtheorem

Die Potenz einer Summe von zwei Variablen können wir mit dem Binomialtheorem berechnen:

$$(p+q)^n = \sum_{r=0}^{n} \binom{n}{r} \cdot p^r \cdot q^{n-r} \tag{3.36}$$

Beispiel 3.6: Binomialtheorem mit $n = 2$

Die quadratische Anwendung des Binomialtheorems ergibt den bekannten Ausdruck:

$$\begin{aligned}(a+b)^2 &= \sum_{r=0}^{2} \binom{2}{r} \cdot a^r \cdot b^{2-r} \\ &= \binom{2}{0} \cdot a^0 \cdot b^2 + \binom{2}{1} \cdot a^1 \cdot b^1 + \binom{2}{2} \cdot a^2 \cdot b^0 \\ &= \frac{2!}{0!\,2!} \cdot b^2 + \frac{2!}{1!\,1!} a\,b + \frac{2!}{2!\,0!} a^2 = b^2 + 2\,a\,b + a^2\end{aligned}$$

Die Binomialverteilung (3.34) ist korrekt normiert, was wir mithilfe des Binomialtheorems (3.36) nun sofort nachprüfen können:

$$\begin{aligned}\sum_{r=0}^{n} P(r) &= \sum_{r=0}^{n} \binom{n}{r} \cdot p^r \cdot (1-p)^{n-r} \\ &= (p + (1-p))^n = 1\end{aligned} \tag{3.37}$$

Um den Mittelwert (3.9) der Binomialverteilung

$$\langle r \rangle = \sum_{i=1}^{n} r_i \cdot P(r_i) = \sum_{r=0}^{n} r \cdot p^r (1-p)^{n-r} \frac{n!}{r!(n-r)!} \tag{3.38}$$

zu berechnen, stellt man zunächst fest, dass der erste Term dieser Summe wegen $r = 0$ wegfällt, sodass nur Terme ab $r = 1$ beitragen. Als Rechentrick zieht man np vor die Summe:

$$\begin{aligned}\langle r \rangle &= np \sum_{r=1}^{n} r \cdot p^{r-1} (1-p)^{n-r} \frac{(n-1)!}{r!(n-r)!} \\ &= np \sum_{r=1}^{n} p^{r-1} (1-p)^{n-r} \frac{(n-1)!}{(r-1)!(n-r)!}\end{aligned}$$

Nun ersetzt man $r' = r - 1$ und $n' = n - 1$:

$$\langle r \rangle = np \underbrace{\sum_{r'=0}^{n'} p^{r'} (1-p)^{n'-r'} \frac{n'!}{r'!(n'-r')!}}_{=1}$$

Die Summe über r' ist normiert wegen (3.37). Man erhält damit den Mittelwert der Binomialverteilung:

$$\langle r \rangle = n\,p \tag{3.39}$$

In ähnlicher Weise kann man die Varianz erhalten

$$V = n\,p(1-p) \tag{3.40}$$

und damit die Standardabweichung $\sigma = \sqrt{V}$ (3.21) berechnen:

$$\sigma = \sqrt{n\,p(1-p)} \tag{3.41}$$

Beispiel 3.7: Binomialverteilung für Computerchips

Eine Langzeitstudie in einer Computerfirma zeigt eine Fehlerrate für die neu hergestellten Computerchips von $p = 2\%$. Später werden in einer Stichprobe von 100 Computerchips 4 defekte Chips festgestellt. Während sich der Abteilungsleiter über diese »doppelt so große Fehlerquote« aufregt, rechnen wir mithilfe der Binomialverteilung nach.

Die Wahrscheinlichkeit für das Auftreten von $r = 4$ defekten Chips in einer Stichprobe von $n = 100$ Chips beträgt bei der Wahrscheinlichkeit $p = 2\%$:

$$\begin{aligned} P(4) &= \binom{100}{4} \cdot 0{,}02^4 \cdot (1-0,02)^{100-4} \\ &= \frac{100!}{4!\cdot(100-4)!} \cdot 0{,}02^4 \cdot 0{,}98^{96} = 0{,}09 = 9\,\% \end{aligned}$$

Es ist also gar nicht unwahrscheinlich, dass diese Fehlerquote gelegentlich auftritt.

Experiment 3.1: Effizienz eines Lichtfilters

Durch einen Lichtfilter werden bei 10 verschiedenen Wellenlängen λ_j jeweils $n = 100$ Photonen geschickt.

Die Transmissionseffizienz $\varepsilon(\lambda)$ des Filters entspricht der Wahrscheinlichkeit p, dass ein Photon den Filter durchquert. Die Effizienz ist in ►Abbildung 3.7 als Histogramm gezeigt. Bei jeder Wellenlänge λ_j bestimmen wir ε_j aus der Anzahl m_j der durchgelassenen Photonen im Vergleich zu den n auftreffenden Photonen:

$$\varepsilon_j = \frac{m_j}{n} \equiv p_j \tag{3.42}$$

Nach (3.41) ist der Fehler von m_j:

$$\sigma_{m_j} = \sqrt{n\,p_j\,(1-p_j)} \tag{3.43}$$

Um den Fehler σ_{ε_j} der Effizienzmessungen $\varepsilon_j = m_j/n$ zu erhalten, dividieren wir daher σ_{m_j} durch die Anzahl n der auftreffenden Photonen:

$$\sigma_{\varepsilon_j} = \sqrt{\frac{\varepsilon_j \cdot (1 - \varepsilon_j)}{n}} \tag{3.44}$$

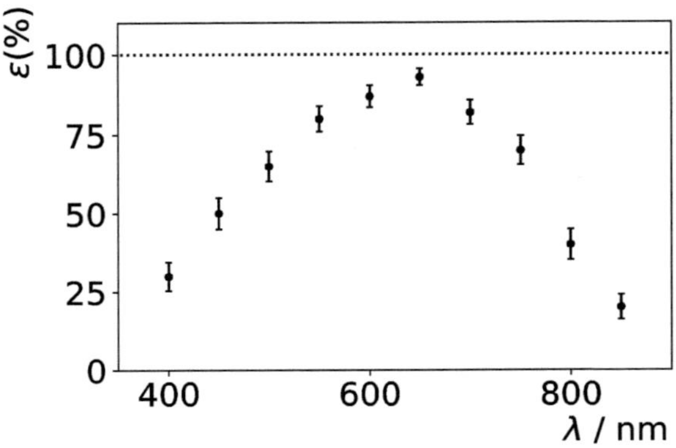

Abbildung 3.7 Transmissionseffizienz ε eines Lichtfilters

Die Transmissionseffizienz ε_j eines Lichtfilters wurde für verschiedenen Wellenlängen λ_j durch die Anzahl m_j der durchgelassenen Photonen im Vergleich zur Anzahl n der auftreffenden Photonen ermittelt: $\varepsilon_j = m_j/n$. Die Fehlerbalken der Transmissionseffizienz ε_j zeigen die Unsicherheit durch die Zählung der m_j durchgelassenen Photonen. Mit der Standardabweichung der Binomialverteilung (3.34) beträgt der Zählfehler $\sigma_{m_j} = \sqrt{n\ \varepsilon_j\ (1 - \varepsilon_j)}$ (3.43) und damit der Fehler der Effizienz $\sigma_{\varepsilon_j} = \sigma_{m_j}/n$. (Python-Code: `Fig_Effizienz.py`)

EXTRAS ONLINE Quellcode

3.3.3 Poissonverteilung

Die **Poissonverteilung** gibt – wie die Binomialverteilung – die Wahrscheinlichkeit P für das r-fache Auftreten eines Ereignisses an. Die Poissonverteilung wird verwendet, wenn es keine Anzahl von Versuchen n gibt oder wenn diese Anzahl extrem groß ist ($n \to \infty$) bei sehr kleiner Wahrscheinlichkeit für ein Ereignis ($p \to 0$).

Die Zahl der Ereignisse r ist dann poissonverteilt mit der Wahrscheinlichkeit $P(r)$:

$$P(r) = e^{-\mu} \cdot \frac{\mu^r}{r!}, \quad r = 0, 1, 2, \ldots , \tag{3.45}$$

wobei μ, wie unten gezeigt, der Erwartungswert $\langle r \rangle$ ist.

Beispiele sind die Anzahl r radioaktiver Zerfälle in einem Zeitintervall oder die Anzahl von Regentropfen auf einer gegebenen Fläche in einem Zeitintervall. Es ist offensichtlich, dass es in diesen Beispielen keine »Anzahl von Versuchen n« gibt.

Wir können die Poissonverteilung als Grenzfall der Binomialverteilung herleiten, wobei $np = \mu$ konstant ist:

$$\begin{aligned} n &\to \infty \\ p &\to 0 \\ np &= \mu \end{aligned}$$

Für die folgende Herleitung setzen wir für die Wahrscheinlichkeit p des einzelnen Ereignisses

$$p = \frac{\mu}{n} \tag{3.46}$$

ein und verwenden (2.14) für die Berechnung des Binomialkoeffizienten:

$$P(r) = \binom{n}{r} \cdot p^r \cdot (1-p)^{n-r} = \frac{n!}{r!(n-r)!} \cdot \frac{\mu^r}{n^r} \cdot \left(1 - \frac{\mu}{n}\right)^{n-r}$$

Durch Umsortieren erhalten wir mehrere Terme, die wir für große Versuchszahlen n nähern können:

$$\begin{aligned} P(r) &= \frac{\mu^r}{r!} \cdot \frac{n \cdot (n-1) \cdot \ldots \cdot (n-r+1)}{n^r} \cdot \left(1 - \frac{\mu}{n}\right)^{n-r} \\ &= \frac{\mu^r}{r!} \cdot \left[\frac{n}{n} \cdot \frac{n-1}{n} \cdot \ldots \cdot \frac{n-r+1}{n}\right] \cdot \left(1 - \frac{\mu}{n}\right)^{n-r} \\ &= \frac{\mu^r}{r!} \cdot \left[1 \cdot \underbrace{\left(1 - \frac{1}{n}\right)}_{\to 1} \cdot \ldots \cdot \underbrace{\left(1 - \frac{r-1}{n}\right)}_{\to 1}\right] \cdot \underbrace{\left(1 - \frac{\mu}{n}\right)^{-r}}_{\to 1} \cdot \underbrace{\left(1 - \frac{\mu}{n}\right)^{n}}_{\to \exp(-\mu)} \end{aligned}$$

Für große Versuchszahlen $n \to \infty$ und $r = \text{const.} \geq 1$ gilt:

$$\lim_{n \to \infty} \left(1 - \frac{r-1}{n}\right) = 1$$

Ist gleichzeitig der Mittelwert $\mu = n \cdot p = \text{const.}$ endlich groß, d. h. die Wahrscheinlichkeit p für das Auftreten des Ereignisses ist klein, so gilt auch für den weiteren Term beim r-fachen Eintreten des Ereignisses:

$$\lim_{n \to \infty} \left(1 - \frac{\mu}{n}\right)^{-r} = 1$$

Für den letzten Term auf der rechten Seite der Gleichung ergibt sich wegen

$$\lim_{n \to \infty} \left(1 + \frac{1}{n}\right)^{n} = e$$

die Exponentialfunktion:

$$\lim_{n \to \infty} \left(1 - \frac{\mu}{n}\right)^{n} = e^{-\mu}$$

Damit erhalten wir die Poissonverteilung:

$$P(r) = e^{-\mu} \cdot \frac{\mu^r}{r!}$$

Daraus ergibt sich, dass die Varianz (3.40) dem Mittelwert (3.39) entspricht:

$$V = n\,p\,(1-p) \tag{3.47}$$
$$\approx \underbrace{n\,p}_{\equiv\mu} \tag{3.48}$$
$$= \langle r \rangle \tag{3.49}$$

Dabei ist es üblich, den Mittelwert $\langle r \rangle = n \cdot p$ mit dem Buchstaben μ zu bezeichnen.

Wir halten noch einmal fest: Die Wahrscheinlichkeit für das Auftreten von r Ereignissen, die unabhängig voneinander mit dem Mittelwert μ auftreten, folgt der Poissonverteilung, wobei μ zugleich Mittelwert und Varianz der Poissonverteilung ist:

$$\mu = \langle r \rangle = V = \sigma^2 \tag{3.50}$$

Beispiel 3.8: Poissonverteilung

Die in der ► Abbildung 3.8 gezeigte Poissonverteilung hat den Mittelwert $\mu = 4$. Die Wahrscheinlichkeit P, bei diesem Mittelwert insgesamt $r = 4$ Ereignisse zu finden, ist groß und beträgt $P \approx 0{,}2$. Die Wahrscheinlichkeit für das Auftreten von $r = 9$ Ereignissen ist dagegen eine Größenordnung geringer.

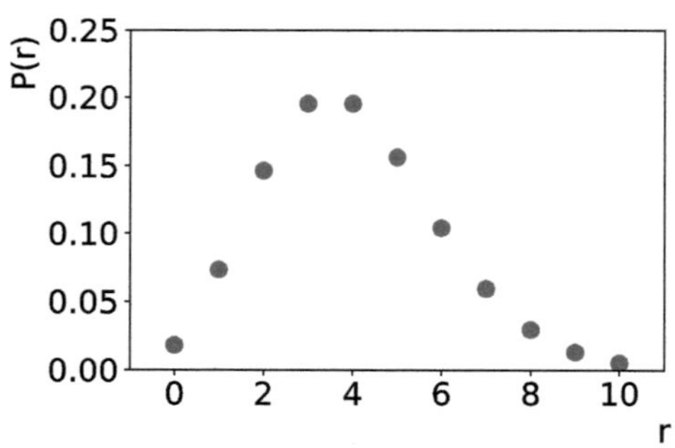

Abbildung 3.8 Poissonverteilung

Die diskrete Poissonverteilung $P(r)$ (3.45) beschreibt die Wahrscheinlichkeit, dass genau r Ereignisse auftreten, wenn als Mittelwert μ Ereignisse erwartet werden. Die Poissonverteilung hat nur den einen Parameter μ, der zugleich Mittelwert $\langle r \rangle = np = \mu$ und Varianz $V = \mu$ (bzw. Standardabweichung $\sigma = \sqrt{\mu}$) beschreibt. Sie ist durch $\sum_{i=0}^{\infty} P(r) = 1$ normiert. Als Beispiel ist die Poissonverteilung für $\mu = 4$ gezeigt. (Python-Code: `Fig_poisson.py`)

EXTRAS ONLINE Quellcode

Python Quellcode: Poissonwahrscheinlichkeit

```
from scipy.stats import poisson
poisson.pmf(r, mu)
```

Berechnet die Wahrscheinlichkeit, `r` Ereignisse zu beobachten bei einem Mittelwert `mu`.

Beispiel 3.9: Poissonverteilung für Computerchips

Im obigen Beispiel des Computerchip-Herstellers hatten wir eine Fehlerrate für die neu hergestellten Computerchips von $p = 2\%$ angenommen. Bei einer Ausschussrate von 2% für 100 Computerchips erhalten wir den Poissonmittelwert:

$$\mu = n \cdot p = 100 \cdot 0{,}02 = 2$$

Die Wahrscheinlichkeit, dass 4 von 100 Chips defekt sind, ist nach der Poissonverteilung:

$$P(4) = e^{-\mu} \cdot \frac{\mu^4}{4!} = e^{-2} \cdot \frac{2^4}{24} = 0{,}09 = 9\%$$

Durch die kleine Wahrscheinlichkeit p und die hohen Versuchszahlen n ist dieses Ergebnis in guter Übereinstimmung mit unserem vorherigen Ergebnis unter Verwendung der Binomialverteilung.

Die Standardabweichung der Poissonverteilung wird bei Zählungen sehr häufig benötigt. Bei insgesamt $\mu = N$ gezählten Ereignissen ist der statistische Fehler (3.50):

$$\sigma = \sqrt{\mu} = \sqrt{N} \qquad (3.51)$$

Beispiel 3.10: Häufigkeitsverteilung

Bei der Darstellung von Häufigkeitsverteilungen (► Abbildung 3.9) werden üblicherweise in jedem Intervall j die Zahl der Einträge N_j mit ihrem Poissonfehler $\sqrt{N_j}$ als Fehlerbalken eingezeichnet.

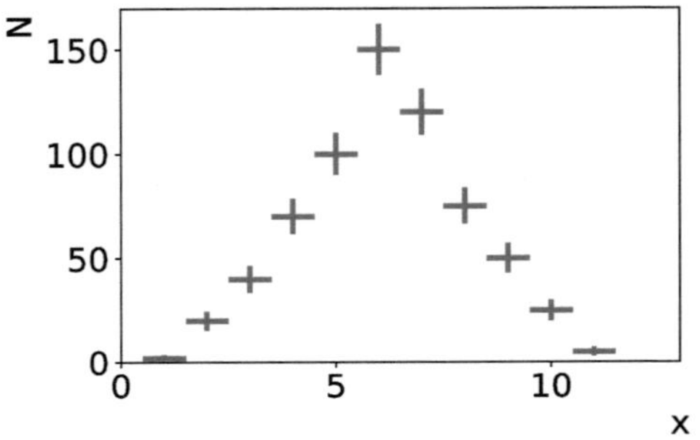

Abbildung 3.9 Darstellung von Häufigkeitsverteilungen

Quellcode

In jedem Intervall j einer Häufigkeitsverteilung sei das Ergebnis einer Zählung eingetragen. Die Fehler der Zählung werden über die Standardabweichung $\sigma = \sqrt{N_j}$ der Poissonverteilung berechnet und als vertikaler Fehlerbalken im Bereich $N_j - \sqrt{N_j}$ und $N_j + \sqrt{N_j}$ visualisiert. Der horizontale Balken zeigt die Intervallbreite in der Variablen x. (Python-Code: `Fig_Haeufigkeit.py`)

3.3.4 Gaußverteilung

Die Wahrscheinlichkeitsdichte von Gauß ist die wichtigste Verteilung für das Verständnis der statistischen Fehler bei Messungen. Den Grund dafür werden wir im Kapitel 4.2 bei der Vorstellung des zentralen Grenzwertsatzes finden.

Die Wahrscheinlichkeitsdichte von Gauß wird häufig kurz **Gaußverteilung** oder auch **Normalverteilung** genannt:

$$f(x) = \frac{1}{\sqrt{2\,\pi}\,\sigma} \cdot e^{-\dfrac{(x-\mu)^2}{2\,\sigma^2}} \tag{3.52}$$

Ihre Form werden wir zusammen mit ihren beiden Parametern im Folgenden erläutern. Dabei werden wir sehen, dass μ der Mittelwert und σ die Standardabweichung der Gaußverteilung sind.

Mittelwert

In der ► Abbildung 3.10 ist die Wahrscheinlichkeitsdichte von Gauß für zwei Beispielwerte der Parameter μ und σ gezeigt. Die Form erinnert an eine Glocke, daher wird die Verteilung auch als Glockenkurve bezeichnet.

Wir setzen zunächst $\mu = 0$ und $\sigma^2 = 1$. In diesem Fall ist die Gaußverteilung wegen der Funktion

$$e^{-x^2/2} \tag{3.53}$$

an der Stelle $x = 0$ maximal. Wegen des Quadrats x^2 ist sie symmetrisch um $x = 0$, d. h. der Mittelwert ist in diesem Fall $\langle x \rangle = 0$.

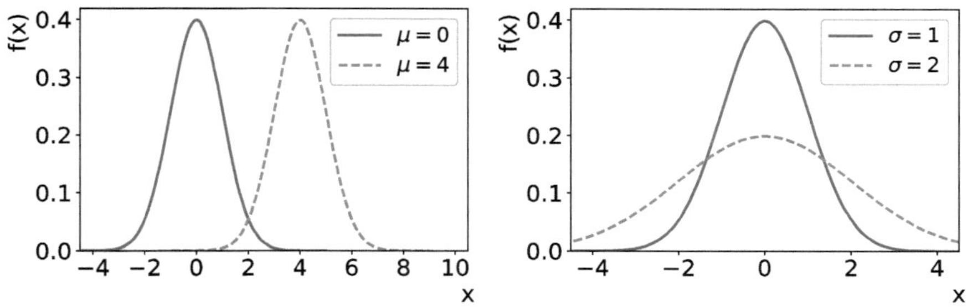

Abbildung 3.10 Gaußverteilung

Die Gaußverteilung ist eine kontinuierliche Wahrscheinlichkeitsdichte. In der Definitionsgleichung (3.52) entspricht ihr Mittelwert dem Parameter μ und die Standardabweichung dem Parameter σ. Die Gaußverteilung ist durch den Vorfaktor auf $\int_{-\infty}^{\infty} f(x)\, dx = 1$ normiert. In der linken Abbildung ist die Standardabweichung $\sigma = 1$ gewählt und es wird der Mittelwert $\mu = 0$ mit $\mu = 4$ verglichen. Für $\mu = 4$ ist die Kurve um $x = 4$ nach rechts verschoben. In der rechten Abbildung ist als Mittelwert $\mu = 0$ gewählt und es werden die Standardabweichungen $\sigma = 1$ und $\sigma = 2$ verglichen. Man sieht, dass die Verteilung für $\sigma = 2$ breiter wird. (Python-Code: `Fig_gauss_norm.py` und `Fig_gauss.py`)

EXTRAS ONLINE Quellcode

Ein Parameter $\mu \neq 0$ in (3.52) impliziert eine Koordinatentransformation $x \to x + \mu$, die die Kurve und damit auch den Mittelwert von $\langle x \rangle = 0$ auf

$$\langle x \rangle = \mu \tag{3.54}$$

verschiebt. Der Parameter μ in (3.52) ist also der Mittelwert der Gaußverteilung.

Standardabweichung

Der Vorfaktor der Gaußverteilung (3.52) ergibt sich aus der Normierungsbedingung für Wahrscheinlichkeitsdichten (3.7)

$$\int_{-\infty}^{\infty} f(x)\; dx = 1\;, \tag{3.55}$$

wie sich z. B. mithilfe der tabellierten Integrale aus [8] zeigen lässt.

Um die Varianz (3.19) der Gaußverteilung zu berechnen, definieren wir zur besseren Übersicht zunächst

$$t \equiv \frac{1}{2\,\sigma^2} \tag{3.56}$$

und setzen in die Normierungsbedingung ein:

$$\int_{-\infty}^{\infty} \sqrt{\frac{t}{\pi}} \cdot e^{-t\,(x-\mu)^2}\; dx = 1$$

Durch Umstellen der Terme und Verwenden eines Rechentricks, nach t zu differenzieren, finden wir die Varianz aus Gleichung (3.19) [9]:

$$\begin{aligned}
\frac{\partial}{\partial t}\int_{-\infty}^{\infty} e^{-t\,(x-\mu)^2}\,dx &= \frac{\partial}{\partial t}\sqrt{\frac{\pi}{t}} \\
-\int_{-\infty}^{\infty}(x-\mu)^2\cdot e^{-t\,(x-\mu)^2}\,dx &= -\frac{1}{2}\sqrt{\frac{\pi}{t^3}} \\
\underbrace{\int_{-\infty}^{\infty}(x-\mu)^2\cdot \underbrace{\sqrt{\frac{t}{\pi}}\cdot e^{-t\,(x-\mu)^2}}_{=f(x)}\,dx}_{=V} &= \frac{1}{2}\,\frac{1}{t}
\end{aligned}$$

Setzen wir t nach der Definition (3.56) ein, so ergibt sich das Quadrat des Parameters σ als die Varianz der Gaußverteilung:

$$V = \sigma^2 \tag{3.57}$$

Durch Vergleich mit der Definitionsgleichung der Standardabweichung (3.21) sehen wir, dass der Parameter σ in (3.52) die Standardabweichung der Gaußverteilung repräsentiert.

Python Quellcode: Wahrscheinlichkeitsdichte der Gaußverteilung

```
from scipy.stats import norm
norm.pdf(x,mu,sigma)
```

Berechnet die Wahrscheinlichkeitsdichte der Gaußverteilung mit Mittelwert `mu` und Standardabweichung `sigma` an der Stelle `x`.

Full-Width-Half-Maximum

Um die Standardabweichung aus einer graphischen Gaußverteilung abzuschätzen, ist es oft hilfreich, das Full-Width-Half-Maximum (3.26) zu verwenden (► Abbildung 3.11). Das Maximum der Gaußverteilung ist:

$$f_{\max}(x=\mu) = \frac{1}{\sqrt{2\pi}\,\sigma} \tag{3.58}$$

Auf halber Höhe erhalten wir die Positionen $x_{(\pm,1/2)}$ durch:

$$\begin{aligned}
\frac{1}{2}\cdot\frac{1}{\sqrt{2\,\pi}\,\sigma} &= \frac{1}{\sqrt{2\,\pi}\,\sigma}\exp\left(-\frac{1}{2\,\sigma^2}\left(x_{(\pm,1/2)}-\mu\right)^2\right) \\
\ln\frac{1}{2} &= -\frac{\left(x_{(\pm,1/2)}-\mu\right)^2}{2\,\sigma^2} \\
2\,\sigma^2\,\ln 2 &= \left(x_{(\pm,1/2)}-\mu\right)^2 \\
x_{(\pm,1/2)} &= \pm\sigma\sqrt{2\,\ln 2}+\mu
\end{aligned}$$

Damit ergibt sich das Full-Width-Half-Maximum

$$\begin{aligned}\text{FWHM} &= |\, x_{(+,1/2)} - x_{(-,1/2)} \,| \\ &= 2\sigma\sqrt{2\ln 2}\,,\end{aligned}$$

bzw. als Merkregel:

$$\text{FWHM} \approx 2{,}35\,\sigma \tag{3.59}$$

Das Full-Width-Half-Maximum ist etwas größer als die zweifache Standardabweichung. Die Gaußverteilung fällt in der Entfernung σ vom Mittelwert μ nur auf $1/\sqrt{e} \approx 0{,}6$ des Maximums ab, wie wir durch Einsetzen von $x = \mu + \sigma$ in (3.52) sehen:

$$\frac{f(x = \mu + \sigma)}{f_{max}(x = \mu)} = \frac{e^{-1/2}}{e^0} = \frac{1}{\sqrt{e}} \tag{3.60}$$

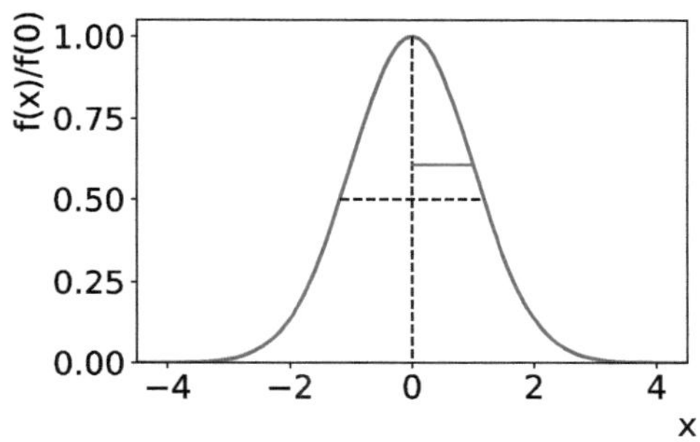

Abbildung 3.11 Skalierte Gaußverteilung

Die Gaußverteilung mit Mittelwert $\mu = 0$ und Standardabweichung $\sigma = 1$ wurde hier hochskaliert, sodass das Maximum der Verteilung bei $f(0) = 1$ liegt. Auf halber Höhe bei $f(x)/f(0) = 1/2$ lesen wir links und rechts vom Maximum das Full-Width-Half-Maximum (FWHM) ab. Ebenfalls eingezeichnet ist die Standardabweichung σ, die die Gaußkurve etwas oberhalb des FHWM bei $f(\sigma)/f(0) = 1/\sqrt{e}$ erreicht. (Python-Code: `Fig_gauss_FWHM.py`)

EXTRAS ONLINE Quellcode

Wahrscheinlichkeit

Die Wahrscheinlichkeit für das Auftreten eines Ereignisses im Intervall

$$a \leq x \leq b$$

der gaußverteilten Zufallsvariablen berechnen wir nach (3.5) durch das Integral über die Gaußverteilung.

Wir interessieren uns hier für die Wahrscheinlichkeit, dass x höchstens eine Standardabweichung σ vom Mittelwert μ entfernt liegt, d. h. im Bereich:

$$\mu - \sigma \leq x \leq \mu + \sigma \tag{3.61}$$

Unter Zuhilfenahme numerischer Integrationsverfahren (zugänglich über Internetrechner oder Datenanalyseprogramme [3]) erhält man den folgenden Wert:

$$P(\mu - \sigma \leq x \leq \mu + \sigma) = \int_{\mu-\sigma}^{\mu+\sigma} \frac{1}{\sqrt{2\pi}\,\sigma} e^{-\frac{(x-\mu)^2}{2\,\sigma^2}}\,dx \tag{3.62}$$

$$= 68{,}27\% \tag{3.63}$$

Das heißt, die Wahrscheinlichkeit, die Zufallsvariable x im Intervall $\pm 1\,\sigma$ um den Mittelwert μ der Gaußverteilung zu finden, beträgt ca. $P = 2/3$. Dementsprechend liegen ca. $1/3$ aller Werte von x außerhalb des $\pm 1\,\sigma$-Bereichs um den Mittelwert.

In der folgenden Tabelle sind zusätzlich die Wahrscheinlichkeiten dafür angegeben, die Zufallsvariable x innerhalb des $\pm 2\,\sigma$- und $\pm 3\,\sigma$-Bereichs um den Mittelwert μ zu finden:

Intervall in x	Wahrscheinlichkeit P
$\lvert x-\mu \rvert \leq 1\,\sigma$	68,27%
$\lvert x-\mu \rvert \leq 2\,\sigma$	95,45%
$\lvert x-\mu \rvert \leq 3\,\sigma$	99,73%

(3.64)

Wir werden im Abschnitt 4.2 sehen, dass wir häufig die Messwerte eines Experiments als Zufallsvariable einer Gaußverteilung auffassen können, die entsprechend der Standardabweichung σ um einen Mittelwert μ streuen. Die Angabe eines Messergebnisses $\mu \pm \sigma$ zeigt dann den Messwert μ und den Bereich an, in dem ca. 68% der Messwerte liegen.

Zusammenhang zur Binomial- und Poissonverteilung

In der folgenden ► Abbildung 3.12 vergleichen wir die Binomial-, Poisson- und Gaußverteilungen für folgende Einstellungen: Für die diskreten Verteilungen ist als Anzahl der Versuche $n = 20$ und als Wahrscheinlichkeit für das Eintreten eines Ereignisses $p = 0{,}2$ gewählt.

Damit ergeben sich für die Binomialverteilung der Mittelwert $\langle r \rangle = n\,p = 4$ und die Standardabweichung $\sigma = \sqrt{n\,p(1-p)} = 1{,}79$.

Für die Poissonverteilung erhalten wir als Mittelwert ebenfalls $\mu = n\,p = 4$ und für die Standardabweichung $\sigma = \sqrt{\mu} = 2$.

Für die Gaußverteilung stellen wir den Mittelwert $\mu = 4$ und die Standardabweichung $\sigma = 2$ ein.

Die Verteilungen zeigen Ähnlichkeit, unterscheiden sich aber in den Details.

Die Binomialverteilung nimmt bei großen Versuchszahlen n und häufigem Auftreten der Ereignisse ($n\,p\,(1-p)$ groß) die Form einer Gaußverteilung mit Mittelwert $\mu = \langle r \rangle$ und Standardabweichung $\sigma = \sqrt{n\;p(1-p)}$ an [7].

Da wir die Poissonverteilung als Grenzfall der Binomialverteilung auffassen können, erhalten wir für sie im Grenzfall großer Mittelwerte $\mu = n\;p \gg 1$ ebenfalls die Form einer Gaußverteilung mit dem Mittelwert μ und der Standardabweichung $\sigma = \sqrt{\mu}$.

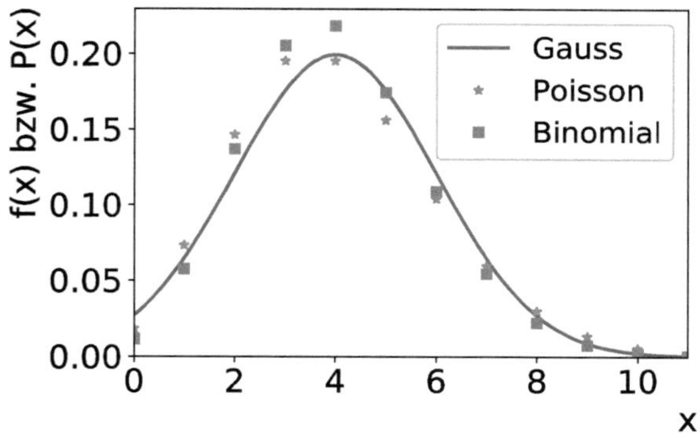

Abbildung 3.12 Vergleich der Binomial- und Poissonverteilungen mit der Gaußverteilung

Gewählt wurden hier als Parameter für den Binomial- und Poissonmittelwert $\langle r\rangle = 4$ und für den Gaußmittelwert $\mu = 4$. Die Standardabweichungen sind $\sigma \approx 2$. Die kontinuierliche Gaußverteilung ist symmetrisch um ihren Mittelwert. Die beiden diskreten Wahrscheinlichkeitsverteilungen (Binomial- und Poissonverteilung) sind bei kleinen Mittelwerten asymmetrisch, werden aber für große Mittelwerte zunehmend gaußförmig. (Python-Code: `Fig_vergleich.py`)

EXTRAS ONLINE Quellcode

Bei Häufigkeitsangaben mit großen Zahlen $\mu = N$ können wir daher die Standardabweichung der Poissonverteilung (3.51) auch für die Standardabweichung σ der Gaußverteilung verwenden:

$$\sigma(N > 10) \approx \sqrt{N} \tag{3.65}$$

3.3.5 Exponentialverteilung

Die Wahrscheinlichkeitsdichte der Exponentialverteilung (► Abbildung 3.13) beschreibt den zeitlichen Abstand oder die Längendifferenz zwischen zufällig auftretenden Prozessen:

$$f(x) = \begin{cases} \frac{1}{\mu}\, e^{-x/\mu} & x \geq 0 \\ 0 & x < 0 \end{cases} \tag{3.66}$$

Die zufälligen Abstände x ergeben sich von jedem neu gewählten Startpunkt aus, unabhängig davon, was sich zuvor ereignet hat. Hat x bereits den Abstandswert t erreicht und dann sogar noch den Wert $s > t$ überschritten, so bleibt diese bedingte Wahrscheinlichkeit $P(x \geq t + s \,|\, x \geq t)$ (2.22) genauso groß wie die Wahrscheinlichkeit $P(x \geq s)$, bei der es kein vorhergehendes Ereignis gab. Diese sogenannte Gedächtnislosigkeit beschreiben wir

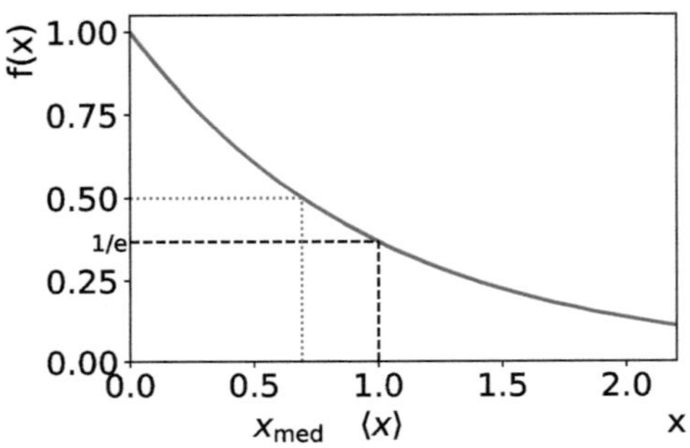

Abbildung 3.13 Wahrscheinlichkeitsdichte der Exponentialverteilung

Die Wahrscheinlichkeitsdichte der Exponentialverteilung beschreibt zufällige aufeinanderfolgende Ereignisse. Gezeigt ist die Exponentialverteilung mit dem Parameter $\mu = 1$. Der Parameter μ entspricht sowohl dem Mittelwert $\langle x \rangle$, bei dem die Exponentialverteilung auf $1/e$ abgefallen ist, als auch der Standardabweichung $\sigma = \mu$ der Exponentialverteilung und bewirkt die Normierung $\int_{t=0}^{\infty} f(x)\,dx = 1$. Ebenfalls gezeigt ist der Median $x_{\text{med}} = 0{,}693\,\mu$, der bei der Hälfte $f(0)/2$ der anfänglichen Wahrscheinlichkeitsdichte erreicht wird (Python-Code: `Fig_exponential.py`)

EXTRAS ONLINE Quellcode

mathematisch dadurch, dass die bedingte Wahrscheinlichkeit $P(B|A) = P(A \wedge B)/P(A)$ (2.23) genauso groß ist wie die Wahrscheinlichkeit $P(B)$ ohne Vorbedingung:

$$P(x \geq t + s \,|\, x \geq t) = \frac{P(x \geq t+s)}{P(x \geq t)} \tag{3.67}$$

$$= \frac{\int_{t+s}^{\infty} \frac{1}{\mu}\, e^{-x/\mu}\, dx}{\int_{t}^{\infty} \frac{1}{\mu}\, e^{-x/\mu}\, dx} = \frac{e^{-(t+s)/\mu}}{e^{-t/\mu}} = e^{-s/\mu} \tag{3.68}$$

$$= \int_{s}^{\infty} \frac{1}{\mu}\, e^{-x/\mu}\, dx = P(x \geq s) \tag{3.69}$$

Den Erwartungswert bzw. Mittelwert der Exponentialverteilung geben wir hier an, man erhält ihn aus dem Integral (3.13):

$$\langle x \rangle = \int_{x=0}^{\infty} x\, f(x)\, dx = \frac{1}{\mu} \int_{x=0}^{\infty} x\, e^{-x/\mu}\, dx = \mu \tag{3.70}$$

Zum Zeitpunkt des Mittelwerts $x = \langle x \rangle = \mu$ ist die Exponentialverteilung auf $1/e$ des anfänglichen Werts $f(x = 0) = 1/\mu$ gesunken:

$$f(\langle x \rangle) = \frac{1}{\mu}\, e^{-\langle x \rangle/\mu} = \frac{1}{\mu}\frac{1}{e} \tag{3.71}$$

Alternativ wird anstelle des Mittelwerts auch der Median x_{med} (3.18) angegeben. Er entspricht der Länge x, bei der die Wahrscheinlichkeitsdichte auf die Hälfte abgesunken ist, wie durch Integration beweisbar ist. Der Median ist im Vergleich zum Mittelwert $\langle x \rangle = \mu$ um $\ln(2)$ kürzer:

$$f(x_{\text{med}}) = \frac{1}{\mu} e^{-x_{\text{med}}/\mu} = \frac{1}{2} f(0) = \frac{1}{2} \frac{1}{\mu} \tag{3.72}$$

$$-x_{\text{med}}/\mu = \ln \frac{1}{2} \tag{3.73}$$

$$x_{\text{med}} = \mu \ln 2 \tag{3.74}$$

Die Varianz der Exponentialverteilung geben wir ebenfalls hier an (3.19):

$$V = \int_{x=0}^{\infty} (x - \langle x \rangle)^2 \, f(x) \, dx = \frac{1}{\mu} \int_{x=0}^{\infty} (x - \langle x \rangle)^2 \, e^{-x/\mu} \, dx = \mu^2 \tag{3.75}$$

Mittelwert und Standardabweichung der Exponentialverteilung sind gleich groß und entsprechen dem Parameter μ:

$$\mu = \langle x \rangle = \sigma \tag{3.76}$$

Python Quellcode: Wahrscheinlichkeitsdichte der Exponentialverteilung

```
from scipy.stats import expon
expon.pdf(t, scale=mu)
```

Berechnet die Wahrscheinlichkeitsdichte der Exponentialverteilung mit Mittelwert `mu` an der Stelle `x`.

Experiment 3.2: Halbwertszeit Barium

Ein radioaktives Präparat enthält angeregte Bariumisotope, die durch Gammastrahlung zerfallen. Wir messen die Rate der Zerfälle in Zeitintervallen von 10 Sekunden mit einem Geiger-Müller-Zählrohr und tragen die Rate als Funktion der Zeit auf (► Abbildung 3.14).

Sowohl die Abnahme der Zählrate dN/dt mit der Zeit als auch die Abnahme der Zahl N der unzerfallenen Isotope folgt einer Exponentialfunktion, bei der der Parameter μ die zeitliche Abnahme der Zählrate charakterisiert. Da μ dem Mittelwert der Exponentialverteilung entspricht, sprechen wir hier von der mittleren Lebensdauer des Bariumisotops und bezeichnen sie mit $\tau \equiv \mu$. Zum Zeitpunkt $t = \tau$ ist die Zählrate auf $1/e$ gesunken (3.71):

$$\frac{dN}{dt}(t = \tau) = \frac{dN}{dt}(t = 0) \cdot e^{-t/\tau} = \frac{dN}{dt}(t = 0) \cdot \frac{1}{e} \tag{3.77}$$

Wie die Messung in ► Abbildung 3.14 zeigt, nimmt die Anzahl der noch nicht zerfallenen Bariumatome innerhalb weniger Minuten rasch ab.

Häufig wird anstelle der mittleren Lebensdauer τ die Halbwertszeit $t_{1/2}$ des Präparats angegeben. Die Halbwertszeit ist definiert als die Zeit, bei der die Zählrate eines Präparats auf die Hälfte abgesunken ist. Sie entspricht dem Median (3.18) der Exponentialverteilung. Die Halbwertszeit ist im Vergleich zur mittleren Lebensdauer τ um $\ln(2) = 0{,}693$ kürzer (3.74). Die Anpassung der Exponentialfunktion an die Messdaten ergibt eine Halbwertszeit von $t_{1/2} = 2{,}59 \pm 0{,}03$ Minuten (► Abbildung 3.14). Methoden zur Anpassung von Funktionen an Messdaten werden später in den Kapiteln 7 und 8 vorgestellt.

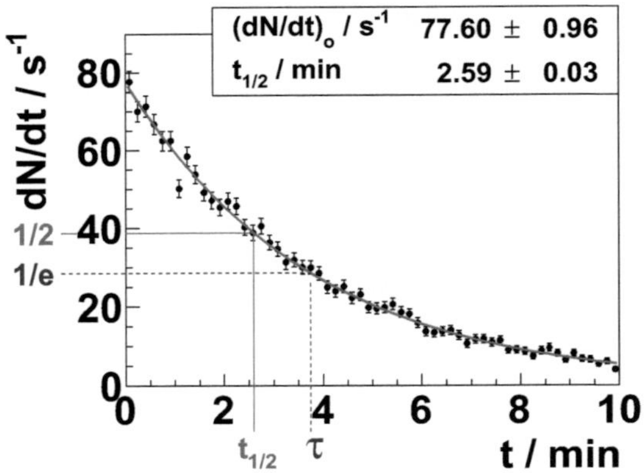

Abbildung 3.14 Zählrate radioaktiver Zerfälle eines Bariumpräparats

Die Zählrate radioaktiver Zerfälle eines Bariumpräparats folgt der Exponentialfunktion und zeigt damit den Zufallscharakter der Zerfälle. Die Halbwertszeit der Bariumisotope beträgt $t_{1/2} = 2{,}59 \pm 0{,}03$ min. Die mittlere Lebensdauer der Bariumisotope ist größer, wir erhalten sie mit $\tau = t_{1/2}/\ln(2)$.

3.4 Zweidimensionale Wahrscheinlichkeitsdichten

Oft hängen Zufallsprozesse in der Physik nicht nur von einer Zufallsvariablen ab, sondern von mehreren solcher Variablen. Zum Beispiel werden beim Sieden von Wasser im Kochtopf Dampfblasen zufällig von der zweidimensionalen Bodenfläche des Topfs aufsteigen.

Wir verwenden hier die beiden Zufallsvariablen x und y und dementsprechend eine zweidimensionale Wahrscheinlichkeitsdichte $f(x, y)$. In der ► Abbildung 3.15 sehen wir eine Darstellung von $f(x, y)$. Zum Beispiel treten Wertepaare im Bereich um $(x; y) = (0; 0)$ mit hoher Wahrscheinlichkeit auf, während Wertepaare z. B. im Bereich um $(x; y) = (2; -2)$ unwahrscheinlicher sind.

Die Kenngrößen einer solchen Verteilung und die zugehörigen Wahrscheinlichkeiten werden analog zum eindimensionalen Fall berechnet. Konzeptionell neu ist bei zwei oder mehr Zufallsvariablen, dass die Variablen möglicherweise abhängig voneinander streuen.

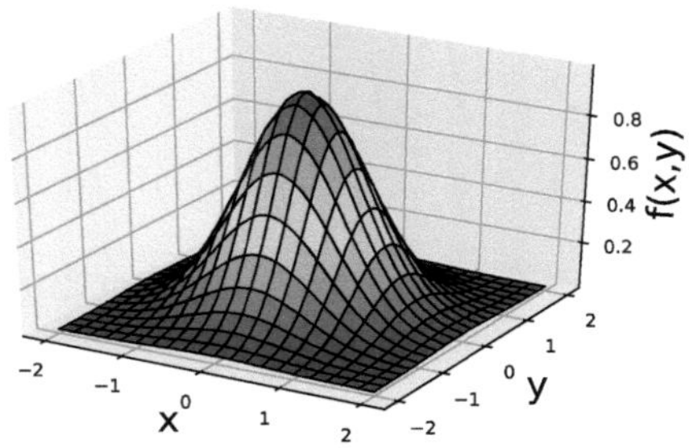

Abbildung 3.15 Beispiel einer zweidimensionalen Wahrscheinlichkeitsdichte $f(x, y)$ (Python-Code: `Fig_3DPlot1.py`)

EXTRAS ONLINE Quellcode

Diese Zusammenhänge zwischen den Variablen nennt man **Korrelationen**. Wie die Zufallsvariablen miteinander korreliert sind, ist dann in der Wahrscheinlichkeitsdichte $f(x, y)$ formuliert.

3.4.1 Wahrscheinlichkeit

Die Wahrscheinlichkeit für das Auftreten des Wertepaars (x, y) der beiden Zufallsvariablen definieren wir analog zum 1-dimensionalen Fall (3.5) über Bereiche, in denen die Werte liegen sollen:

$$a \leq x \leq b \quad \text{und} \quad c \leq y \leq d$$

Die Wahrscheinlichkeit, die Zufallsvariablen (x, y) in diesem Intervall zu finden, beträgt:

$$P(a \leq x \leq b,\ c \leq y \leq d) = \int_c^d \int_a^b f(x, y)\ dx\ dy \tag{3.78}$$

Die Zufallsvariablen müssen mit Sicherheit irgendeinen Wert annehmen. Deswegen muss auch hier das Integral über die Wahrscheinlichkeitsdichte auf $P = 1$ normiert sein (3.7):

$$P(-\infty < x < \infty, -\infty < y < \infty) = \int_{-\infty}^{\infty} \int_{-\infty}^{\infty} f(x, y)\ dx\ dy = 1 \tag{3.79}$$

3.4.2 Kenngrößen zweidimensionaler Verteilungen

Die wichtigsten Kenngrößen einer zweidimensionalen Verteilung sind die Mittelwerte, die Varianzen und die sogenannten Kovarianzen.

Die Mittelwerte von x und y werden wie in Gleichung (3.9) berechnet:

$$\langle x \rangle = \int_{-\infty}^{\infty} \int_{-\infty}^{\infty} x \cdot f(x, y)\ dx\ dy \tag{3.80}$$

$$\langle y \rangle = \int_{-\infty}^{\infty} \int_{-\infty}^{\infty} y \cdot f(x, y)\ dx\ dy \tag{3.81}$$

Die Varianzen werden entsprechend Gleichung (3.19) berechnet:

$$V[x] = \sigma_x^2 = \int_{-\infty}^{\infty}\int_{-\infty}^{\infty} (x - \langle x\rangle)^2 \cdot f(x,y)\; dx\; dy \tag{3.82}$$

$$V[y] = \sigma_y^2 = \int_{-\infty}^{\infty}\int_{-\infty}^{\infty} (y - \langle y\rangle)^2 \cdot f(x,y)\; dx\; dy \tag{3.83}$$

Für die Beschreibung der Korrelationen zwischen den Zufallsvariablen x und y führen wir die sogenannte **Kovarianz** zwischen x und y ein:

$$\sigma_{xy} = \sigma_{yx} = \int_{-\infty}^{\infty}\int_{-\infty}^{\infty} (x - \langle x\rangle)\cdot(y - \langle y\rangle)\cdot f(x,y)\; dx\; dy \tag{3.84}$$

Die vier Varianzen können wir in der sogenannten **Kovarianzmatrix** zusammenfassen:

$$\hat{V} = \begin{pmatrix} \sigma_x^2 & \sigma_{xy} \\ \sigma_{yx} & \sigma_y^2 \end{pmatrix} \tag{3.85}$$

Alternativ zur Kovarianz wird häufig der sogenannte Alternativ zur Kovarianz wird häufig der sogenannte **Korrelationskoeffizient** ρ verwendet:

$$\rho = \frac{\sigma_{xy}}{\sigma_x\,\sigma_y}, \qquad -1 \le \rho \le 1 \tag{3.86}$$

Dafür wird die Kovarianz σ_{xy} normiert: Die Standardabweichungen σ_x und σ_y werden aus den Varianzen σ_x^2 (3.82) und σ_y^2 (3.83) berechnet.

Der Wertebereich von ρ erleichtert die Interpretation der Korrelationen. Ein Wert $\rho = 0$ bedeutet, dass die Zufallsvariablen unkorreliert, d. h. unabhängig voneinander streuen. Im Fall $y = 3\,x$ sind die Variablen x und y vollständig miteinander korreliert ($\rho = 1$). Im Beispiel $y = -5\,x$ sind x und y vollständig antikorreliert ($\rho = -1$).

3.4.3 Zweidimensionale Gaußverteilung

Die zweidimensionale Gaußverteilung hat die folgende Struktur, in der wir die Elemente von (3.52) wiedererkennen:

$$f(x,y) = \frac{1}{2\,\pi\,\sigma_x\,\sigma_y\sqrt{1-\rho^2}} \cdot \exp\left(-\frac{1}{2\,(1-\rho^2)}\left[\left(\frac{x-\mu}{\sigma_x}\right)^2 + \left(\frac{y-\nu}{\sigma_y}\right)^2 - 2\,\rho\,\frac{(x-\mu)}{\sigma_x}\cdot\frac{(y-\nu)}{\sigma_y}\right]\right) \tag{3.87}$$

Die Mittelwerte von x und y sind μ und ν, die Standardabweichungen sind σ_x und σ_y und der Korrelationskoeffizient ist ρ $(-1 < \rho < 1)$.

Beispiel 3.11: 2-dimensionale Gaußverteilung

In der ► Abbildung 3.16 ist eine 2-dimensionale Gaußverteilung mit den Werten $\mu = 7$, $\nu = 6$, $\sigma_x = 2$, $\sigma_y = 1$ und $\rho = 0{,}25$ gezeigt.

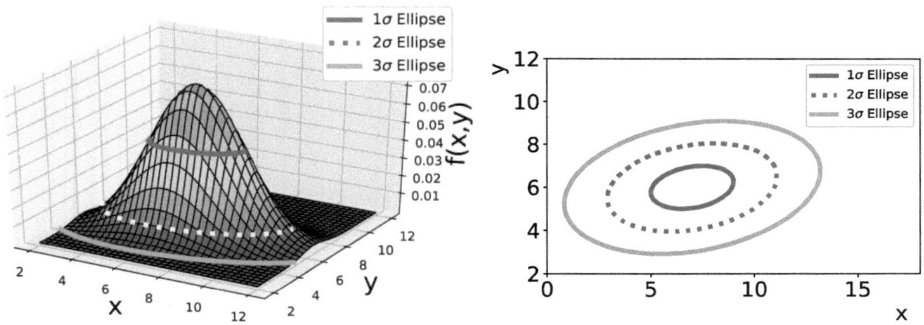

Abbildung 3.16 Zweidimensionale Gaußwahrscheinlichkeitsdichte

Dieses Beispiel einer zweidimensionalen Gaußwahrscheinlichkeitsdichte (3.87) hat ihren Maximalwert bei ($x = 7; y = 6$). Die Ellipsen zeigen Bereiche mit jeweils gleicher Wahrscheinlichkeitsdichte. Die Drehung der Ellipsen entsteht durch den Korrelationskoeffizienten $\rho \neq 0$ und die Stauchung durch die voneinander verschieden Standardabweichungen $\sigma_x > \sigma_y$. (Python-Code: `Fig_2DGaus.py`, `Fig_2DEllipse.py`)

EXTRAS ONLINE Quellcode

Die Kontur können wir uns durch das Abfallen der Verteilung auf $f_{\max}/\sqrt{e}$ veranschaulichen. Zunächst wählen wir in der Gaußverteilung (3.87) wieder zur besseren Übersicht den Ursprung des Koordinatensystems (Mittelwerte $\mu = \nu = 0$) und verwenden unabhängige Zufallsvariable ($\rho = 0$). Die zweidimensionale Gaußverteilung fällt vom Maximum auf ihren $1/\sqrt{e}$-ten Teil bei:

$$e^{-\frac{1}{2}} = \exp\left(-\frac{1}{2}\left[\left(\frac{x}{\sigma_x}\right)^2 + \left(\frac{y}{\sigma_y}\right)^2\right]\right)$$

Der Term in eckigen Klammern muss demnach 1 ergeben:

$$\left(\frac{x}{\sigma_x}\right)^2 + \left(\frac{y}{\sigma_y}\right)^2 = 1$$

Das heißt, die Kontur entspricht hier der Gleichung einer Ellipse mit den Halbachsen σ_x und σ_y. Für korrelierte Variablen ($\rho \neq 0$) erhalten wir die Gleichung einer in der x, y-Ebene gedrehten Ellipse:

$$\frac{x^2}{\sigma_x^2} - 2\,\rho\,\frac{x \cdot y}{\sigma_x \cdot \sigma_y} + \frac{y^2}{\sigma_y^2} = 1 - \rho^2\,.$$

Die Wahrscheinlichkeit, dass beide Zufallsvariablen x und y jeweils innerhalb der Standardabweichungen σ_x und σ_y liegen, berechnen wir mit dem Integral:

$$P(\mu - \sigma_x \le x \le \mu + \sigma_x, \nu - \sigma_y \le y \le \nu + \sigma_y) = \int_{\mu-\sigma_x}^{\mu+\sigma_x} \int_{\nu-\sigma_y}^{\nu+\sigma_y} f(x,y)\, dx\, dy \qquad (3.88)$$

Lösungen dafür, beide Zufallsvariablen innerhalb ihrer $\pm 1\,\sigma$-, $\pm 2\,\sigma$- und $\pm 3\,\sigma$-Bereiche um ihre Mittelwerte zu finden, sind in der folgenden Tabelle angegeben:

Intervall in x, y	Wahrscheinlichkeit P
$\lvert x-\mu\rvert \le 1\,\sigma_x$ und $\lvert y-\nu\rvert \le 1\,\sigma_y$	39%
$\lvert x-\mu\rvert \le 2\,\sigma_x$ und $\lvert y-\nu\rvert \le 2\,\sigma_y$	86%
$\lvert x-\mu\rvert \le 3\,\sigma_x$ und $\lvert y-\nu\rvert \le 3\,\sigma_y$	99%

(3.89)

Die Integration über die Fläche liefert Werte, die geringer als im Fall der eindimensionalen Gaußverteilung (3.64) sind. Die Mehrzahl der Zufallswerte liegt bei der zweidimensionalen Gaußverteilung außerhalb des Bereichs von einer Standardabweichung!

Im Abschnitt 7.1 werden wir ein Verfahren zur Bestimmung des Bereichs kennenlernen, in dem z. B. 68% der Ereignisse liegen (7.36).

Das Wichtigste zum Mitnehmen

- Zufällige Vorgänge während eines Messprozesses sind unvermeidbar. Wir erfassen diese Zufallsprozesse eines Experiments quantitativ durch eine Wahrscheinlichkeitsverteilung aus der die Messwerte stammen. Sie enthält die Information über den wahren Wert einer Messgröße und die experimentellen Unsicherheiten.
- Natürlich kennen wir die zugrunde liegende Wahrscheinlichkeitsverteilung eines Experiments vor der Messung nicht. Wir verwenden daher die Messdaten des Experiments, um zumindest Kenngrößen der Wahrscheinlichkeitsverteilung zu rekonstruieren.

  Der aus den Messdaten bestimmte Mittelwert der rekonstruierten Wahrscheinlichkeitsverteilung ergibt häufig bereits eine Schätzung des wahren Werts der gesuchten Messgröße (siehe Gesetz der großen Zahlen und Zentraler Grenzwertsatz im folgenden Kapitel).

  Ebenfalls rekonstruieren wir mit den Messdaten die Standardabweichung der Wahrscheinlichkeitsverteilung. Sie ist ein Maß für die Breite der Verteilung und damit die erwartete Streuung der Messwerte.
- Nützliche Kenngrößen für Verteilungen sind Lokalisierungsparameter (Mittelwert, Median, wahrscheinlichster Wert) und Dispersionsparameter (Standardabweichung, Varianz, Root-Mean-Square, Full-Width-Half-Maximum).
- Folgende Wahrscheinlichkeitsverteilungen sind für viele experimentelle Fragestellungen geeignet. Bei diskreten Messwerten (Anzahlen) werden oft die Binomialverteilung oder die Poissonverteilung verwendet. Für kontinuierliche Messwerte stehen z.B. die Gleichverteilung, die Gaußverteilung und die Exponentialverteilung zur Verfügung.

Python Quellcode: Verteilungen

Für alle genannten Verteilungen können mit der `scipy.stats` Bibliothek viele Berechnungen sehr einfach durchgeführt werden.

Wahrscheinlichkeiten diskreter Verteilungen werden mit `.pmf()` bestimmt, während Wahrscheinlichkeitsdichten kontinuierlicher Verteilungen mit `.pdf()` bestimmt werden. Die Beispiele in diesem Kapitel haben dies gezeigt.

Integrierte Wahrscheinlichkeiten, z. B. $P(x < x_0)$ können mit `.cdf()` berechnet werden. Beispiele dafür sind

`stats.poisson.cdf(r,mu)` für die Poissonverteilung und
`stats.expon.cdf(t, scale=mu)` für die Exponentialverteilung.

Nützlich sind auch die inversen integrierten Funktionen `.ppf()`, zum Beispiel

```
stats.poisson.ppf(p,mu)
stats.expon.ppf(p, scale=mu),
```

womit der Wert der Zufallsvariablen berechnet wird, der zur angegebenen integrierten Wahrscheinlichkeit `p` gehört.

Kenngrössen aller Verteilungen berechnen sich zum Beispiel mit `.mean()` für den Mittelwert, mit `.var()` für die Varianz und `.median()` für den Median.

Von besonderem Interesse z. B. für die Simulation von Experimenten ist das Erzeugen von Zufallszahlen, die festgelegten Verteilungen folgen. Dies wird mit der Funktion `.rvs()` erreicht. Beispiele für entsprechende Zufallswerte sind

```
stats.poisson.rvs(mu)
stats.expon.rvs(scale=mu).
```

Aufgabe 3.1: Mensch-ärgere-Dich-nicht

Berechnen Sie die Wahrscheinlichkeit, beim Spiel Mensch-ärgere-Dich-nicht in zehn Runden kein einziges Mal die Augenzahl 6 zu würfeln.

Aufgabe 3.2: Binomialtheorem mit $n = 3$

Berechnen Sie die kubische Anwendung des Binomialtheorems $(a + b)^3$.

Aufgabe 3.3: Exponentialverteilung

Ein Auto erleide im Mittel alle 10.000 km eine Panne. Die zeitlichen Abstände zwischen den Pannen seien exponentialverteilt. Wie groß ist die Wahrscheinlichkeit, eine Panne zu erleiden, wenn Sie 3.000 km in den Urlaub fahren?

Sie haben nun bereits eine Strecke von 9.000 km zurück gelegt. Wie ändert sich die Wahrscheinlichkeit, in den nächsten 3.000 km eine Panne zu erleiden?

Messwerte und Stichproben

4

ÜBERBLICK

» Eine Stichprobe besteht aus einer Anzahl von Werten, die einer Wahrscheinlichkeitsverteilung zufällig entnommen wurden. Einen Satz von Messwerten aus einem Experiment können wir als Stichprobe auffassen, die wir der Wahrscheinlichkeitsverteilung dieses Experiments entnommen haben. Im idealen Fall würde man die Wahrscheinlichkeitsverteilung des Experiments rekonstruieren. Wichtige Informationen erhält man aber bereits mit der Bestimmung von Kenngrößen der Wahrscheinlichkeitsverteilung.

Zunächst ist unser Ziel, Mittelwert und Standardabweichung der Wahrscheinlichkeitsverteilung mithilfe der Stichprobe von Messwerten zu schätzen. Außerdem wollen wir die Genauigkeit unserer Schätzung der Kenngrößen bestimmen. Danach lernen wir den für die Interpretation von Messdaten entscheidenden »zentralen Grenzwertsatz« der Mathematik kennen und wenden ihn bei der Bestimmung von Mittelwerten und Standardabweichungen an. Schließlich erweitern wir unsere Überlegungen zu Kombinationen von Messwerten unterschiedlicher Genauigkeit und bilden gewichtete Kenngrößen. «

4.1 Stichproben aus Wahrscheinlichkeitsverteilungen

Eine **Stichprobe** ist ein Satz zufälliger Werte $x_1, ..., x_n$ aus einer Wahrscheinlichkeitsverteilung $f(x)$. Die Anzahl der Werte n wird als Stichprobenumfang bezeichnet. In ► Abbildung 4.1 sind Beispiele für solche Stichproben gezeigt.

Für die in Abschnitt 3.2 eingeführten Kenngrössen Mittelwert und Standardabweichung von Wahrscheinlichkeitsverteilungen lassen sich Schätzwerte aus Stichproben bestimmen. In Abschnitt 1.2.1 haben wir einen ersten Eindruck von der Interpretation von Stichproben im Zusammenhang mit dem Messvorgang vorgenommen. Hier begründen wir unser Vorgehen.

Die Definition des Mittelwerts $\overline{x}$ einer Stichprobe ist naheliegend:

$$\overline{x} = \frac{1}{n}\sum_{i=1}^{n} x_i \tag{4.1}$$

Dabei ist zu beachten, dass $\overline{x}$ selbst eine Zufallsgröße ist, denn bei einer Wiederholung der Stichprobe kann $\overline{x}$ einen anderen Wert annehmen.

In ► Abbildung 4.1 ist links oben eine Stichprobe im Umfang von $n = 4$ Messwerten gezeigt, die der Wahrscheinlichkeitsdichte (gestrichelte Kurve) zufällig entnommen wurden. Ihr Stichprobenmittelwert $\overline{x}_1$ ist in der unteren Abbildung gezeigt. Wie erwartet stimmt $\overline{x}_1$ nicht exakt mit dem wahren Mittelwert $\langle x\rangle$ der Wahrscheinlichkeitsdichte überein, aus der die Stichprobe entnommen wurde.

In der rechten Abbildung wurden neun zusätzliche Stichproben genommen, deren Mittelwerte $\overline{x}_i$ in der unteren Abbildung zusammen mit dem Mittelwert $\overline{x}_1$ der ersten Stichprobe gezeigt sind. Alle Stichprobenmittelwerte sind verschieden. Der Mittelwert aller 10 Stichprobenmittelwerte ist durch den schwarzen Balken dargestellt. Er zeigt eine geringere Abweichung vom wahren Mittelwert $\langle x\rangle$ der Wahrscheinlichkeitsdichte als der einzelne Stichprobenmittelwert $\overline{x}_1$.

Wie genau unsere Schätzung des wahren Mittelwerts $\langle x\rangle$ ist, untersuchen wir mithilfe des Mittelwerts w von m Stichprobenmittelwerten $\overline{x}_j$ mit Stichprobenumfang n und ihrer Varianz. Jede Stichprobe j hat den Satz von Messwerten $[x_1+x_2+\ldots+x_n]_j$. Der Mittelwert ist der Erwartungswert für das erste algebraische Moment (3.11):

$$\begin{aligned}
w &= E[\overline{x}] \\
&= \frac{1}{m}\sum_{j=1}^{m}\overline{x}_j = \frac{1}{m}\sum_{j=1}^{m}\left(\frac{1}{n}\sum_{i=1}^{n} x_i\right)_j \\
&= \frac{1}{m}\left(\frac{1}{n}[x_1+x_2+\ldots+x_n]_1 + \ldots + \frac{1}{n}[x_1+x_2+\ldots x_n]_m\right) \\
&= \frac{1}{m\cdot n}\sum_{k=1}^{m\cdot n} x_k = E[x] \overset{m\cdot n\to\infty}{=} \langle x\rangle
\end{aligned} \tag{4.2}$$

Der Mittelwert der Stichprobenmittelwerte ist der Erwartungswert $E[x]$ (gleichbedeutend mit Mittelwert) aller zufälligen Werte aus der Wahrscheinlichkeitsdichte. Bei unendlich

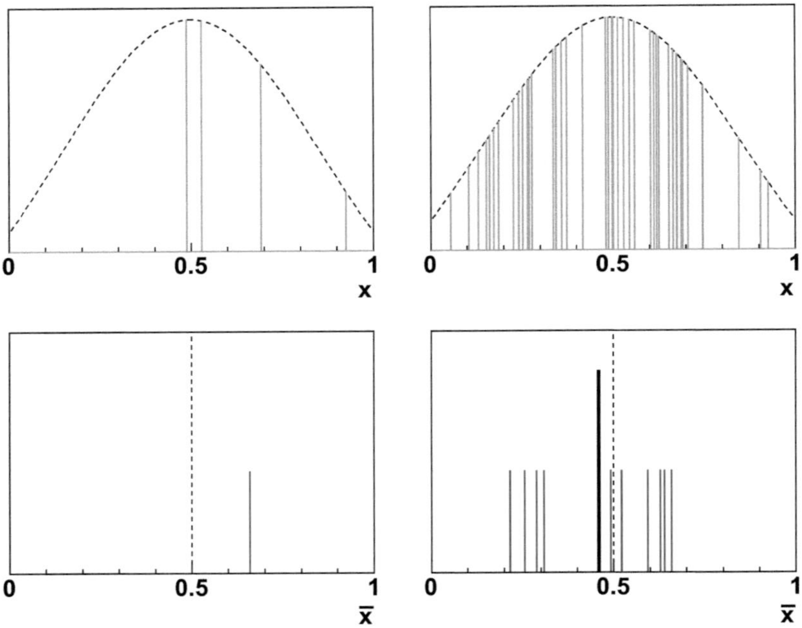

Abbildung 4.1 Stichproben und Mittelwerte

Eine Stichprobe mit einem Stichprobenumfang von $n = 4$ zufälligen Zahlen aus der Wahrscheinlichkeitsdichte (gestrichelte Kurve) ist in der linken oberen Abbildung gezeigt. Die untere Abbildung zeigt den Stichprobenmittelwert (Balken) im Vergleich zum wahren Mittelwert der Wahrscheinlichkeitsdichte (gestrichelte Linie). Die rechte Abbildung zeigt diese Stichprobe zusammen mit neun weiteren Stichproben mit jeweils dem Stichprobenumfang $n = 4$. Die rechte untere Abbildung zeigt die Mittelwerte der insgesamt 10 Stichproben und den Mittelwert der Stichprobenmittelwerte (schwarzer Balken) im Vergleich zum wahren Wert (gestrichelte Linie).

vielen Werten erwarten wir, dass ihr Mittelwert $E[x]$ dem wahren Mittelwert $\langle x \rangle$ der Wahrscheinlichkeitsdichte entspricht (► Abbildung 4.1 rechts).

Die Varianz (3.20) der Stichprobenmittelwerte $\overline{x}_j$ aus den Werten x_i entspricht dem zweiten zentralen Moment (3.12). Mit $\langle x \rangle$ bezeichnen wir wieder den wahren Mittelwert der Wahrscheinlichkeitsdichte:

$$
\begin{aligned}
V[\overline{x}] &= E[(\overline{x} - \langle x \rangle)^2] = E[\overline{x}^2] - \langle x \rangle^2 \\
&= E\left[\left(\frac{1}{n}\sum_i x_i\right)^2\right] - \langle x \rangle^2 = E\left[\frac{1}{n^2}(x_1 + \ldots + x_n)^2\right] - \langle x \rangle^2 \\
&= E\left[\frac{1}{n^2}\left(x_1^2 + \ldots + x_n^2 + x_1 x_2 + x_2 x_1 + \ldots + x_{n-1} x_n\right)\right] - \langle x \rangle^2
\end{aligned}
$$

Die Werte x_i sind unabhängige Zufallswerte aus der Wahrscheinlichkeitsdichte. Daher entspricht der Erwartungswert von jedem Wert x_i dem wahren Mittelwert $\langle x \rangle$ der Wahrscheinlichkeitsdichte (4.2). Genauso ist der Erwartungswert $E[x_{n-1}x_n]$ der Produkte aus den gemischten Termen $E[x_{n-1}x_n] = E[x_n x_{n-1}] = E[x_{n-1}]E[x_n] = \langle x\rangle^2$.

Die Erwartungswerte $E[x_i^2]$ der quadrierten Werte können so nicht weiter aufgelöst werden, da jeder einzelne Wert x_i mit sich selbst korreliert ist. Da x_i^2 und x_j^2 für $i \neq j$ voneinander unabhängig sind, haben sie den gemeinsamen Erwartungswert $E[x^2]$, genauso wie $E[x_i]$ den Erwartungswert $E[x] = \langle x\rangle$ haben. Damit können wir wie folgt vorgehen, wobei wir im letzten Schritt wieder die Definition (3.20) der Varianz nutzen:

$$\begin{aligned} V[\overline{x}] &= \frac{1}{n^2}\left(E[x_1^2] + \ldots + E[x_n^2] + E[x_1x_2] + E[x_2x_1] + \ldots + E[x_{n-1}x_n]\right) - \langle x\rangle^2 \\ &= \frac{1}{n^2}\left(n\,E[x^2] + n(n-1)\langle x\rangle^2\right) - \langle x\rangle^2 \\ &= \frac{1}{n}\,E[x^2] + \langle x\rangle^2 - \frac{1}{n}\langle x\rangle^2 - \langle x\rangle^2 \\ &= \frac{1}{n}\,\left(E[x^2] - \langle x\rangle^2\right) = \frac{1}{n}\,V[x] \end{aligned} \tag{4.3}$$

Die Varianz $V[\overline{x}]$ der Stichprobenmittelwerte lässt sich demnach direkt aus der Varianz $V[x]$ der einzelnen Werte berechnen. Je größer der Stichprobenumfang n ist, desto geringer ist die Varianz der Stichprobenmittelwerte. Dieser Zusammenhang wird auch als das »Gesetz der großen Zahlen« bezeichnet.

Für die Standardabweichung schreiben wir entsprechend

$$\sigma_{\overline{x}} = \frac{1}{\sqrt{n}}\sigma_x \tag{4.4}$$

Wir interpretieren die Standardabweichung $\sigma_{\overline{x}}$ des Stichprobenmittelwerts $\overline{x}$ als die statistische Unsicherheit des Stichprobenmittelwerts. Das Gesetz der großen Zahl bedeutet hier ebenfalls, dass die statistische Unsicherheit $\sigma_{\overline{x}}$ des Stichprobenmittelwerts mit grösserem n kleiner wird, also durch wiederholtes Messen verringert werden kann.

Hier ist zu beachten, dass σ_x die wahre Standardabweichung der zugrunde liegenden Verteilung ist, die a priori nicht bekannt sein muss. In diesem Fall muss auch σ_x aus der Stichprobe geschätzt werden. Der entsprechende Schätzwert ist die Stichprobenstandardabweichung s:

$$s = \sqrt{\frac{1}{n-1}\sum_{i=1}^{n}(x_i - \overline{x})^2} \tag{4.5}$$

Hier wird nicht durch den Stichprobenumfang n geteilt, sondern durch $n-1$, da nicht der wahre Mittelwert $\langle x\rangle$, sondern der Stichprobenmittelwert $\overline{x}$ zur Berechnung der quadratischen Differenzen $(x_i - \overline{x})^2$ verwendet wird. Dadurch, dass wir $\overline{x}$ ebenfalls aus der Stichprobe berechnet haben, verlieren wir eine unabhängige Information und dividieren durch $n-1$. Häufig bezeichnet man diese unabhängigen Informationen auch als »Freiheitsgrade« N_F. In diesem Fall ist $N_F = n - 1$.

Den Verlust eines Freiheitsgrades kann man auch verstehen, indem man sich klar macht, dass bei bekanntem Stichprobenmittelwert $\overline{x}$ der n-te Stichprobenwert x_n aus den $n-1$ anderen Werten $(x_1, \ldots, x_{n-1})$ berechnet werden kann. Die Stichprobe ist daher vollständig bekannt, wenn $n-1$ x-Werte und der Stichprobenmittelwert gegeben sind.

Beispiel 4.1: Freiheitsgrade

Als Freiheitsgrade N_F bezeichnen wir hier die Anzahl der unabhängigen Größen eines Systems.

Mittelwert: Führen wir n Messungen durch, so beträgt deren Anzahl der Freiheitsgrade $N_F = n$. Wollen wir nur den Mittelwert $\overline{x}$ gemäß Gleichung (4.1) berechnen, stehen alle n Messungen als unabhängige Größen zur Verfügung.

Standardabweichung: Verwenden wir nun den Mittelwert $\overline{x}$ für die Bestimmung der Standardabweichung s (4.5), haben wir dabei eine Information aus den n Messwerten verwendet, die nicht mehr frei variieren kann. Unabhängig voneinander stehen hier $N_F = n - 1$ Größen zur Verfügung.

Geradenanpassung: Möchte man z. B. eine Geradenanpassung $y = a\,x + b$ mit den n Messungen durchführen, bei der die 2 Parameter a und b angepasst werden, ist die Anzahl der Freiheitsgrade $N_F = n-2$. Die Anpassung einer solchen Geraden ist mit einer einzigen Messung $n = 1$ unmöglich, bei 2 Messungen erhält man trivialerweise eine Gerade, deren Unsicherheit man nicht ermitteln kann ($N_F = n-2 = 0$). Man benötigt also mindestens 3 Messungen ($N_F = n-3 = 1$), um eine nicht-triviale Geradenanpassung durchführen zu können.

Dass s ein guter Schätzwert für die Standardabweichung der Verteilung ist, lässt sich beweisen, indem der Erwartungswert von s berechnet wird. Im Folgenden wird der Einfachheit halber $E[s^2]$ berechnet:

$$\begin{aligned}
E[s^2] &= E[\frac{1}{n-1}\sum_{i=1}^{n}(x_i-\overline{x})^2] \\
&= \frac{1}{n-1}\sum_{i=1}^{n}E[x_i^2 - 2x_i\overline{x} + \overline{x}^2] = \frac{1}{n-1}\left[\sum_{i=1}^{n}E[x_i^2] - 2\sum_{i=1}^{n}E[x_i\overline{x}] + \sum_{i=1}^{n}E[\overline{x}^2]\right] \\
&= \frac{1}{n-1}\left[n\langle x^2\rangle - 2\sum_{i=1}^{n}E\left[x_i\frac{1}{n}\sum_{k=1}^{n}x_k\right] + n\langle\overline{x}^2\rangle\right] \\
&= \frac{1}{n-1}\left[n\langle x^2\rangle - \frac{2}{n}\sum_{i=1}^{n}\sum_{k=1}^{n}\langle x_i x_k\rangle + n\langle\overline{x}^2\rangle\right]
\end{aligned}$$

mit

$$\langle x_i x_k\rangle = \begin{cases}\langle x^2\rangle & \text{für } i = k \\ \langle x\rangle^2 & \text{für } i \neq k\end{cases}$$

erhält man

$$\begin{aligned}
E[s^2] &= \frac{1}{n-1}\left[n\langle x^2\rangle - \frac{2}{n}(n\langle x^2\rangle + n(n-1)\langle x\rangle^2) + n\langle\overline{x}^2\rangle\right] \\
&= \frac{1}{n-1}\left[n\sigma_x^2 - 2\sigma_x^2 + n\sigma_{\overline{x}}^2\right]
\end{aligned}$$

wobei wir im letzten Schritt $\sigma_x^2 = \langle x^2 \rangle - \langle x \rangle^2$ und $\sigma_{\overline{x}}^2 = \langle \overline{x}^2 \rangle - \langle \overline{x} \rangle^2$ eingesetzt haben. Mit $\sigma_{\overline{x}}^2 = \sigma_x^2/n$ erhalten wir das Ergebnis

$$E[s^2] = \frac{1}{n-1}\left[(n-1)\sigma_x^2\right] = \sigma_x^2$$

Damit wurde bewiesen, dass die Stichprobenstandardabweichung s ein guter Schätzwert für die wahre Standardabweichung σ_x der zugrunde liegenden Verteilung ist. Unter Berücksichtigung von (4.4) und (4.5) erhält man damit den Schätzwert für die statistische Unsicherheit $\hat{\sigma}_{\overline{x}}$ des Stichprobenmittelwerts:

$$\hat{\sigma}_{\overline{x}} = \frac{1}{\sqrt{n}}\, s = \sqrt{\frac{1}{n(n-1)} \sum_{i=1}^{n} (x_i - \overline{x})^2} \tag{4.6}$$

Beispiel 4.2: Radioaktiver Zerfall

Es werden die Zeiten t_i eines radioaktiven Zerfalls beobachtet:

$$t_1 = 5\,\text{h}, \quad t_2 = 1\,\text{h}, \quad t_3 = 20\,\text{h}, \quad t_4 = 7\,\text{h}, \quad t_5 = 2\,\text{h}$$

Der Schätzwert für die mittlere Lebensdauer ist der Stichprobenmittelwert $\overline{t}$:

$$\overline{t} = \frac{1}{5}\sum_{i=1}^{5} t_i = 7\,\text{h}$$

Der Schätzwert für den statistischen Fehler dieses Mittelwerts ist

$$\hat{\sigma}_{\overline{t}} = \sqrt{\frac{1}{5\cdot(5-1)} \sum_{i=1}^{5} (t_i - \overline{t})^2} = 3{,}4\,\text{h}$$

Python Quellcode: Stichprobenvarianz

Die Stichprobenstandardabweichung kann in Python berechnet werden mit

```
import numpy as np
c=np.std(x,ddof=1),
```

wobei die Variable `x` eine Stichprobe enthält. Der Parameter `ddof=1` bezeichnet die Zahl der Freiheitsgrade, die im Nenner der Definition (4.5) von n subtrahiert werden.

Zweidimensionale Stichproben

Analog zur Kovarianz (3.84) wird die **Stichprobenkovarianz** definiert

$$s_{xy} = \frac{1}{n-1}\sum_{i=1}^{n}(x_i - \overline{x})(y_i - \overline{y}) \tag{4.7}$$

sowie der **Korrelationskoeffizient**

$$\rho_{xy} = \frac{s_{xy}}{s_x s_y}. \tag{4.8}$$

Python Quellcode: Stichprobenkovarianz

Die Stichprobenkovarianzmatrix kann berechnet werden mit

```
import numpy as np
c=np.cov(x,y,ddof=1),
```

wobei die Variablen `x` und `y` Datensätze gleicher Dimension sind. Der Parameter `ddof=1` bezeichnet die Zahl der Freiheitsgrade, die im Nenner der Definition (4.7) von n subtrahiert werden.

Beispiel 4.3: Korrelationsmatrix einer Stichprobe

In 5 Ereignissen haben wir jeweils 4 Eigenschaften A, B, C, D gemessen, die wir hier als Datenvektoren zeigen. Rechts haben wir den Mittelwert für jede der 4 Eigenschaften berechnet:

Eigenschaft	Datenvektoren						Mittelwerteigenschaft
	1	2	3	4	5		
A	40	25	10	5	35	$\rightarrow$	$\overline{A} = 23$
B	40	10	10	10	30	$\rightarrow$	$\overline{B} = 20$
C	5	40	60	30	6	$\rightarrow$	$\overline{C} = 28$
D	15	25	20	55	30	$\rightarrow$	$\overline{D} = 29$

Unser Ziel ist herauszufinden: Korrelieren die Eigenschaften miteinander?

Nehmen wir zunächst die Eigenschaften A und B: Für Ereignis 1 ist $A > \overline{A}$ und $B > \overline{B}$, damit ergibt sich ein positiver Beitrag zur Kovarianz (3.84):

$$s_{AB} = \sum_{i=1}^{5}\left(A(i) - \overline{A}\right)\left(B(i) - \overline{B}\right)$$

Bei den weiteren Ereignissen ergeben sich überwiegend positive Beiträge.

Jetzt untersuchen wir die Eigenschaften A und C: Für Ereignis 1 ist $A > \overline{A}$, aber $C < \overline{C}$, sodass der Beitrag zur Kovarianz $s_{AC} = \sum_{i=1}^{5} \left(A(i) - \overline{A}\right)\left(C(i) - \overline{C}\right)$ negativ ist. Bei den weiteren Ereignissen ergeben sich überwiegend negative Beiträge.

Um die Korrelationskoeffizienten (4.8)

$$\rho_{ij} = \frac{s_{ij}}{s_i\, s_j}$$

der verschiedenen Eigenschaften zu berechnen, benötigen wir auch die Varianzen, zum Beispiel $s_A^2 = \sum_{i=1}^{5} \left(A(i) - \overline{A}\right)^2$. Wir berechnen alle Korrelationskoeffizienten ρ_{ij} der 4 Eigenschaften und fassen sie in der Korrelationsmatrix zusammen:

$$\hat{\rho} = \begin{pmatrix} \rho_{AA} & \rho_{AB} & \rho_{AC} & \rho_{AD} \\ \rho_{BA} & \rho_{BB} & \rho_{BC} & \rho_{BD} \\ \rho_{CA} & \rho_{CB} & \rho_{CC} & \rho_{CD} \\ \rho_{DA} & \rho_{DB} & \rho_{DC} & \rho_{DD} \end{pmatrix} = \begin{pmatrix} 100 & 87 & -76 & -62 \\ 87 & 100 & -86 & -45 \\ -76 & -86 & 100 & 1 \\ -62 & -45 & 1 & 100 \end{pmatrix} \%$$

Wie bereits erwartet, sind die Eigenschaften A und B stark positiv korreliert $\rho_{AB} = 87\%$: Entweder sind beide kleiner als ihr Mittelwert oder größer. Die Eigenschaften A und C dagegen sind antikorreliert mit negativem Koeffizienten $\rho_{AC} = -76\%$. Das heißt, ist der Wert von A oberhalb des Mittelwerts $\overline{A}$, so ist der Wert von C meistens unterhalb von $\overline{C}$ und umgekehrt. Wie die Korrelationsmatrix ebenfalls zeigt, sind die Eigenschaften C und D mit $\rho_{CD} = 1\%$ praktisch unkorreliert. (Python-Code: `Stichprobenkovarianz.py`)

EXTRAS ONLINE Quellcode

4.2 Zentraler Grenzwertsatz

Der sogenannte **Zentrale Grenzwertsatz** spielt eine entscheidende Rolle für die Interpretation von Messdaten. Seine wesentliche Aussage ist, dass die Kombination von vielen Zufallsvariablen aus der gleichen beliebigen Wahrscheinlichkeitsverteilung als resultierende Wahrscheinlichkeitsverteilung die Gaußverteilung ergibt. Damit geht der Satz über unsere bisherigen Überlegungen zur Bestimmung von Mittelwert und Standardabweichung einer Wahrscheinlichkeitsdichte über Stichproben hinaus.

Auch die Kombination von Zufallsvariablen aus verschiedenen Wahrscheinlichkeitsverteilungen kann unter bestimmten Voraussetzungen eine Gaußverteilung ergeben [7].

Mathematischer Einschub 4.1: Zentraler Grenzwertsatz

Es liegen n unabhängige Zufallsvariablen x_i vor, die der Wahrscheinlichkeitsverteilung $f(x)$ mit dem Mittelwert $\langle x \rangle$ und der Varianz $V[x] = \sigma^2$ folgen. Wir bilden die Summe aus den n Zufallsvariablen

$$w = \sum_{i=1}^{n} x_i \,. \tag{4.9}$$

Die Wahrscheinlichkeitsdichte dieser Summe ergibt für große Anzahlen $n \to \infty$ eine Gaußverteilung (3.52)

$$f(w) = \frac{1}{\sqrt{2\,\pi}\,\sigma_w} \cdot e^{-\dfrac{(w - \langle w \rangle)^2}{2\,\sigma_w^2}} \tag{4.10}$$

mit dem Mittelwert

$$\langle w \rangle = n\,\langle x \rangle \tag{4.11}$$

und der Varianz

$$V[w] = n\,V[x_i] = n\,\sigma^2\,. \tag{4.12}$$

Die Standardabweichung beträgt nach (3.21)

$$\sigma_w = \sqrt{n}\,\sigma\,. \tag{4.13}$$

Wenn sehr viele Fehlerquellen einen Messwert zufällig in die eine oder die andere Richtung beeinflussen, ergibt sich als Wahrscheinlichkeitsdichte eine Gaußverteilung, nach der sich die Messwerte verteilen.

In Experimenten ist diese Situation häufig gegeben. Damit können wir die Konvention der Physiker nachvollziehen, als Fehlerangabe den Bereich anzugeben, in dem 68% der Messwerte liegen. Dieser Bereich entspricht $\pm 1\,\sigma$ der gaußschen Standardabweichung (3.64). Ebenso wird damit die Bezeichnung der Standardabweichung σ als »Fehler« verständlich.

Zunächst zeigen wir die Gültigkeit der Kenngrößen der Gaußverteilung, Mittelwert (4.11) und Varianz (4.12). Anschließend geben wir Beispiele an, in denen sich offenbar die Gaußverteilung als resultierende Wahrscheinlichkeitsverteilung ergibt.

Den Mittelwert (4.11) der kombinierten Verteilung aus n Zufallsvariablen können wir mit dem ersten algebraischen Moment (3.11) berechnen:

$$\langle w \rangle = E[w] = E\left[\sum_{i=1}^{n} x_i\right] = \sum_{i=1}^{n} E[x_i] = n \cdot \langle x \rangle$$

Die Varianz (4.12) der kombinierten Verteilung entspricht dem zweiten zentralen Moment (3.12):

$$\begin{aligned}
V[w] = E[(w - \langle w \rangle)^2] &= E\left[\left(\sum_{i=1}^{n} x_i - \sum_{i=1}^{n} \langle x_i \rangle\right)^2\right] = E\left[\left(\sum_{i=1}^{n} (x_i - \langle x_i \rangle)\right)^2\right] \\
&= E\left[\sum_{i=1}^{n} (x_i - \langle x_i \rangle) \cdot \sum_{k=1}^{n} (x_k - \langle x_k \rangle)\right] \\
&= E\left[\sum_{i=1}^{n} (x_i - \langle x_i \rangle)^2 + \underbrace{\sum_{i,k=1;\,i \neq k}^{n} (x_i - \langle x_i \rangle) \cdot (x_k - \langle x_k \rangle)}_{=0}\right]
\end{aligned}$$

Bei der Berechnung des zweiten Terms auf der rechten Seite entspricht der linke Teil des Produkts $\sum_{i=1}^{n}(x_i - \langle x_i \rangle)$ dem ersten zentralen Moment, das nach (3.16) keinen Beitrag ergibt. Beide Anteile des zweiten Terms streuen jeweils um Null. Da die Zufallsvariablen x_i und x_k für $i \neq k$ unabhängig voneinander sind, ergibt der zweite Summand keinen Beitrag.

Für die Varianz ergibt sich demnach:

$$V[w] = E\left[\sum_{i=1}^{n}(x_i - \langle x_i \rangle)^2\right] = \sum_{i=1}^{n} E\left[(x_i - \langle x_i \rangle)^2\right] = n \cdot V[x]$$

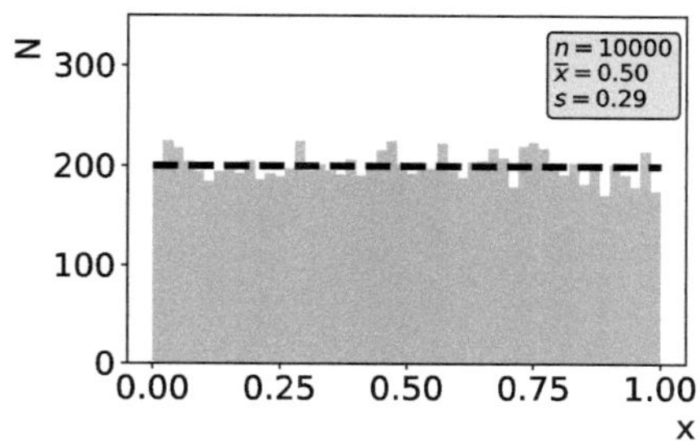

Abbildung 4.2 Zufallszahlengenerator

Mit einem Generator für gleichverteilte Zufallszahlen ziehen wir 10.000 Mal eine Zufallszahl x zwischen $0 \leq x \leq 1$ und tragen sie in das Histogramm ein. Unsere Testziehungen zeigen, dass der Generator gleichverteilte Zufallszahlen mit Mittelwert $\langle x \rangle = 0{,}5$ liefert. (Python-Code: `Fig_gleich_Zufall.py`)

EXTRAS ONLINE Quellcode

Beispiel 4.4: Überlagerung von Zufallszahlen

Als Beispiel nehmen wir zunächst eine Gleichverteilung (3.30) zwischen $0 \leq x \leq 1$ und ziehen $n = 10.000$ Zufallszahlen. Die Verteilung in ► Abbildung 4.2 ist flach, hat einen Mittelwert bei $\langle x \rangle = 0{,}5$ und eine Standardabweichung von $\sigma \approx 1/\sqrt{12} = 0{,}29$.

Anschließend wurden zwei Zufallszahlen aus der Gleichverteilung gezogen, addiert und in die ►Abbildung 4.3, links eingetragen. Dieser Vorgang wurde 10.000 Mal wiederholt. Da die Zufallszahlen jeweils den Mittelwert 0,5 haben, ergibt sich nun ein Mittelwert der Summe von $\langle x_1 \rangle + \langle x_2 \rangle = 1$. Die Verteilungsform entspricht hier einem Dreieck.

Für die ► Abbildung 4.3, rechts wurden $n = 10$ Zufallszahlen aus der Gleichverteilung gezogen und addiert. Auch dieser Vorgang wurde 10.000 Mal durchgeführt. Als Mittelwert der Verteilung erhalten wir $\overline{x} = 5$ und als Standardabweichung $s = 0{,}91$. Die resultierende Verteilung hat die Form einer Gaußverteilung, wie wir durch eine entsprechende Anpassung sehen können.

Wir vergleichen die Kenngrößen der gewürfelten Verteilung mit der Erwartung aus dem Zentralen Grenzwertsatz: Für $n = 10$ summierte Zufallszahlen erwarten wir den

Mittelwert $\langle x \rangle = 10 \cdot 0{,}5 = 5$ und eine Varianz von $V[w] = 10 \cdot 1/12 = 0{,}8333$ bzw. die Standardabweichung $\sigma_w = 0{,}9129$. Die Kenngrößen der gewürfelten Verteilung stimmen mit diesen Werten überein.

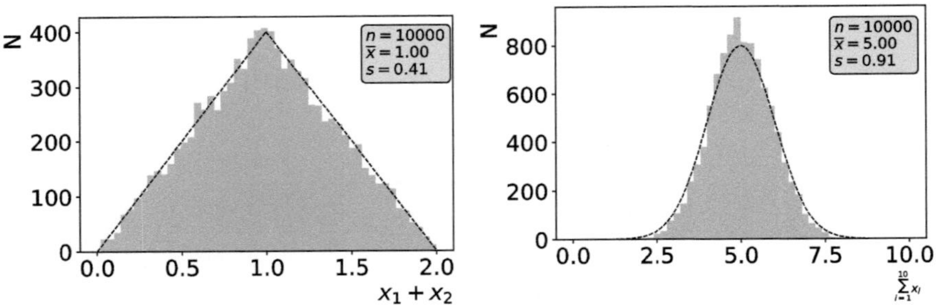

Abbildung 4.3 Zentraler Grenzwertsatz

Die Addition von n Zufallszahlen zwischen $0 \leq x \leq 1$ ergibt im Mittel $\sum_{i=1}^{n} x_i = n \cdot 0{,}5$. In der linken Abbildung sind $n = 2$ Zufallszahlen addiert, in der rechten $n = 10$ Zufallszahlen. Bei der Addition von $n = 10$ Zufallszahlen ergibt sich näherungsweise eine Gaußverteilung mit Mittelwert $\langle x \rangle = 5$ und Standardabweichung $\sigma = 0{,}91$. (Python-Codes: `Fig_dreieck_Zufall.py` und `Fig_Summe10_Zufall.py`)

EXTRAS ONLINE Quellcode

Beispiel 4.5: Trompeter

Auch bei einer zweidimensionalen Verteilung lässt sich eine Entwicklung entsprechend des zentralen Grenzwertsatzes zeigen. Aus der Zeichnung des Trompeters (► Abbildung 4.4) werden anhand der schwarzen Kurvenformen Paare von Zufallszahlen (x, y) gezogen.

Dabei werden zunächst $n = 2$ Paare von Zufallszahlen (x_1, y_1) und (x_2, y_2) aus der Trompeterverteilung entnommen und deren Mittelwerte $\overline{x} = (x_1 + x_2)/2$ und $\overline{y} = (y_1 + y_2)/2$ als Punktepaar $(\overline{x}, \overline{y})$ in das linke Histogramm (► Abbildung 4.5) eingetragen. Im rechten Histogramm ist entsprechend die Überlagerung von $n = 5$ Zufallszahlen gezeigt. Vom Trompeter ist nichts mehr zu erkennen, die Entwicklung der Verteilung in Richtung einer Gaußverteilung für große n kann man erahnen (Bildbearbeitung: Dr. Stefan Fliescher).

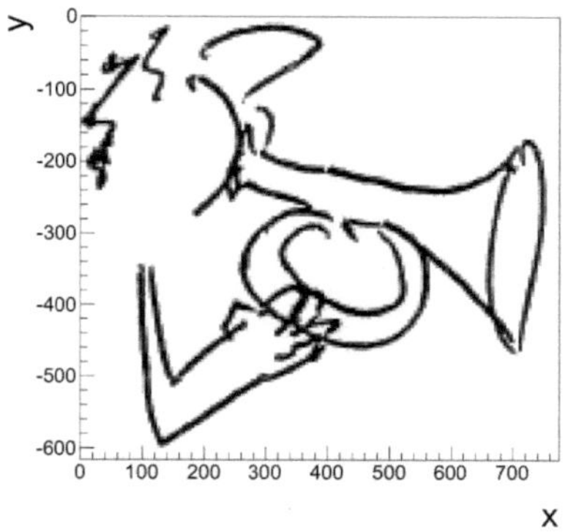

Abbildung 4.4 Trompeterverteilung

Die zweidimensionale Wahrscheinlichkeitsverteilung in der Form eines Trompeters hat schwarze Punktepaare (x, y) mit gleicher Wahrscheinlichkeitsdichte. Punktepaare der weißen Fläche ergeben keinen Beitrag und werden nicht berücksichtigt.

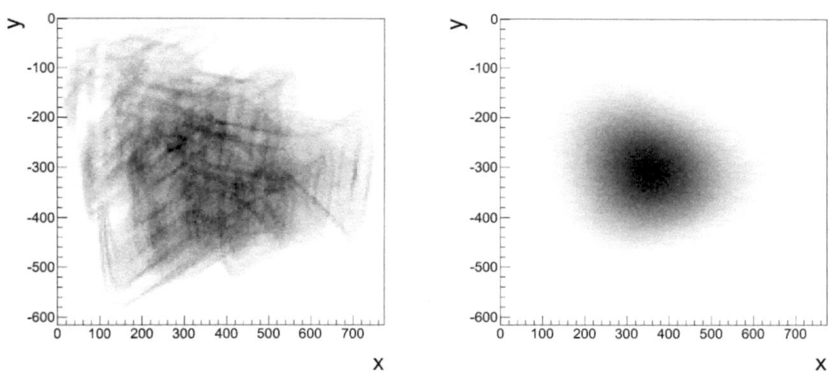

Abbildung 4.5 Überlagerung von zufällig gewählten Punktepaaren (x_i, y_i)

Bei der Überlagerung von zufällig gewählten Punktepaaren (x_i, y_i) aus der Wahrscheinlichkeitsdichte des Trompeters (► Abbildung 4.4) durch Bildung der Mittelwerte $\overline{x} = \sum_{i=1}^{n} x_i/n$ und $\overline{y} = \sum_{i=1}^{n} y_i/n$ sind bei der links gezeigten Überlagerung von $n = 2$ Punktepaaren Teile des Originalbilds noch zu erkennen. Die rechts gezeigte Überlagerung von $n = 5$ Punktepaaren konzentriert sich im mittleren Bereich.

4.3 Anwendungen zum Zentralen Grenzwertsatz

Im Folgenden untersuchen wir Stichproben von Messwerten aus der Wahrscheinlichkeitsdichte der Maxwell-Boltzmann-Verteilung. Wir bestimmen Mittelwert und Standardabweichung der Stichproben und beobachten dabei die Auswirkungen des zentralen Grenzwertsatzes.

4.3.1 Mittelwertberechnung

Wir beginnen diesen Abschnitt mit einem Gedankenexperiment.

Experiment 4.3: Atomgeschwindigkeiten

In diesem Gedankenexperiment stellen wir uns ein ideales Gas vor, in dem wir stichprobenartig die Geschwindigkeiten v von $n = 10$ einzelnen Atomen messen.

Die zugrunde liegende Wahrscheinlichkeitsdichte ist die Maxwell-Boltzmann-Verteilung (3.27). Um unsere Rechnungen einfach zu halten, wählen wir die Einheiten der Atomgeschwindigkeit v so, dass das Maximum der Maxwell-Boltzmann-Verteilung bei $v = 1$ liegt, und wir v als dimensionslose Größe behandeln können.

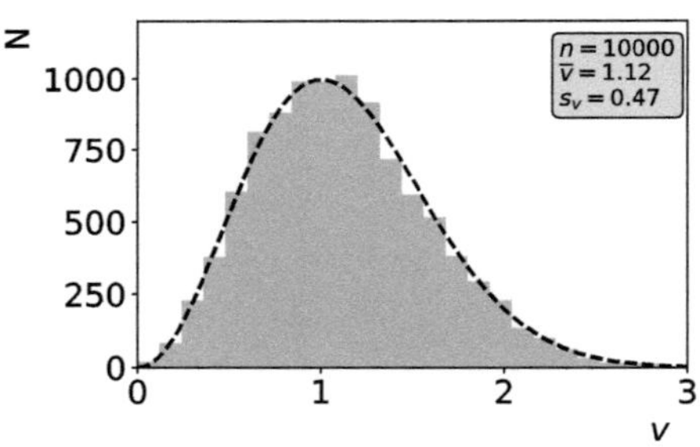

Abbildung 4.6 Geschwindigkeitsverteilung der Atome eines Gases

Die Geschwindigkeitsverteilung der Atome eines Gases nach Maxwell-Boltzmann (3.27) ist asymmetrisch mit einem Ausläufer zu hohen Geschwindigkeiten. Der Parameter der Temperatur wurde hier so gewählt, dass das Maximum der Wahrscheinlichkeitsdichte bei der Geschwindigkeit $v = 1$ liegt (für unsere Diskussion wird v vereinfacht als dimensionslos angenommen). Das Histogramm zeigt die Geschwindigkeiten v von 10.000 Gasatomen, wobei v für jedes Atom anhand der Maxwell-Boltzmann-Verteilung (durchgezogene Kurve) zufällig ausgewählt wurde. (Python-Code: `Fig_maxwell_Zufall.py`)

EXTRAS ONLINE Quellcode

Unser erstes Ziel ist, den Mittelwert $\langle v \rangle = 1{,}128$ (3.28) durch Summieren von $n = 10$ »Messungen« der Atomgeschwindigkeiten aus dieser Wahrscheinlichkeitsdichte $f(v)$ zu verifizieren. Unsere Messungen entsprechen hier der Ziehung von Zufallsvariablen v_i aus der Wahrscheinlichkeitsdichte $f(v)$.

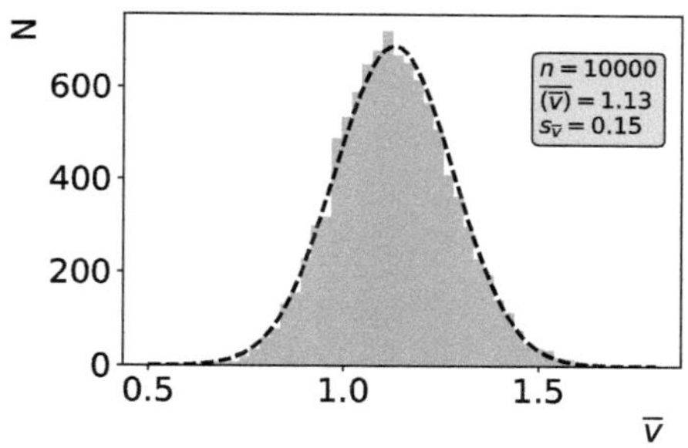

Abbildung 4.7 Rekonstruktion des Mittelwerts der Maxwell-Boltzmann-Verteilung

Wir rekonstruieren den Mittelwert der Maxwell-Boltzmann-Verteilung nach dem Zentralen Grenzwertsatz, indem wir den Mittelwert mehrerer Messungen bilden. Jeder Eintrag im Histogramm zeigt den Mittelwert $\bar{v}$ der Geschwindkeiten von $n =$ 10 Gasatomen, die zufällig anhand der Maxwell-Boltzmann-Verteilung ausgewählt wurden (► Abbildung 4.6). Bei 10.000 Wiederholungen der Mittelwertbildung ergibt sich eine symmetrische Gaußverteilung mit einem Mittelwert $\overline{\bar{v}}$, der dem Mittelwert der asymmetrischen Maxwell-Boltzmann-Verteilung $\langle v \rangle = 1{,}13$ (3.28) entspricht. Die Standardabweichung der Gaußverteilung zeigt die Streuung der Mittelwerte $\bar{v}$ bei Verwendung von $n = 10$ Atomen: $s_{\bar{v}} = 0{,}15$, was der Erwartung $\sigma_{\bar{v}} = \sigma/\sqrt{n}$ entspricht, wobei σ die Standardabweichung (3.29) der Maxwell-Boltzmann-Verteilung bezeichnet. (Python-Code: `Fig_maxwell_Zufall.py`)

EXTRAS ONLINE Quellcode

Um die mittlere Atomgeschwindigkeit $\langle v \rangle$ zu bestimmen, bilden wir als Schätzung $\bar{v}$ den Mittelwert der Geschwindigkeiten durch Addition der $n = 10$ Messwerte und Division durch die Anzahl der Messungen:

$$\bar{v} = \frac{1}{n} \underbrace{\sum_{i=1}^{n} v_i}_{=w} \tag{4.14}$$

Nach dem Zentralen Grenzwertsatz folgt die Summe (4.9)

$$w = \sum_{i=1}^{n} v_i \tag{4.15}$$

einer Gaußverteilung mit dem Mittelwert $\langle w \rangle$ und der Standardabweichung σ_w. Unser geschätzter Mittelwert $\bar{v}$ (4.14)

$$\bar{v} = \frac{w}{n} \tag{4.16}$$

folgt daher ebenfalls einer Gaußverteilung mit dem Mittelwert

$$\langle \bar{v} \rangle = \frac{\langle w \rangle}{n} \,. \tag{4.17}$$

Wir überprüfen dieses Ergebnis, indem wir mit dem Computer 10.000 zufällige Messreihen mit jeweils $n = 10$ Messwerten erzeugen. In der ► Abbildung 4.7 sehen wir, dass die Mittelwerte $\bar{v}$ der Messreihen um einen Wert streuen und wie erwartet einer Gaußverteilung folgen.

Als Mittelwert dieser gewürfelten Messreihen erhalten wir $\overline{\overline{v}} = 1{,}13$, was gut mit dem Mittelwert $\langle v \rangle = 1{,}128$ der Maxwell-Boltzmann-Verteilung übereinstimmt.

Bei dem allgemein üblichen Verfahren, Mittelwerte durch Aufsummieren mehrerer beobachteter Messwerte zu bestimmen und durch die Anzahl der Messungen zu dividieren, erhält man also Mittelwerte nahe des wahren Mittelwerts.

Die summierten Messgrößen folgen dabei einer Gaußverteilung und nicht mehr der Originalverteilung, aus der sie ursprünglich entnommen wurden!

4.3.2 Fehler des Mittelwerts

Unsere Schätzung $\bar{v}$ des Geschwindigkeitsmittelwerts (4.14) haben wir aus Zufallsvariablen v_i berechnet. Daher ist $\bar{v}$ selbst eine Zufallsvariable und hat eine eigene Varianz, wie wir anhand der Streuung der Mittelwerte in der ► Abbildung 4.7 erkennen können.

Die Varianz des Mittelwerts berechnen wir unter Berücksichtigung des Zentralen Grenzwertsatzes. Wir setzen (4.15) in die Berechnung der Varianz ein und erhalten mit (4.12):

$$V[\bar{v}] = V\left[\frac{1}{n} \cdot \sum v_i\right] = V\left[\frac{w}{n}\right] = \frac{1}{n^2} \cdot V[w] = \frac{1}{n^2} \cdot n \cdot V[v_i] = \frac{V[v_i]}{n}$$

Die Standardabweichung $\sigma_{\bar{v}} = \sqrt{V[\bar{v}]}$ der Verteilung der Mittelwerte $\bar{v}$ sinkt demnach mit der Wurzel aus der Anzahl n der Messungen. Wir können sie aus der Standardabweichung σ der originalen Wahrscheinlichkeitsdichte, die die Streuung der Messwerte beschreibt, und der Anzahl n der Messwerte berechnen:

$$\sigma_{\bar{v}} = \frac{\sigma}{\sqrt{n}} \tag{4.18}$$

Wir bezeichnen $s_{\bar{v}}$ als **Fehler des Mittelwerts**.

In unserem Beispiel berechnen wir den Fehler des Mittelwerts über die Standardabweichung $\sigma = 0{,}476$ (3.29) der Maxwell-Boltzmann-Verteilung und die Anzahl $n = 10$ der Messungen:

$$\sigma_{\bar{v}} = \frac{\sigma}{\sqrt{n}} = \frac{0{,}476}{\sqrt{10}} = 0{,}15 \tag{4.19}$$

In der Abbildung 4.7 beträgt die Standardabweichung $s_{\bar{v}} = 0{,}15$. Dieser Wert stimmt gut mit unserer Berechnung überein.

4.3.3 Bestimmung der Standardabweichung

Die Geschwindigkeiten der Atome des idealen Gases variieren entsprechend der Maxwell-Boltzmann-Verteilung. Die Varianz der Atomgeschwindigkeiten können wir nach der Definitionsgleichung (3.19) berechnen.

Wir wollen nun auch die Varianz $V[v_i]$ bzw. die Standardabweichung $\sigma = \sqrt{V[v_i]}$ der Atomgeschwindigkeiten aus den $n = 10$ Messungen (Zufallsvariablen) abschätzen. Dafür addieren wir die quadratische Differenz zwischen den Messwerten v_i und dem Mittelwert $\bar{v}$ (4.14):

$$s = \sqrt{\frac{1}{n-1}\sum_{i=1}^{n}(v_i - \bar{v})^2} \tag{4.20}$$

4.3.4 Fehler der Standardabweichung

Die Standardabweichung s (4.20) haben wir aus Zufallsvariablen v_i berechnet, sodass s selbst auch einer Zufallsvariablen mit einem Fehler entspricht.

Die Genauigkeit der Standardabweichung s verbessert sich ebenfalls mit der Wurzel aus der Anzahl der Messungen n [7]:

$$s_s = \frac{\bar{s}}{\sqrt{2\,(n-1)}} \tag{4.21}$$

Für unser Beispiel der Maxwell-Boltzmann-Verteilung berechnen wir die Genauigkeit der Standardabweichungsbestimmung bei $n = 10$ Messungen. In der ► Abbildung 4.8 sind die Standardabweichungen gezeigt, die sich bei den 10.000 Wiederholungen mit $n = 10$ Werten ergaben. Als mittlere Standardabweichung erhalten wir hier $\bar{\sigma} = 0{,}44$ und als deren Standardabweichung $s_s = 0{,}10$ in Übereinstimmung mit dem erwarteten Wert von $\bar{s}/\sqrt{2\,(n-1)} = 0{,}1$.

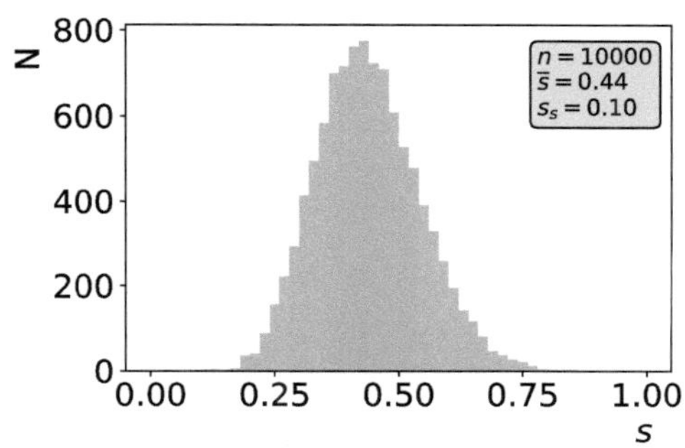

Abbildung 4.8 Rekonstruktion der Standardabweichung der Maxwell-Boltzmann-Verteilung

Wir rekonstruieren die Standardabweichung der Maxwell-Boltzmann-Verteilung, indem wir die Standardabweichung aus mehreren Messungen bestimmen. Jeder Eintrag im Histogramm zeigt die Standardabweichung s berechnet aus den Geschwindkeiten von $n = 10$ Gasatomen, die zufällig anhand der Maxwell-Boltzmann-Verteilung ausgewählt wurden (► Abbildung 4.6). Der Mittelwert $\bar{s}$ aller 10.000 Bestimmungen der Standardabweichung stimmt in guter Näherung mit der Standardabweichung der Maxwell-Boltzmann-Verteilung $\sigma = 0{,}476$ (3.29) überein. Die Standardabweichung der hier gezeigten Verteilung zeigt die Streuung in der Schätzung der Standardabweichung der Maxwell-Boltzmann-Verteilung bei Verwendung von $n = 10$ Atomen: $s_s = \bar{s}/\sqrt{2(n-1)} = 0{,}10$. (Python-Code: `Fig_maxwell_Zufall.py`)

EXTRAS ONLINE Quellcode

4.4 Gewichteter Mittelwert

Bisher haben wir Messwerte kombiniert, die gleiche Fehler hatten, und damit den Mittelwert und die Varianz gebildet.

In diesem Abschnitt führen wir Kombinationen von Messungen mit bekannten, verschiedenen Fehlern σ_i durch. Dabei sollen natürlich präzise Messungen das gemeinsame Messergebnis stärker beeinflussen als Messungen mit großen Messfehlern.

Wir berücksichtigen daher die verschiedenen Messgenauigkeiten durch *Gewichte*, die wir aus den Fehlern bilden:

$$w_i = \frac{1}{\sigma_i^2} \tag{4.22}$$

Ein Messwert mit kleinerem Fehler wird damit stärker berücksichtigt. In Abschnitt 7.1 werden wir zeigen, dass die Verwendung der inversen Varianz als Gewicht für gaußverteile Messgrößen optimal ist, da so der Fehler des gewichteten Mittelwerts minimiert wird.

Der gewichtete Mittelwert ergibt sich dann durch die gewichtete Summe:

$$\overline{x} = \frac{\sum_{i=1}^{n} w_i\, x_i}{\sum_{i=1}^{n} w_i} = \frac{\sum_{i=1}^{n} \frac{x_i}{\sigma_i^2}}{\sum_{i=1}^{n} \frac{1}{\sigma_i^2}} \tag{4.23}$$

Die Varianz des Mittelwerts ist gegeben durch [7]:

$$V[\overline{x}] = \frac{1}{\sum_{i=1}^{n} w_i} = \frac{1}{\sum_{i=1}^{n} \frac{1}{\sigma_i^2}} \tag{4.24}$$

Der Fehler des Mittelwerts ist dann:

$$\sigma_{\overline{x}} = \frac{1}{\sqrt{\sum_{i=1}^{n} \frac{1}{\sigma_i^2}}} \tag{4.25}$$

Als Test setzen wir gleiche $\sigma_i = \sigma$ an und erhalten damit die üblichen Berechnungen für den Mittelwert und seinen Fehler:

$$\overline{x} = \frac{1}{n} \sum_{i=1}^{n} x_i$$

$$\sigma_{\overline{x}} = \sqrt{V[\overline{x}]} = \sqrt{\frac{1}{1/\sigma^2} \cdot \frac{1}{n}} = \frac{\sigma}{\sqrt{n}}$$

Beispiel 4.6: Gewichteter Mittelwert einer Teilchenlebensdauer

Ausgehend von den folgenden beiden unabhängigen Messungen der mittleren Lebensdauer eines instabilen Teilchens soll der Mittelwert berechnet werden:

$$\tau_1 = (13{,}50 \pm 0{,}40)\,\mathrm{s}, \quad \tau_2 = (13{,}90 \pm 0{,}20)\,\mathrm{s}$$

Als ungewichteten Mittelwert erhalten wir

$$\bar{\tau} = (13{,}70 \pm 0{,}22)\,\mathrm{s}\ .$$

Berücksichtigen wir die unterschiedlichen Messgenauigkeiten der beiden Experimente und bilden den gewichteten Mittelwert, so ergibt sich:

$$\bar{\tau} = (13{,}82 \pm 0{,}18)\,\mathrm{s}$$

Dieses Ergebnis hat einen kleineren Fehler, da die Informationen besser ausgenutzt werden: Der genaue Messwert wird hier um den Faktor 4 stärker gewichtet als der ungenaue Wert.

Das Wichtigste zum Mitnehmen

- Wir fassen Messwerte als Zufallsvariablen auf, die der Wahrscheinlichkeitsverteilung unseres Experiments entnommen wurden. Die Gesamtheit der Messwerte bezeichnen wir als Stichprobe und bestimmen den Stichprobenmittelwert

$$\overline{x} = \sum_{i=1}^{n} x_i$$

und die Standardabweichung

$$s = \sqrt{\frac{1}{n-1}\sum_{i=1}^{n}(x_i - \overline{x})^2}\ .$$

Die Genauigkeit der Schätzung des wahren Mittelwerts $\langle x \rangle$ der Wahrscheinlichkeitsverteilung durch den Stichprobenmittelwert verbessert sich mit dem Stichprobenumfang (Gesetz der großen Zahl). Den Fehler des Mittelwerts erhalten wir durch die aus den Messwerten geschätzte Standardabweichung s und anschließende Division durch die Wurzel aus der Anzahl n der Messwerte. Die Angabe des Messresultats ist dann:

$$\overline{x} \pm \frac{s}{\sqrt{n}}$$

- Als Freiheitsgrade bezeichnet man die unabhängigen Größen eines Systems. Für einen Datensatz entspricht zunächst die Anzahl der Freiheitsgrade der Anzahl n der Messwerte. Verwenden wir ein Ergebnis aus den n Messwerten, z. B. den berechneten Mittelwert $\bar{x}$, für weitere Berechnungen, z. B. der Standardabweichung, so reduziert sich die Anzahl der Freiheitsgrade auf $n-1$. Daher dividieren wir bei der Berechnung der Standardabweichung nur durch $(n-1)$.

- Der Zentrale Grenzwertsatz beschreibt die Kombination vieler Zufallsvariablen, die einer Wahrscheinlichkeitsverteilung entnommen wurden. Der aus den Zufallsvariablen gebildete Mittelwert ist eine Schätzung des Mittelwerts der Wahrscheinlichkeitsverteilung. Die aus den Zufallsvariablen gebildete Standardabweichung ist eine Schätzung der Standardabweichung der Wahrscheinlichkeitsverteilung. Obwohl die Wahrscheinlichkeitsverteilung selbst keine Gaußverteilung sein muss, folgen die geschätzten Werte von Mittelwert und Standardabweichung jeweils einer Gaußverteilung.

- Wenn die Unsicherheiten von Messwerten variieren, erhält man eine präzisere Kombinationen durch den gewichteten Mittelwert. Die einzelnen Messwerte x_i erhalten dafür als Gewicht $w_i = 1/\sigma_i^2$ die inverse, quadrierte Standardabweichung. Genaue Messwerte gehen hierdurch stärker in die Mittelung ein:

$$\overline{x} = \frac{\sum\limits_{i=1}^{n}(x_i/\sigma_i^2)}{\sum\limits_{i=1}^{n} 1/\sigma_i^2}\,, \quad \sigma_{\langle x \rangle} = \frac{1}{\sqrt{\sum\limits_{i=1}^{n} 1/\sigma_i^2}}$$

Aufgabe 4.1: Fehler des Mittelwerts

Wir wollen aus $n = 100$ Messungen eine möglichst genaue Schätzung des wahren Mittelwerts erhalten. Welche der folgenden Möglichkeiten ist genauer?

1. Wir bilden den Mittelwert direkt aus allen $n = 100$ Messungen.
2. Wir teilen die Messungen in jeweils $k = 10$ Messungen ein, deren Mittelwerte wir bestimmen. Anschließend bilden wir den Mittelwert aus diesen $m = 10$ Mittelwerten.

Messfehler und Fehlerfortpflanzung

5

ÜBERBLICK

» In diesem Kapitel untersuchen wir die Genauigkeit von Messgrößen, die selbst aus anderen Messgrößen gebildet werden. Zunächst führen wir allgemein Transformationen von Wahrscheinlichkeitsverteilungen ein. Anschließend stellen wir das sogenannte Fehlerfortpflanzungsgesetz für eine einzelne Messgröße vor und erweitern dieses dann auf den Fall vieler Messgrößen, die zu einem Messresultat mit entsprechender Fehlerangabe zusammengefasst werden sollen.

Beispiel 5.1: Zusammengesetzte Messgröße

Wir wollen die Erdbeschleunigung g aus dem Verhalten einer fallenden Kugel bestimmen. Wenn wir Wegmessungen s und Zeitmessungen t durchführen, können wir über den Zusammenhang $g = 2\ s/t^2$ den Wert von g ermitteln.

Wir gehen davon aus, dass die Fehler der Weg- und Zeitmessungen bereits bekannt sind. Wie sich diese Unsicherheiten auf die Messgenauigkeit der Erdbeschleunigung auswirken, werden wir in den folgenden Abschnitten erarbeiten.

Sollen Messgrößen kombiniert werden, deren Wahrscheinlichkeitsdichten bereits bekannt sind, so können auch die Wahrscheinlichkeitsdichten durch eine sogenannte Faltung kombiniert werden. Die kombinierte Wahrscheinlichkeitsdichte enthält in ihrer Standardabweichung den Fehler der kombinierten Messgröße. «

5.1 Transformation von Wahrscheinlichkeitsdichten

Zunächst stellen wir allgemeine Transformationen von Wahrscheinlichkeitsdichten in einer Dimension vor.

Gegeben sind eine originale Wahrscheinlichkeitsdichte $f_x(x)$ für die Zufallsvariable x und eine Transformationsvorschrift $y = y(x)$ zu der neuen Variablen y. Gesucht ist die neue Wahrscheinlichkeitsdichte $f_y(y)$ als Funktion von y.

In der ► Abbildung 5.1 ist im rechten oberen Quadranten die Transformationsvorschrift $y = y(x)$ gezeigt.

Im rechten unteren Quadranten ist zusätzlich der Verlauf der Wahrscheinlichkeitsverteilung $f_x(x)$ skizziert. Die dunkle Fläche zeigt die Wahrscheinlichkeit, den Wert der Zufallsvariablen im Intervall Δx zu finden.

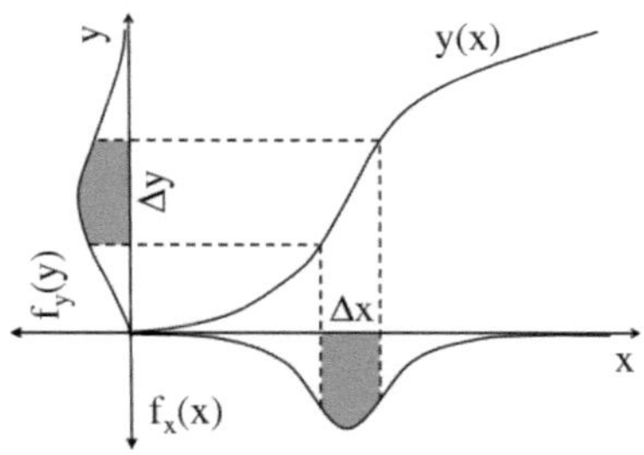

Abbildung 5.1 Transformation von Wahrscheinlichkeitsdichten

Der funktionale Zusammenhang zwischen den Variablen x und y sei durch $y(x)$ gegeben. Die Wahrscheinlichkeitsdichte $f_x(x)$ wird in die Wahrscheinlichkeitsdichte $f_y(y)$ so überführt, dass die Wahrscheinlichkeit für jedes transformierte Intervall $\Delta x \to \Delta y$ erhalten bleibt (grau schattierte Flächen).

Nach links sind entsprechend die Wahrscheinlichkeitsverteilung $f_y(y)$ und die Wahrscheinlichkeit eingezeichnet, dass die Zufallsvariable im Bereich Δy liegt.

Die Wahrscheinlichkeit, die Zufallsvariable im Intervall $[x, x + dx]$ zu finden, soll bei der Transformation in das Intervall $[y, y + dy]$ erhalten bleiben. Daher müssen die Flächen unter den beiden Wahrscheinlichkeitsverteilungen gleich groß sein:

$$f_x(x)\, dx = f_y(y)\, dy \tag{5.1}$$

Die Transformationsvorschrift lautet demnach:

$$f_y(y) = f_x(x) \left| \frac{dx}{dy} \right| \tag{5.2}$$

Die Absolutwerte stellen sicher, dass die Wahrscheinlichkeitsverteilungen positiv sind.

5.2 Fehlerfortpflanzungsgesetz

Im Folgenden untersuchen wir gängige Wahrscheinlichkeitsdichten $f_x(x)$ und $f_y(y)$, die wie in der ► Abbildung 5.1 jeweils einen Maximalwert haben und von dort aus Ausläufer zu höheren und niedrigeren Werten besitzen. Die Transformationsvorschrift $y(x)$ soll differenzierbar sein und nur steigen (oder nur fallen).

5.2.1 Fehlerfortpflanzungsgesetz mit einer Variablen

Im Folgenden transformieren wir die wichtigsten Kenngrößen, den Mittelwert $\langle x\rangle$ und die Standardabweichung σ_x, der originalen Wahrscheinlichkeitsdichte $f_x(x)$.

Den transformierten Mittelwert $\langle y\rangle$ und die transformierte Standardabweichung σ_y der Wahrscheinlichkeitsdichte $f_y(y)$ erhalten wir mithilfe einer Taylorentwicklung der Transformationsvorschrift $y(x)$, die wir nach dem quadratischen Term abbrechen:

$$y(x) \approx y(\langle x\rangle) + \left.\frac{dy}{dx}\right|_{x=\langle x\rangle} \cdot (x - \langle x\rangle) + \frac{1}{2}\left.\frac{d^2y}{dx^2}\right|_{x=\langle x\rangle} \cdot (x - \langle x\rangle)^2 \tag{5.3}$$

Mittelwert

Den Mittelwert $\langle y\rangle$ der neuen Wahrscheinlichkeitsdichte $f(y)$ erhalten wir durch Einsetzen der Taylorentwicklung (5.3) in die Gleichung des Erwartungswerts (3.14):

$$E[y] = \underbrace{E[y(\langle x\rangle)]}_{=y(\langle x\rangle)} + \left.\frac{dy}{dx}\right|_{x=\langle x\rangle} \cdot \underbrace{E[x - \langle x\rangle]}_{=0} + \frac{1}{2}\left.\frac{d^2y}{dx^2}\right|_{x=\langle x\rangle} \underbrace{E[(x - \langle x\rangle)^2]}_{=V[x]}$$

Der zweite Term der rechten Seite verschwindet wegen (3.16). Der dritte Term entspricht der Varianz (3.19). Der erste Term entspricht wegen (3.7) dem transformierten Mittelwert $y(\langle x\rangle)$:

$$\int_{-\infty}^{\infty} y(\langle x\rangle)\, f_y\, dy = y(\langle x\rangle) \underbrace{\int_{-\infty}^{\infty} f_y\, dy}_{=1} = y(\langle x\rangle)$$

Den Mittelwert $\langle y\rangle$ der Wahrscheinlichkeitsdichte f_y berechnen wir also aus dem transformierten Mittelwert $y(\langle x\rangle)$ und einer Korrektur zweiter Ordnung auf die Varianz $V[x]$:

$$\langle y\rangle = E[y] \tag{5.4}$$

$$= y(\langle x\rangle) + \frac{1}{2}\left.\frac{d^2y}{dx^2}\right|_{x=\langle x\rangle} \cdot V[x] \tag{5.5}$$

Der Korrekturterm wird häufig vernachlässigt, sodass meistens nur der transformierte Mittelwert als neuer Mittelwert verwendet wird:

$$\langle y\rangle \approx y(\langle x\rangle) \tag{5.6}$$

Standardabweichung

Für die Varianz (3.19) der Wahrscheinlichkeitsdichte $f_y(y)$ erhalten wir aus den ersten beiden Termen der Taylorentwicklung (5.3) und unter Berücksichtigung der Näherung (5.6):

$$\begin{aligned} V[y] = E[(y - \langle y \rangle)^2] &\approx E\left[\left(y(\langle x \rangle) + \left.\frac{dy}{dx}\right|_{x=\langle x \rangle}(x - \langle x \rangle) - \underbrace{\langle y \rangle}_{\approx y(\langle x \rangle)}\right)^2\right] \\ &\approx E\left[\left(\left.\frac{dy}{dx}\right|_{x=\langle x \rangle}(x - \langle x \rangle)\right)^2\right] \\ &= \left(\left.\frac{dy}{dx}\right|_{x=\langle x \rangle}\right)^2 \cdot E[(x - \langle x \rangle)^2] = \left(\left.\frac{dy}{dx}\right|_{x=\langle x \rangle}\right)^2 \cdot V[x] \end{aligned}$$

Bei der Transformation einer einzelnen Variablen erhalten wir näherungsweise den folgenden Zusammenhang zwischen den Standardabweichungen (3.21):

$$\sigma_y = \left|\frac{dy}{dx}\right|_{x=\langle x \rangle} \cdot \sigma_x \qquad (5.7)$$

Diese Gleichung wird auch als Gesetz der **Fehlerfortpflanzung** bezeichnet.

Beispiel 5.2: Transformation bei linearem Zusammenhang

Für den linearen Zusammenhang $y = bx + c$ erhalten wir als Mittelwert nach (5.6):

$$\langle y \rangle = b \cdot \langle x \rangle + c$$

Für die Standardabweichung ergibt sich nach (5.7) eine einfache Skalierung:

$$\sigma_y = \left|\frac{d}{dx}(b \cdot x + c)\right| \cdot \sigma_x = |b| \cdot \sigma_x$$

Beispiel 5.3: Fehlerfortpflanzung bei kubischem Zusammenhang

Wir wollen das Volumen $S = 4/3\,\pi\, r^3$ einer Kugel aus der Messung des Radius r bestimmen, der einen Fehler σ_r aufweist.

Im Allgemeinen haben wir hier eine Potenzfunktion mit $n = 3$ und $a \equiv 4/3\,\pi$:

$$S = a \cdot r^n \qquad (5.8)$$

Für die Standardabweichung σ_S der Volumenbestimmung ergibt sich nach (5.7):

$$\sigma_S = \left|\frac{d}{dr}(a \cdot r^n)\right| \cdot \sigma_r = |n| \cdot a \cdot r^{n-1} \cdot \sigma_r = |n| \cdot \underbrace{a \cdot r^n}_{=S} \cdot \frac{\sigma_r}{r}$$

Damit erhalten wir folgenden Zusammenhang zwischen den Standardabweichungen:

$$\frac{\sigma_S}{S} = |n| \cdot \frac{\sigma_r}{r} \tag{5.9}$$

Die Größen σ_r/r und σ_S/S bezeichnen wir als **relative Fehler**, die wir häufig prozentual angeben.

Man erkennt dann sofort in (5.9), dass im Fall eines relativen Fehlers der Radiusmessung von 1% der relative Fehler des Volumens 3% beträgt.

5.2.2 Fehlerfortpflanzungsgesetz mit vielen Variablen

Wir untersuchen nun die Transformation von n Variablen $x_1, x_2 \ldots x_n$ einer Wahrscheinlichkeitsdichte $f(x_1, x_2 \ldots x_n)$. Zur besseren Übersicht definieren wir

$$\vec{x} = \begin{pmatrix} x_1 \\ x_2 \\ \vdots \\ x_n \end{pmatrix}$$

als Vektor der Variablen und bezeichnen den transponierten Vektor mit

$$\vec{x}^{\,T} = (x_1 \; x_2 \; \ldots \; x_n) \; .$$

Zunächst verwenden wir nur lineare Transformationen zwischen den ursprünglichen Variablen x_k und den neuen Variablen y_i:

$$B_{ik} = \frac{\partial y_i}{\partial x_k} = \text{const.} \tag{5.10}$$

Die Transformationsvorschriften fassen wir in Matrixschreibweise zusammen:

$$\begin{array}{ccccc} \begin{pmatrix} y_1 \\ y_2 \\ \vdots \\ y_m \end{pmatrix} & = & \begin{pmatrix} B_{11} & \ldots & B_{1n} \\ \vdots & \ddots & \vdots \\ B_{m1} & \ldots & B_{mn} \end{pmatrix} & \cdot & \begin{pmatrix} x_1 \\ x_2 \\ \vdots \\ x_n \end{pmatrix} \\ \vec{y} & = & \hat{B} & \cdot & \vec{x} \end{array} \tag{5.11}$$

Mittelwerte

Die Mittelwerte der originalen Wahrscheinlichkeitsdichte lauten:

$$\langle \vec{x} \rangle = \begin{pmatrix} \langle x_1 \rangle \\ \langle x_2 \rangle \\ \vdots \\ \langle x_n \rangle \end{pmatrix} \tag{5.12}$$

Die transformierten Mittelwerte erhalten wir durch Einsetzen von $\vec{y} = \hat{B} \cdot \vec{x}$ (5.11) in den Erwartungswert (3.14):

$$\langle \vec{y} \rangle = E[\hat{B} \cdot \vec{x}] \tag{5.13}$$

Um den ersten Mittelwert $\langle y_1 \rangle$ zu bestimmen, berechnen wir folgende Summe n-dimensionaler Integrale, die wir wegen $B_{ik} = \text{const.}$ (5.10) vereinfachen können:

$$\begin{aligned} \langle y_1 \rangle = & \int B_{11}\, x_1\, f(x_1, \ldots, x_n)\, dx_1 \cdots dx_n \\ & \vdots \\ & + \int B_{1n}\, x_n\, f(x_1, \ldots, x_n)\, dx_1 \cdots dx_n \\ = & B_{11} \underbrace{\int x_1\, f(x_1, \ldots, x_n)\, dx_1 \cdots dx_n}_{=\langle x_1 \rangle} + \cdots \\ = & B_{11}\, \langle x_1 \rangle + B_{12}\, \langle x_2 \rangle + \cdots + B_{1n}\, \langle x_n \rangle \end{aligned} \tag{5.14}$$

Das heißt, alle neuen Mittelwerte entsprechen den transformierten originalen Mittelwerten:

$$\langle \vec{y} \rangle = \hat{B} \cdot \langle \vec{x} \rangle \tag{5.15}$$

Kovarianzmatrix

Die n Zufallsvariablen $x_1, x_2, \ldots, x_n$ sind im Allgemeinen miteinander korreliert. Dementsprechend liegt hier analog zur zweidimensionalen Wahrscheinlichkeitsdichte (3.85) eine $n \times n$ dimensionale Kovarianzmatrix $\hat{V}[\vec{x}]$ vor.

Für die Berechnung der transformierten Kovarianzmatrix setzen wir (5.11) und (5.15) in Gleichung (3.19) ein:

$$\begin{aligned} \hat{V}[\vec{y}] &= E\left[(\vec{y} - \langle \vec{y} \rangle)^2\right] \\ &= E\left[(\hat{B} \cdot \vec{x} - \hat{B} \cdot \langle \vec{x} \rangle)^2\right] \\ &= E\left[\left(\hat{B} \cdot (\vec{x} - \langle \vec{x} \rangle)\right)^2\right] \\ &= E\left[\left(\hat{B} \cdot (\vec{x} - \langle \vec{x} \rangle)\right) \cdot \left(\hat{B} \cdot (\vec{x} - \langle \vec{x} \rangle)\right)^T\right] \\ &= E\left[\left(\hat{B} \cdot (\vec{x} - \langle \vec{x} \rangle)\right) \cdot \left((\vec{x} - \langle \vec{x} \rangle)^T \cdot \hat{B}^T\right)\right] \end{aligned}$$

Wegen $B_{ik} = \text{const.}$ (5.10) können wir die Matrix $\hat{B}$ und ihre transponierte Matrix $\hat{B}^T$ (Zeilen und Spalten sind vertauscht) aus den Integralen herausnehmen und erhalten:

$$\hat{V}[\vec{y}] = \hat{B} \cdot E\left[(\vec{x} - \langle \vec{x} \rangle)^2\right] \cdot \hat{B}^T = \hat{B} \cdot \hat{V}[\vec{x}] \cdot \hat{B}^T \tag{5.16}$$

Diese Gleichung (5.16) ist das **Fehlerfortpflanzungsgesetz** für mehrere Variablen:

$$\hat{V}[\vec{y}] = \hat{B} \cdot \hat{V}[\vec{x}] \cdot \hat{B}^T \tag{5.17}$$

Das Fehlerfortpflanzungsgesetz gilt näherungsweise auch im Fall nichtlinearer Transformationen, wenn man in der Transformationsmatrix $\hat{B}$ die Ableitungen an der Stelle der Mittelwerte von $\vec{x}$ verwendet [7]:

$$B_{ik} = \left.\frac{\partial y_i}{\partial x_k}\right|_{x_k=\langle x_k\rangle} \tag{5.18}$$

5.3 Fehlerfortpflanzung bei zusammengesetzten Messgrößen

In diesem Abschnitt behandeln wir den häufigen Spezialfall, dass zwei Zufallsvariablen x_1 und x_2 der Wahrscheinlichkeitsdichte $f(x_1, x_2)$ zu einer einzigen Zufallsvariablen y kombiniert werden sollen. Die Transformationsvorschrift laute allgemein:

$$y = y(x_1, x_2) \tag{5.19}$$

Die Kovarianzmatrix $\hat{V}[\vec{x}]$ von $f(x_1, x_2)$ sei bereits bekannt und laute (vergleiche mit (3.85)):

$$\hat{V}[\vec{x}] = \begin{pmatrix} \sigma_1^2 & \sigma_{12} \\ \sigma_{12} & \sigma_2^2 \end{pmatrix} \tag{5.20}$$

Nach dem Fehlerfortpflanzungsgesetz (5.17) ergibt sich in diesem Fall die Varianz $V[y]$ als skalare Größe:

$$V[y] = \hat{B} \cdot \hat{V}[\vec{x}] \cdot \hat{B}^T$$

Dabei erhalten wir $\hat{B}$ und $\hat{B}^T$ aus den partiellen Ableitungen (5.10) der Transformationsvorschrift (5.19):

$$\hat{B} = \begin{pmatrix} \frac{\partial y}{\partial x_1} & \frac{\partial y}{\partial x_2} \end{pmatrix}, \quad \hat{B}^T = \begin{pmatrix} \frac{\partial y}{\partial x_1} \\ \frac{\partial y}{\partial x_2} \end{pmatrix}$$

Zunächst berechnen wir das rechte Produkt

$$\hat{V}[\vec{x}] \cdot \hat{B}^T = \begin{pmatrix} \sigma_1^2 & \sigma_{12} \\ \sigma_{12} & \sigma_2^2 \end{pmatrix} \cdot \begin{pmatrix} \frac{\partial y}{\partial x_1} \\ \frac{\partial y}{\partial x_2} \end{pmatrix} = \begin{pmatrix} \sigma_1^2 \cdot \frac{\partial y}{\partial x_1} + \sigma_{12} \cdot \frac{\partial y}{\partial x_2} \\ \sigma_{12} \cdot \frac{\partial y}{\partial x_1} + \sigma_2^2 \cdot \frac{\partial y}{\partial x_2} \end{pmatrix}$$

und anschließend das gesamte Produkt:

$$\begin{aligned} V[y] &= \hat{B} \cdot \hat{V}[\vec{x}] \cdot \hat{B}^T \\ &= \begin{pmatrix} \frac{\partial y}{\partial x_1} & \frac{\partial y}{\partial x_2} \end{pmatrix} \cdot \begin{pmatrix} \sigma_1^2 \cdot \frac{\partial y}{\partial x_1} + \sigma_{12} \cdot \frac{\partial y}{\partial x_2} \\ \sigma_{12} \cdot \frac{\partial y}{\partial x_1} + \sigma_2^2 \cdot \frac{\partial y}{\partial x_2} \end{pmatrix} \\ &= \left(\frac{\partial y}{\partial x_1}\right)^2 \sigma_1^2 + \frac{\partial y}{\partial x_1} \cdot \frac{\partial y}{\partial x_2} \sigma_{12} + \frac{\partial y}{\partial x_1} \cdot \frac{\partial y}{\partial x_2} \sigma_{12} + \left(\frac{\partial y}{\partial x_2}\right)^2 \sigma_2^2 \end{aligned}$$

Damit erhalten wir die Varianz $V[y] = \sigma_y^2$ der kombinierten Größe:

$$\sigma_y^2 = \left(\frac{\partial y}{\partial x_1}\right)^2 \sigma_1^2 + 2\,\frac{\partial y}{\partial x_1}\cdot\frac{\partial y}{\partial x_2}\,\sigma_{12} + \left(\frac{\partial y}{\partial x_2}\right)^2 \sigma_2^2 \tag{5.21}$$

Sind die beiden Größen x_1 und x_2 unkorreliert, d. h. $\sigma_{12} = 0$, dann vereinfacht sich die Berechnung der Standardabweichung zu einer Summe über das Produkt der quadratischen Terme:

$$\sigma_y = \sqrt{\sum_{i=1}^{2}\left(\frac{\partial y}{\partial x_i}\right)^2 \cdot \sigma_i^2} \tag{5.22}$$

Für diese Situation gibt es zwei wichtige Anwendungsfälle, die in Labormessungen ständig gebraucht werden:

5.3.1 Summen und Differenzen unkorrelierter Messgrößen

Für Messgrößen, die über Summen oder Differenzen von unkorrelierten Messgrößen gebildet werden

$$y = x_1 \pm x_2 \tag{5.23}$$

beträgt nach dem Fehlerfortpflanzungsgesetz (5.22) das Quadrat der Standardabweichung:

$$\sigma_y^2 = \left(\frac{\partial y}{\partial x_1}\right)^2 \cdot \sigma_{x1}^2 + \left(\frac{\partial y}{\partial x_2}\right)^2 \cdot \sigma_{x2}^2 = (+1)^2 \cdot \sigma_{x1}^2 + (\pm 1)^2 \cdot \sigma_{x2}^2 = \sigma_{x1}^2 + \sigma_{x2}^2 \tag{5.24}$$

In beiden Fällen werden die **absoluten Fehler** quadriert und addiert:

$$\sigma_y = \sqrt{\sigma_{x1}^2 + \sigma_{x2}^2} \tag{5.25}$$

Falls die Fehler der beiden Messgrößen gleich groß sind ($\sigma_{x1} = \sigma_{x2} \equiv \sigma_x$) erhalten wir:

$$\sigma_y = \sqrt{2}\cdot\sigma_x \tag{5.26}$$

Beispiel 5.4: Längenmessung

Eine Längenmessung ergibt sich aus der Differenz der Messung zweier unabhängiger Ortskoordinaten:

$$y = x_1 - x_2$$

Nach (5.26) erhalten wir für $\sigma_{x_1} = \sigma_{x_2} \equiv \sigma_x$

$$\sigma_y = \sqrt{2}\cdot\sigma_x$$

5.3.2 Produkte und Divisionen unkorrelierter Messgrößen

Wird eine Messgröße aus dem Produkt zweier unkorrelierter Messgrößen gebildet

$$y = x_1 \cdot x_2 \ , \tag{5.27}$$

so ist nach dem Fehlerfortpflanzungsgesetz (5.22) die Varianz:

$$\begin{aligned}\sigma_y^2 &= \left(\frac{\partial y}{\partial x_1}\right)^2 \cdot \sigma_{x1}^2 + \left(\frac{\partial y}{\partial x_2}\right)^2 \cdot \sigma_{x2}^2 = x_2^2 \cdot \sigma_{x1}^2 + x_1^2 \cdot \sigma_{x2}^2 \\ &= \underbrace{\left(x_1^2 \cdot x_2^2\right)}_{= y^2} \cdot \left[\left(\frac{\sigma_{x1}}{x_1}\right)^2 + \left(\frac{\sigma_{x2}}{x_2}\right)^2\right]\end{aligned}$$

Ziehen wir die Wurzel und dividieren auf beiden Seiten durch die zusammengesetzte Messgröße y, so erhalten wir Terme aus **relativen Fehlern**. Sie werden aus dem Verhältnis von dem Messfehler und dem Wert der Messgröße gebildet. Bei Multiplikation von Messgrößen und auch bei ihrer Division werden die relativen Fehler quadratisch addiert:

$$\frac{\sigma_y}{y} = \sqrt{\left(\frac{\sigma_{x1}}{x_1}\right)^2 + \left(\frac{\sigma_{x2}}{x_2}\right)^2} \tag{5.28}$$

Beispiel 5.5: Zylindervolumen

Die Messgröße sei hier das Volumen $V = \pi \cdot h \cdot r^2$. Den Fehler berechnen wir aus der Summe der quadrierten relativen Fehler:

$$\frac{\sigma_V}{V} = \sqrt{\left(\frac{\sigma_{r^2}}{r^2}\right)^2 + \left(\frac{\sigma_h}{h}\right)^2}$$

Mit Gleichung (5.9) können wir auch den Fehler σ_{r^2} sofort berechnen $(\sigma_{r^2}/r^2 = 2 \cdot \sigma_r/r)$ und erhalten als relativen Fehler für das Zylindervolumen:

$$\frac{\sigma_V}{V} = \sqrt{\left(2\frac{\sigma_r}{r}\right)^2 + \left(\frac{\sigma_h}{h}\right)^2}$$

Der absolute Fehler des Zylindervolumens beträgt:

$$\sigma_V = V \cdot \sqrt{4\left(\frac{\sigma_r}{r}\right)^2 + \left(\frac{\sigma_h}{h}\right)^2}$$

5.4 Kombination von Wahrscheinlichkeitsdichten

Wenn nicht nur die Fehler der zu kombinierenden Messgrößen bekannt sind, sondern auch deren Wahrscheinlichkeitsdichten, so können wir eine kombinierte Wahrscheinlichkeitsdichte für die Messgrößen bestimmen. Die kombinierte Messgröße ist der kombinierten Wahrscheinlichkeitsdichte entnommen. Ihre Genauigkeit ist in der Standardabweichung der kombinierten Wahrscheinlichkeitsdichte enthalten.

Zunächst untersuchen wir die als Faltung bezeichnete Kombination von Wahrscheinlichkeitsdichten mithilfe sogenannter charakteristischer Funktionen. Anschließend stellen wir die Faltung zweier Gaußverteilungen vor.

5.4.1 Charakteristische Funktion

Die charakteristische Funktion der Wahrscheinlichkeitsdichte einer Zufallsvariablen erleichtert die Berechnung der Kombination von Wahrscheinlichkeitsdichten. Wir können sie als Analogon zu einer Fouriertransformation auffassen.

Die **charakteristische Funktion** $\varphi(t)$ einer Wahrscheinlichkeitsdichte $f(x)$ der Zufallsvariablen x ist durch den **Erwartungswert** $E[e^{i\,t\,x}]$ definiert (3.10):

$$\varphi(t) = \int_{-\infty}^{\infty} e^{i\,t\,x}\, f(x)\; dx \tag{5.29}$$

Die Variable t gibt die entsprechende transformierte Koordinate an, und i bezeichnet die imaginäre Einheit. An der Stelle $t = 0$ nimmt die charakteristische Funktion den Wert 1 an (3.7):

$$\varphi(0) = \int_{-\infty}^{\infty} f(x)\; dx = 1 \tag{5.30}$$

Die Rücktransformation zu der Verteilung in der Zufallsvariablen x lautet:

$$f(x) = \frac{1}{2\pi} \int_{-\infty}^{\infty} e^{-\,i\,t\,x}\; \varphi(t)\; dt \tag{5.31}$$

Beispiel 5.6: Charakteristische Funktion einer Gaußverteilung

Zur besseren Übersicht wählen wir eine Gaußverteilung (3.52) mit dem Mittelwert $\mu = 0$:

$$f(x) = \frac{1}{\sqrt{2\pi}\,\sigma}\, e^{-\frac{x^2}{2\,\sigma^2}} \tag{5.32}$$

Ihre charakteristische Funktion ergibt sich nach (5.29):

$$\varphi(t) = \frac{1}{\sqrt{2\,\pi}\,\sigma} \int_{-\infty}^{\infty} e^{i\,t\,x}\, e^{-\frac{x^2}{2\,\sigma^2}}\; dx = \frac{1}{\sqrt{2\,\pi}\,\sigma} \int_{-\infty}^{\infty} e^{\frac{i\,2\,\sigma^2\,t\,x - x^2}{2\,\sigma^2}}\; dx$$

Den Zähler des Arguments der Exponentialfunktion können wir folgendermaßen zerlegen:

$$x^2 - i\,2\,\sigma^2\,t\,x = \left(x - i\,t\,\sigma^2\right)^2 - \left(i\,t\,\sigma^2\right)^2$$

Damit ist der zweite Term unabhängig von der Integration über x und kann vor das Integral geschrieben werden:

$$\varphi(t) = e^{\frac{\left(i\,t\,\sigma^2\right)^2}{2\,\sigma^2}} \underbrace{\frac{1}{\sqrt{2\,\pi}\,\sigma} \int_{-\infty}^{\infty} e^{-\frac{\left(x - i\,t\,\sigma^2\right)^2}{2\,\sigma^2}} dx}_{=1} = e^{\frac{-t^2}{2/\sigma^2}} \tag{5.33}$$

Das Integral ergibt zusammen mit dem Vorfaktor aufgrund der Normierung der Gaußverteilung für beliebige Mittelwerte $i\,t\,\sigma^2$ den Wert 1.

Die charakteristische Funktion einer Gaußverteilung ist also selbst wieder eine Gaußverteilung in der transformierten Variablen t, hier mit dem Mittelwert $\langle t \rangle = 0$ und mit der Varianz $\sigma_t^2 = 1/\sigma^2$:

$$\varphi(t) = e^{-\frac{t^2}{2\,\sigma_t^2}} \tag{5.34}$$

5.4.2 Faltung von Wahrscheinlichkeitsdichten

Im Folgenden wollen wir zwei Zufallsvariable x und y addieren. Ihre entsprechenden Wahrscheinlichkeitsdichten $f_x(x)$ und $f_y(y)$ können im Allgemeinen verschieden sein.

Die zusammengesetzte Größe $z = x + y$ ist selbst wieder eine Zufallsvariable. Unser Ziel ist, die Wahrscheinlichkeitsdichte $f_z(z)$ der kombinierten Zufallsvariablen z zu berechnen.

Mathematischer Einschub 5.1: Delta-Funktion

Die diracsche Deltafunktion $\delta(x)$ ist an der Stelle $x = 0$ unendlich groß und ist ansonsten gleich null. Mit ihr lässt sich z. B. bei einer Integration eine bestimmte Stelle $x = a$ selektieren, an der der Integrand von null verschieden sein soll:

$$\int_{-\infty}^{\infty} h(x)\,\delta(x-a)\,dx = h(a) \tag{5.35}$$

Die kombinierte Wahrscheinlichkeitsdichte $f_z(z)$ erhalten wir durch Integration über die beiden Wahrscheinlichkeitsdichten $f_x(x)$ und $f_y(y)$. Dabei berücksichtigen wir mithilfe der δ-Funktion, dass die Variablen x und y über $z = x + y$ zusammenhängen, und können eins der beiden Integrale sofort lösen:

$$f_z(z) = \iint f_x(x) \cdot f_y(y) \cdot \delta(z - x - y)\,dx\,dy \tag{5.36}$$

$$= \int f_x(x) \cdot f_y(z - x)\,dx = \int f_y(y) \cdot f_x(z - y)\,dy \tag{5.37}$$

Dieses Verfahren bezeichnen wir als **Faltung** zweier Wahrscheinlichkeitsdichten.

Für die Berechnung einer solchen Faltung kann es hilfreich sein, die charakteristischen Funktionen zu verwenden, wie wir im folgenden Beispiel sehen werden. Falls eine Faltung so nicht möglich ist, helfen numerische Verfahren weiter, die wir im Kapitel 9 vorstellen werden.

Beispiel 5.7: Faltung zweier Gaußverteilungen

Wir wählen wieder zwei Gaußverteilungen mit Mittelwerten $\mu = 0$. Die beiden Verteilungen (3.52) und ihre charakteristischen Funktionen (5.34) lauten:

$$f_x(x) = \frac{1}{\sqrt{2\pi}\,\sigma_x} e^{-\frac{x^2}{2\,\sigma_x^2}} \Leftrightarrow \varphi_x(t) = e^{-\frac{t^2}{2/\sigma_x^2}} \tag{5.38}$$

$$f_y(y) = \frac{1}{\sqrt{2\pi}\,\sigma_y} e^{-\frac{y^2}{2\,\sigma_y^2}} \Leftrightarrow \varphi_y(t) = e^{-\frac{t^2}{2/\sigma_y^2}} \tag{5.39}$$

Für die kombinierte Zufallsvariable $z = x + y$ berechnen wir die Faltung (5.36)

$$f_z(z) = \iint f_x(x) \cdot f_y(y) \cdot \delta(z - x - y)\, dx\, dy$$

mithilfe der charakteristischen Funktion von $f_z(z)$ (5.29):

$$\begin{aligned}
\varphi_z(t) &= \iiint e^{i\,z\,t} f_x(x) \cdot f_y(y)\, \delta(z - x - y)\, dx\, dy\, dz \\
&= \iint e^{i\,(x+y)\,t} f_x(x) \cdot f_y(y)\, dx\, dy \\
&= \int e^{i\,x\,t} f_x(x)\, dx \cdot \int e^{i\,y\,t} f_y(y)\, dy \\
&= \varphi_x(t) \cdot \varphi_y(t) \\
&= e^{-\frac{t^2\,\sigma_x^2}{2}} \cdot e^{-\frac{t^2\,\sigma_y^2}{2}} = e^{-\frac{t^2}{2/(\sigma_x^2+\sigma_y^2)}} = e^{-\frac{t^2}{2\,\sigma_t^2}}
\end{aligned}$$

Im letzten Schritt identifizieren wir die Standardbweichung $\sigma_t^2 = 1/(\sigma_x^2 + \sigma_y^2)$. Der Vergleich mit (5.34) zeigt, dass sich durch die Faltung zweier Gaußverteilungen wieder eine Gaußverteilung ergibt. Die Rücktransformation analog zu (5.32), (5.33), (5.34) ergibt eine Gaußverteilung mit der Varianz $\sigma_z^2 = \sigma_x^2 + \sigma_y^2$:

$$f_z(z) = \frac{1}{\sqrt{2\pi}\,\sigma_z} e^{-\frac{z^2}{2\,\sigma_z^2}} \tag{5.40}$$

Das Wichtigste zum Mitnehmen

- Häufig benötigen wir anstelle einer gemessenen Größe x eine physikalische Größe y, die sich aus der Transformationsvorschrift $y = y(x)$ ergibt. Um die Unsicherheiten der Messgröße x auf y zu übertragen, transformieren wir die Wahrscheinlichkeitsverteilung $f_x(x)$ für x in eine Wahrscheinlichkeitsverteilung $f_y(y)$ für y durch Multiplikation mit dem Absolutwert der Ableitung: $f_y(y) = f_x(x)\,|dx/dy|$.

- Den Mittelwert der transformierten Größe schätzen wir in guter Näherung durch die Transformation des Mittelwerts $\langle x\rangle$: $\langle y\rangle \approx y(\langle x\rangle)$. Die Standardabweichung der transformierten Größe erhalten wir durch Multiplikation mit dem Absolutwert der Ableitung an der Stelle des Mittelwerts $\langle x\rangle$:

$$\sigma_y = \sigma_x \left|\frac{dy}{dx}\right|_{x=\langle x\rangle}$$

  Diese Transformation heißt Fehlerfortpflanzungsgesetz.

- Im allgemeinen Fall transformieren wir mehrere Messgrößen x_k in mehrere Größen y_i. Das Fehlerfortpflanzungsgesetz benötigt dann die partiellen Ableitungen an der Stelle der jeweiligen Mittelwerte $\langle x_k\rangle$:

$$B_{ik} = \left.\frac{\partial y_i}{\partial x_k}\right|_{x_k=\langle x_k\rangle}$$

  Gemeinsam bilden die Werte x_k den Vektor $\vec{x}$, die Werte y_i den Vektor $\vec{y}$ und die Werte B_{ik} die Matrix $\hat{B}$. Die neuen Mittelwerte $\langle\vec{y}\rangle$ und die Varianz $\hat{V}[\vec{y}]$ erhalten wir aus den Multiplikationen:

$$\langle\vec{y}\,\rangle = \hat{B}\cdot\langle\vec{x}\rangle\,; \quad \hat{V}[\vec{y}] = \hat{B}\cdot\hat{V}[\vec{x}]\cdot\hat{B}^T$$

- Ein typischer Spezialfall ergibt sich, wenn zwei Messgrößen x_1, x_2 auf nur eine Größe $y = y(x_1, x_2)$ abgebildet werden. Dann lautet das Fehlerfortpflanzungsgesetz:

$$\sigma_y^2 = \left(\frac{\partial y}{\partial x_1}\right)^2 \sigma_1^2 + 2\,\frac{\partial y}{\partial x_1}\cdot\frac{\partial y}{\partial x_2}\,\sigma_{12} + \left(\frac{\partial y}{\partial x_2}\right)^2 \sigma_2^2$$

- Häufig werden zwei unkorrelierte Messgrößen x_1 und x_2 auf eine Größe $y = y(x_1, x_2)$ abgebildet. Dann ist der diagonale Term der Varianzmatrix $\sigma_{12} = 0$ und das Fehlerfortpflanzungsgesetz reduziert sich für Summen und Differenzen auf die Wurzel aus der quadratischen Summe der absoluten Fehler:

$$y = x_1 + x_2\,; \quad y = x_1 - x_2\ : \quad \sigma_y = \sqrt{\sigma_{x1}^2 + \sigma_{x2}^2}$$

  Bei Multiplikation und Division verbleibt die Wurzel aus der quadratischen Summe der relativen Fehler:

$$y = x_1\cdot x_2\,; \quad y = x_1 : x_2\ : \quad \frac{\sigma_y}{y} = \sqrt{\left(\frac{\sigma_{x1}}{x_1}\right)^2 + \left(\frac{\sigma_{x2}}{x_2}\right)^2}$$

- Anstatt die Kombination $z = x + y$ zweier Zufallsvariable x, y aus zwei verschiedenen Wahrscheinlichkeitsverteilungen zu berechnen, kann z alternativ direkt aus der kombinierten Wahrscheinlichkeitsdichte entnommen werden. Ein typischer Anwendungsfall sind zwei Gaußverteilungen mit gleichem Mittelwert aber verschiedenen Standardabweichungen σ_1 und σ_2, deren Kombination wieder eine Gaußverteilung mit $\sigma = \sqrt{\sigma_1^2 + \sigma_2^2}$ ergibt.

Aufgabe 5.1: Division unkorrelierter Messgrößen

Zeigen Sie, dass bei der Division zweier unkorrelierter Messgrößen

$$y = \frac{x_1}{x_2} \tag{5.41}$$

sich der Fehler σ_y der zusammengesetzten Messgröße wie bei der Multiplikation durch quadratische Addition der relativen Fehler berechnen lässt:

$$\frac{\sigma_y}{y} = \sqrt{\left(\frac{\sigma_{x1}}{x_1}\right)^2 + \left(\frac{\sigma_{x2}}{x_2}\right)^2} \tag{5.42}$$

Aufgabe 5.2: Erdbeschleunigung

Wir möchten die Erdbeschleunigung g aus den Messergebnissen der Fallzeit $t \pm \sigma_t$ und der Fallstrecke $s \pm \sigma_s$ einer Kugel bestimmen. Wir gehen von einer konstanten Beschleunigung der Kugel aus, sodass folgender Zusammenhang gültig ist:

$$s = \frac{1}{2} g\, t^2$$

Berechnen Sie den Fehler σ_g der Erdbeschleunigung g.

Systematische Fehler

6

ÜBERBLICK

»Die systematischen Fehler eines Experiments zu bestimmen ist eine anspruchsvolle Aufgabe, bei der wir das limitierte Wissen über die verwendete Messapparatur und seine Auswirkungen auf das Messergebnis quantitativ erfassen müssen. Dafür grenzen wir zunächst den Rahmen ein, innerhalb dessen systematische Fehler berücksichtigt werden. Dann stellen wir typische Überlegungen zur Identifizierung und Korrektur von Fehlerquellen vor. Schließlich geben wir Verfahren an, um die Auswirkungen vieler einzelner systematischer Unsicherheiten eines Experiments auf das Messresultat in einer Fehlerangabe zusammenzufassen. «

6.1 Einordnung

In Physikerkreisen entsteht immer dann eine positive Aufregung, wenn ein Messergebnis von einem Literaturwert, vom Weltmittelwert oder von einer Theorievorhersage um mehr als drei (besser fünf) Standardabweichungen abweicht.

Dann stellt sich die wichtige Frage, ob es sich hier um einen Hinweis auf bislang unentdeckte physikalische Phänomene handelt, oder ob die Abweichung aus einem unberücksichtigten systematischen Fehler resultiert. Die korrekte Evaluierung der systematischen Fehler ist also für das Messresultat eines Experiments von grundlegender Bedeutung!

Die naive Annahme, man könnte die Abweichung vom Literaturwert zur Bestimmung eines systematischen Fehlers heranziehen, wäre fatal: Man würde ja früheren Irrtümern aufsitzen oder könnte neue Entdeckungen verpassen.

Der Messfehler eines Messergebnisses wird immer für das jeweilige Experiment ermittelt. Die Fehlerangabe soll für statistische und systematische Fehler den Bereich von ± 1 Standardabweichung zeigen, sodass ein unabhängiges Experiment mit 68% Wahrscheinlichkeit (3.64) einen Messwert innerhalb des angegebenen Messfehlers misst.

Beispiel 6.1: Messungen der Neutronenlebensdauer

Der zeitliche Verlauf von Messergebnissen zur Neutronenlebensdauer [10, 11] in der ► Abbildung 6.1 zeigt, wie wichtig eine korrekte Analyse systematischer Fehler ist.

Während die Messgenauigkeit im Laufe der Jahre immer besser wurde, zeigt der zeitliche Verlauf eine Verschiebung des Mittelwerts, der mit einigen der angenommenen Genauigkeiten kaum vereinbar ist. Vermutlich wurden bei diesen früheren Experimenten systematische Fehler unterschätzt.

6.1.1 Unterscheidung statistischer und systematischer Fehler

Statistische Fehler entstehen durch Zufallsprozesse. Wir können sie mit exakten mathematischen Methoden berechnen, die wir bereits im ersten Kapitel skizziert und dann in den folgenden Kapiteln vorgestellt und begründet haben.

Systematische Fehler verursachen Verschiebungen in den Messwerten. Wenn man mehrere Messungen im Kontext einer Messreihe durchführt, können alle zugehörigen statistischen Fehler unabhängig voneinander sein, während die systematischen Fehler vollständig korreliert sein können, da dieselbe Messapparatur verwendet wird. Zum Beispiel werden alle Messwerte aufgrund einer fehlerhaften Eichung der Apparatur zu etwas höheren Messwerten als der wahre Wert verschoben.

Angaben für die systematischen Fehler reflektieren eigentlich die Unkenntnis der Physiker über ihre Apparatur. Man könnte deswegen präziser von Unsicherheiten sprechen anstelle von Fehlern. Denn solche systematischen Fehler haben zunächst nichts mit Fehlern des messenden Physikers zu tun, die natürlich auch vorkommen können.

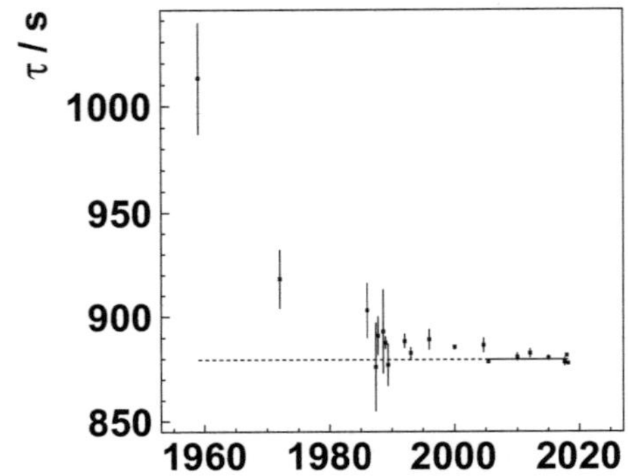

Abbildung 6.1 Messungen der Neutronenlebensdauer

Die durchgezogene Linie zeigt den Weltmittelwert $\tau = (879{,}4 \pm 0{,}6)$ s von 2018 [11] und die Ergebnisse, die für seine Berechnung berücksichtigt wurden. Die gestrichelte Linie führt den Weltmittelwert von 2018 zurück in der Zeit. Die Fehlerbalken visualisieren die Gesamtfehler der Experimente aus statischen und systematischen Fehlern, die bei einigen der früheren Experimente unterschätzt wurden.

Beispiele für solche Physikerfehler wäre ein großer systematischer Fehler aufgrund einer nicht erfolgten Kalibrationen einer Uhr, die man vor der Messung hätte durchführen können. Ein anderes Beispiel ist die Verwendung von temperaturempfindlicher Elektronik ohne Protokollierung der Temperatur, sodass die Kenntnis der Experimentierbedingungen unvollständig bleibt.

6.1.2 Rahmenbedingungen für systematische Fehler

Eine physikalische Messgröße wird immer innerhalb eines theoretischen Rahmens angegeben. Dieser Rahmen kann explizit aufgeschrieben sein. Er kann durch eine Konvention der Physiker vereinbart sein. Der Rahmen kann aber auch implizit durch »common sense« (was als vernünftig angesehen wird) gegeben sein.

Nur wenn solche Rahmenbedingungen in einem Experiment tatsächlich eingehalten sind, erhalten wir ein sinnvolles Messergebnis.

Zum Beispiel werden in einem Experiment mit Magnetfeld die Ablenkungen einfach geladener Teilchen gleicher Geschwindigkeit aber unterschiedlicher Massen im Vergleich zu der Ablenkung von Elektronen gemessen. Ziel ist die Bestimmung der entsprechenden Teilchenmassen. Dabei dient die Elektronenmasse als Referenzwert, deren Wert von $(9{,}1093837015 \pm 0{,}0000000028)\ 10^{-31}$ kg [12] vorausgesetzt wird. Eine solche mit den Rahmenbedingungen verknüpfte Annahme ist nicht Bestandteil der systematischen Fehler eines Experiments. Seine systematischen Fehlerangaben beziehen sich auf die Unsicherheiten innerhalb des Rahmens.

Die Grenze des Rahmens kann aber in einem Experiment verschoben werden. Wird bei der Ablenkung der Teilchen im Magnetfeld die Elektronenmasse nicht vorausgesetzt, sondern aus einer Kalibrationsmessung gewonnen, so trägt dieser Fehler zum systematischen Gesamtfehler des Experiments bei.

6.2 Vorgehen zur Bestimmung

Die Bestimmung von systematischen Fehlern einer Messung ist

1. Detektivarbeit, bei der man Fehlerquellen aufdecken muss,
2. physikalisch-philosophische Überlegung, ob die Unkenntnis innerhalb oder außerhalb des theoretischen Rahmens liegt,
3. professionelle Datenanalyse, bei der a) die Fehler in ihrer Wichtigkeit priorisiert werden, b) eventuell geeignete Korrekturen eingeführt werden, und c) alle Unsicherheiten in einem gesamten Messfehler zusammenfasst werden.

Man kann sich leicht vorstellen, dass verschiedene Wissenschaftler systematische Fehler für ein und dieselbe Messung unterschiedlich abschätzen werden. Die unterschiedliche Denkweise bietet die Chance, systematischen Fehlern möglichst vollständig auf die Spur zu kommen. Wissenschaftliche Diskussionen darüber sind also im Allgemeinen sehr willkommen.

Damit experimentelle Resultate quantitativ miteinander verglichen werden können, versucht man sich zumindest in den verschiedenen wissenschaftlichen Forschungsbereichen auf Konventionen in der Fehlerbestimmung zu einigen.

6.2.1 Identifikation von Fehlerquellen

Die systematischen Unsicherheiten entsprechen Effekten, deren Einfluss auf den Messwert abgeschätzt werden muss. Viele solcher Effekte muss man als Physiker erst aufdecken. Das heißt man muss sehr kritisch und sorgfältig alle Annahmen beim Messprozess hinterfragen.

Beispiel 6.2: Suche nach systematischen Fehlerquellen

Typische Überlegungen für die Suche nach systematischen Fehlerquellen sind:

Kalibration: Unsicherheiten kann es in der Kalibration des Experiments beziehungsweise in einzelnen Komponenten des Experiments geben. Dabei kann es sich um Zeit-, Energie-, Temperaturmessungen und so weiter handeln.

Untergrund: Weitere Möglichkeiten sind Störeffekte im Versuch, wie zum Beispiel Rauschen bei der Signalaufnahme, Vibrationen in der Apparatur oder der Umgebung und andere Effekte, die oft als Untergrund bezeichnet werden.

Veränderliche: Systematische Fehlerquellen sind auch Abhängigkeiten von der Zeit, der Feuchtigkeit, der Temperatur oder von Bewegungen.

Modelle: Auch Unsicherheiten in für die Messung verwendeten theoretischen Modellen können zu systematischen Unsicherheiten beitragen. Bei der Modellierung über Simulationsprogramme kann die dort verwendete begrenzte Ereignisstatistik systematische Unsicherheiten erzeugen.

Parameter: Unsicherheiten in einzelnen Parametern, wie z. B. der Ausdehnungskoeffizient eines Materials, erzeugen systematische Fehlerquellen, wie wir im Beispiel weiter unten darlegen werden.

Die sorgfältige Protokollierung der Umgebungsdaten – z. B. Uhrzeit, Temperatur, besondere Vorkommnisse – ist bei der Durchführung eines Experiments für die Evaluierung der systematischen Effekte eine Selbstverständlichkeit.

Bei systematischen Fehlerquellen kann es zu Verkettungen von Unsicherheiten kommen, sodass auch hier Berechnungen zur Fehlerfortpflanzung (Kapitel 5) erforderlich sein können.

Experiment 6.1: Systematischer Fehler 1: Tischgröße

Ein Physiker misst die Länge eines Wohnzimmertischs bei Zimmertemperatur von 20 °C mithilfe eines Plastiklineals zu

$$l_0 = 2{,}413\,\mathrm{m}\ .$$

Um den systematischen Fehler der Messung abzuschätzen, verwendet er drei weitere Lineale aus verschiedenen Materialien für die Messung der Tischlänge und findet:

$$l_1 = 2{,}410\,\mathrm{m}$$
$$l_2 = 2{,}413\,\mathrm{m}$$
$$l_3 = 2{,}414\,\mathrm{m}$$

Er fasst die systematische Unsicherheit durch das Verwenden verschiedener Lineale mithilfe der Standardabweichung (1.5) zu $\sigma_{syst} = 0{,}003\,\mathrm{m}$ zusammen und präsentiert als Resultat

$$l = (2{,}413 \pm 0{,}003)\ \mathrm{m}\ . \tag{6.1}$$

Experiment 6.2: Systematischer Fehler 2: Tischgröße

Nach Diskussion mit Kollegen untersucht der Physiker das Plastiklineal, mit dem er die Länge des Wohnzimmertischs bestimmt hat. Um den systematischen Fehler dieser Messung genauer abzuschätzen wärmt er das Plastiklineal vor weiteren Messungen in der Sonne auf (40 °C) und kühlt es dann im Kühlschrank (0 °C) ab:

$$l_{0\,°\mathrm{C}} = 2{,}418\,\mathrm{m}$$
$$l_{40\,°\mathrm{C}} = 2{,}409\,\mathrm{m}$$

Als systematische Fehlerangabe wählt er die Hälfte der maximalen Variation über den gesamten Bereich $\sigma_{syst} = 0{,}005\,\mathrm{m}$ und gibt als sein zweites Resultat an:

$$l = (2{,}413 \pm 0{,}005)\,\mathrm{m}$$

In einem späteren Beispiel wird der Physiker nach weiteren Überlegungen feststellen, dass diese Fehlerabschätzung zum einen zu konservativ ist, zum anderen die Temperaturunsicherheit gar nicht den Hauptbeitrag zum systematischen Fehler ergibt.

Experiment 6.3: Systematischer Fehler 3: Tischgröße

Der Physiker überlegt noch einmal, wie die Genauigkeitsangabe der Tischlänge verbessert werden kann. Aus den Messungen nach Aufwärmen des Plastiklineals in der Sonne auf 40 °C und Abkühlung im Kühlschrank (0 °C) berechnet er den Ausdehnungskoeffizienten α des Lineals ($L = L_\circ\ [1 + \alpha(T - T_\circ)]$):

$$\alpha = \frac{0{,}009\,\mathrm{m}}{2{,}413\,\mathrm{m}\,40\,\mathrm{K}} \approx 0{,}0001\,\frac{1}{\mathrm{K}}$$

Wenn die Zimmertemperatur von 20 °C auf ±1 °C bekannt ist, dann wäre der systematische Fehler aufgrund der Temperaturausdehnung des Plastiklineals deutlich kleiner, als zunächst angenommen:

$$\sigma_{syst} = 0{,}0001\,\mathrm{m}$$

Im Vergleich zu den ersten Messungen mit den drei weiteren Linealen ist der Fehlerbeitrag durch Temperatureffekte vernachlässigbar klein. Der systematische Fehler des Ausdehnungskoeffizienten spielt demnach hier ebenfalls keine Rolle. Das zuerst präsentierte Resultat (6.1) zeigt bereits einen dominanten Fehlerbeitrag durch die Ungenauigkeit der Längenskala.

6.2.2 Angabe des Fehlerbereichs

Jeder mögliche systematische Effekt wird individuell daraufhin untersucht, wie stark er das Endergebnis der Messung verändern kann. Oft hilft dabei schon eine Abschätzung mithilfe der Herstellerangabe über die Eichgenauigkeit verwendeter Geräte.

Beispiel 6.3: Eichgenauigkeiten

Gerät	Referenzwert	Eichgenauigkeit
Laser-Entfernungsmesser	50 m	±1 mm
Lautstärkemesser	1 kHz	±3,5 dB

Alternative Möglichkeiten bestehen in der Anwendung physikalischer Konzepte auf die Situation des Experiments zur Berechnung der systematischen Effekte.

Beispiel 6.4: Physikalische Konzepte

Gesetz	
Stokes'sche Reibung	$\vec{F}_R = -6\,\pi\,\eta\,r\,\vec{v}$
Temperaturausdehnung	$L = L_\circ\;(1 + \alpha(T - T_\circ))$

Benötigen wir die Luftreibung als Funktion der Geschwindigkeit, können wir den zugehörigen systematischen Fehler mithilfe des Stokes'schen Reibungsgesetzes abschätzen.

Beispiel 6.5: Reibungskraft

Wir wollen die Unsicherheit in der Reibungskraft abschätzen, die eine durch die Luft fliegende Kugel mit Radius $r = 5\,\text{cm}$ erfährt.

Den Kugelradius können wir auf $\Delta r = 0{,}1\,\text{cm}$ genau bestimmen. Die Viskosität $\eta = 17\,\mu\text{Pa sec}$ von Luft sei uns mit der Genauigkeit $\Delta\eta = 2\,\mu\text{Pa sec}$ bekannt. Die Unsicherheit auf die Kugelgeschwindigkeit von $v = 100\,\text{km/h}$ sei 10%.

Die Stokes'sche Reibung $\vec{F}_R = -6\,\pi\,\eta\,r\,\vec{v}$ enthält alle Größen als Produkt, sodass wir nach (5.28) die relativen Fehler quadratisch addieren müssen:

$$\frac{\sigma_{F_R}}{F_R} = \sqrt{\left(\frac{\sigma_\eta}{\eta}\right)^2 + \left(\frac{\sigma_r}{r}\right)^2 + \left(\frac{\sigma_v}{v}\right)^2} = \sqrt{0{,}12^2 + 0{,}02^2 + 0{,}1^2} = 0{,}16$$

Die Reibungskraft an der Kugel hat hier eine relative systematische Unsicherheit von 16%.

Die individuellen systematischen Fehler werden möglichst so angegeben, dass ihr Fehlerintervall ± 1 Standardabweichung entspricht, also dem Intervall für statistische Fehler. In der Regel ist damit das 68% Wahrscheinlichkeitsintervall gemeint, innerhalb dessen eine unabhängige Messung liegen müsste (3.64). Durch diese Konvention kann man systematische und statistische Fehler sinnvoll miteinander kombinieren.

Wenn nur wenig Informationen über einen Fehler vorliegen, wird in der Praxis häufig auch die maximale Schwankungsbreite zwischen zwei extremen Szenarien halbiert und dann als systematischer Fehlerbeitrag verwendet.

Systematische Fehler sollen sicher nicht übertrieben extreme Szenarien abdecken, sondern die Wahrscheinlichkeitsinterpretation soweit möglich berücksichtigen. Zum Beispiel ist bei nicht exakt bekannter Zimmertemperatur in unseren Breitengraden typischerweise 18–25 Grad Celsius ein vernünftiger Bereich, ein Bereich von 10–35 Grad wäre übertrieben konservativ.

Durch die Fehlerangabe in Form der Standardabweichung können die Messungen unterschiedlicher Experimente miteinander verglichen oder sogar zu genaueren Resultaten kombiniert werden. Beispiele für solche Kombinationen sind die Bildung von Weltmittelwerten für fundamentale Parameter wie z. B. die Massen von Teilchen.

6.2.3 Korrekturen für systematische Fehler

Wie bei allen Fehlerquellen, ob statistisch oder systematisch, muss die Reduzierung der dominanten Beiträge zum Gesamtfehler eines Messresultats höchste Priorität haben. Es macht keinen Sinn, winzige Effekte bearbeiten zu wollen, wenn die entsprechenden Beiträge zum Gesamtfehler ohnehin vernachlässigbar gering sind.

Ist eine systematische Fehlerquelle nicht reduzierbar, geht diese Unsicherheit unmittelbar in den systematischen Gesamtfehler ein. Beispiele für solche Fehler sind nicht genau bekannte physikalische Effekte wie z. B. Turbulenzeffekte in Luft. Ein anderes Beispiel sind theoretische Rechnungen, bei denen Lösungen für führende Terme bekannt sind, Korrekturterme aber derzeit noch nicht berechnet werden können.

Kann der Einfluss einer systematischen Unsicherheit verkleinert werden, und lohnt sich der Aufwand im Vergleich zu anderen Messfehlern, wird der Einfluss der Fehlerquelle durch eine geeignete Korrekturprozedur reduziert.

Zum Beispiel kann man eine zunächst in Kauf genommene temperaturbedingte Ausdehnung korrigieren, wenn man die Temperatur beim Versuch gemessen hat. Damit kann zwar die systematische Unsicherheit verringert werden, aber es bleibt im Allgemeinen eine Restunsicherheit bestehen, die im systematischen Fehler berücksichtigt werden muss. Bei der Ausdehnung sind ja weder Temperatur noch der Ausdehnungskoeffizient exakt bekannt, sondern weisen einen Fehler auf, der die Genauigkeit der Korrektur begrenzt.

Eventuell wird man für die Korrektur systematischer Effekte komplexe Simulationen oder Rechnungen zu Hilfe nehmen, um diese Effekte genauer verstehen zu können. Bei den großen Experimenten der Teilchenphysik z. B. werden heutzutage solche Simulationen zur Korrektur und Analyse der systematischen Fehlerbeiträge regelmäßig verwendet.

In bestimmten Situationen ermöglicht die Anwendung von Erhaltungssätzen, eine Korrektur für eine systematische Fehlergröße abzuschätzen. In der Teilchenphysik nutzt man z. B. die Energieerhaltung beim Zerfall des sogenannten Z-Teilchens in ein Elektron-Positron-Paar, um gleichmäßige Energiemessungen über den gesamten instrumentierten Raumwinkelbereich des Detektors zu erreichen und die Genauigkeit der Energiemessungen zu quantifizieren.

6.3 Zusammenfassen von Fehlern

6.3.1 Unkorrelierte systematische Fehlerquellen

Falls die systematischen Unsicherheiten unabhängig voneinander variieren, d. h. sie sind nicht korreliert, so können wir die Einzelbeiträge σ_i im Rahmen des Fehlerfortpflanzungsgesetzes durch quadratische Addition zusammenfassen (5.24):

$$\sigma_{\text{sys}}^2 = \sigma_1^2 + \sigma_2^2 + \ldots + \sigma_n^2 \tag{6.2}$$

Ein Messresultat mit statistischem und systematischem Fehler können wir dann zum Beispiel folgendermaßen angeben:

$$x = (10{,}0 \pm 1{,}2\,(\text{stat.}) \pm 1{,}0\,(\text{sys.}))\ \text{m}$$

Da die statistischen und systematischen Fehler ebenfalls unabhängig voneinander sind, werden sie häufig auch quadratisch zu einem Gesamtfehler addiert:

$$x = (10{,}0 \pm 1{,}6)\ \text{m}$$

6.3.2 Korrelierte systematische Fehlerquellen

Beispiel 6.6: Korrelierte systematische Fehler

Wir heizen einen Gaszylinder und messen die lineare Ausdehnung des Gases entlang einer Stempelachse als Funktion der Temperatur T.

Natürlich wird sich mit T nicht nur das im Zylinder enthaltene Gas ausdehnen, sondern auch der Zylinder selbst vergrößert sein Volumen V in alle Raumrichtungen.

Die systematische Unsicherheit σ_T der Temperaturmessung ist daher mit der systematischen Unsicherheit σ_V korreliert, die das Zylindervolumen V in der Messung verursacht.

Falls die systematischen Fehler σ_i miteinander korreliert sind, wird manchmal eine Abschätzung des gesamten systematischen Fehlers durch lineare Addition versucht:

$$\sigma_{\text{sys}} = \sigma_1 + \sigma_2 + \ldots + \sigma_n \tag{6.3}$$

Ob diese Vorgehensweise korrekt ist, können wir zum Beispiel für zwei korrelierte Fehlerquellen x_1, x_2 untersuchen, die den Messwert f linear verschieben:

$$f = x_1 + x_2 \tag{6.4}$$

Die Kovarianzmatrix der systematischen Fehler lautet (5.20):

$$\hat{V} = \begin{pmatrix} \sigma_1^2 & \sigma_{12} \\ \sigma_{12} & \sigma_2^2 \end{pmatrix} \tag{6.5}$$

Die Fehlerfortpflanzung ergibt in diesem Fall (5.21):

$$\sigma_f^2 = \sigma_1^2 + \sigma_2^2 + 2\sigma_{12}$$

Setzen wir den Korrelationskoeffizienten $-1 \leq \rho \leq 1$ ein (3.86), so erhalten wir:

$$\sigma_f^2 = \sigma_1^2 + \sigma_2^2 + 2\rho\sigma_1\sigma_2 \tag{6.6}$$

Für Größen, die mit $\rho = 1$ korreliert sind

$$\sigma_f^2 = \sigma_1^2 + \sigma_2^2 + 2\sigma_1\sigma_2 \ ,$$

ist die lineare Summe der Fehler korrekt:

$$\sigma_f = \sigma_1 + \sigma_2 \tag{6.7}$$

Für antikorrelierte Größen ($\rho = -1$) ergibt sich:

$$\sigma_f = |\sigma_1 - \sigma_2| \tag{6.8}$$

Für unkorrelierte Größen ($\rho = 0$) erhalten wir die quadratische Summe (6.2):

$$\sigma_f = \sqrt{\sigma_1^2 + \sigma_2^2} \tag{6.9}$$

Für die korrekte Kombination der systematischen Fehler entsprechend der Wahrscheinlichkeit eines 68%-Bereichs sind also Kenntnisse über die Kovarianzmatrix (6.5) erforderlich.

Ist die Kovarianzmatrix unbekannt, so ergibt die lineare Addition der systematischen Fehler (6.7) hier den größtmöglichen Fehler und damit eine – möglicherweise übertrieben – konservative Fehlerabschätzung.

Kombinationen von systematischen und statistischen Fehlern lassen sich auch über Maximum-Likelihood-Verfahren (Kapitel 7) am Computer berechnen. Eine Beispielanwendung stellen wir in Kapitel 9.3 vor.

Das Wichtigste zum Mitnehmen

- Systematische Unsicherheiten (systematische Fehler) eines Experiments verursachen Verschiebungen der Messwerte z. B. nach zu großen Werten. Um diese Fehler zu quantifizieren gibt es kein standardisiertes Vorgehen durch ein mathematisches Modell wie für statistische Fehler. Anstatt dessen müssen wir uns für das jeweilige Experiment Gedanken machen, welche Unsicherheiten den Messprozess beeinflussen könnten.
- Zunächst definieren wir einen Rahmen für systematische Fehler. Wir klassifizieren die benötigten physikalischen Größen im Experiment: Welche Größen sind Definitionsgrößen (z. B. Vakuumlichtgeschwindigkeit), welche Größen können wir als genügend genau bekannt voraussetzen (z. B. Elektronenmasse) und welche Größen könnten fehlerbehaftet sein und müssen weiter untersucht werden.
- Typische Überlegungen für die Suche nach systematischen Unsicherheiten sind Kalibrationen des Experiments (z. B. Zeitmessung), Störeffekte durch Untergrund (z. B. Rauschen), veränderliche experimentelle Bedingungen (z. B. Temperatur), Modellunsicherheiten beim Vergleich mit den Messwerten, sowie Parameter (z. B. Ausdehnungskoeffizient eines Materials).
- Alle infrage kommenden Möglichkeiten werden nach ihrem potentiellen Einfluss auf das Resultat des Experiments geordnet. Wenn der erwartete Einfluss einer Unsicherheit auf das Resultat im Vergleich zu anderen Unsicherheiten vernachlässigbar klein ist, muss sie nicht weiter betrachtet werden.
- Für große systematische Unsicherheiten kann häufig der Einfluss der Fehlerquelle auf das Resultat des Experiments durch eine geeignete Korrekturprozedur reduziert werden.
- Wie bei den statistischen Fehlern geben wir als jeweiligen systematischen Fehler σ_i den Bereich um das Resultat an, der mit 68% Wahrscheinlichkeit die Unsicherheit i erfasst. Diese einheitliche Definition der statistischen und systematischen Fehler ist für die Bewertung von experimentellen Unsicherheiten sehr hilfreich. Außerdem sind der statische Fehler σ_{stat} und der gesamte systematische Fehler σ_{sys} voneinander unabhängig und können mit dem Fehlerfortpflanzungsgesetz zu einem Gesamtfehler kombiniert werden:

$$\sigma = \sqrt{\sigma_{stat}^2 + \sigma_{sys}^2}$$

- Für die Kombination von k unkorrellierten systematischen Fehlern σ_i berechnen wir mit dem Fehlerfortpflanzungsgesetz den Gesamtfehler:

$$\sigma_{sys} = \sqrt{\sum_{i=1}^{k} \sigma_i^2}$$

  Sind die systematischen Fehler korreliert, benötigen wir für die Kombination die Kovarianzmatrix aller Fehler. Sind dabei z. B. zwei systematische Fehler σ_1 und σ_2 vollständig korreliert, so erhöht sich der Fehler auf die lineare Summe $\sigma_{sys} = \sigma_1 + \sigma_2$. Für vollständig antikorrelierte Fehler dagegen beträgt der Gesamtfehler nur $\sigma_{sys} = |\sigma_1 - \sigma_2|$. In Kapitel 9.3 stellen wir ein Computer-basiertes Verfahren zur Kombination von statistischen und systematischen Fehlern vor.

Parameterschätzung aus Messdaten

7

ÜBERBLICK

» Häufig stehen wir vor der Aufgabe, aus Messdaten die beste Schätzung für einen oder mehrere Parameter zu extrahieren. Zum Beispiel wollen wir eine Gerade oder eine andere Funktion an Messdaten anpassen. In diesem Kapitel stellen wir dafür zwei Verfahren vor, die Likelihood-Methode und die Methode der kleinsten Fehlerquadrate.

Im anschließenden Kapitel über Testverfahren werden wir unsere Überlegungen auf Messdaten mit gaußverteilten, individuellen Messfehlern erweitern und zusätzlich die Chi-Quadrat-Methode für Parameterschätzungen kennenlernen. «

7.1 Maximum-Likelihood-Methode

Die Maximum-Likelihood-Methode ist ein allgemeines Verfahren zur Schätzung von Parametern. Wir führen zunächst die Likelihood-Funktion ein und zeigen dann, wie man einen Parameter und seinen Fehler erhält. Das Verfahren kann auf den Fall vieler Parameter erweitert werden.

7.1.1 Likelihood-Funktion

Es liegen uns n unabhängige Messungen $x_1, x_2, \ldots, x_n$ vor, die wir als Zufallsvariablen der Wahrscheinlichkeitsdichte $f(x)$ auffassen.

Die Wahrscheinlichkeitsdichte $f(x)$ sei durch einen Parameter a charakterisiert, der die Form oder die Position der Verteilung maßgeblich bestimmt. Wir bezeichnen deswegen die Wahrscheinlichkeitsdichte mit $f(x|a)$, sodass die Dichte $f(x_i)$ an der Stelle x_i offensichtlich von der Wahl von a abhängt.

Unterschiedliche Werte von a führen zu verschiedenen Wahrscheinlichkeiten für den Messwert x_i. Liegen z. B. alle Messwerte im Mittel bei $\mu = 0$ und folgen einer Gaußverteilung $f(x|\sigma)$ (3.52), so bestimmt $a = \sigma$ die Breite der Verteilung.

Die Wahrscheinlichkeitsdichte soll für alle Werte von a korrekt normiert sein (3.7), sodass $\int_{-\infty}^{\infty} f(x|a)\, dx = 1$ gilt.

Die Wahrscheinlichkeit, den Messwert x_i im Intervall $[x_i, x_i + dx_i]$ zu finden, beträgt $f(x_i|a) \cdot [x_i, x_i + dx_i]$ (3.5). Aus den n unabhängigen Messwerten x_i können wir nach (2.25) eine Gesamtwahrscheinlichkeit P für die Messwerte bilden:

$$P = f(x_1|a)\; [x_1, x_1 + dx_1] \cdot \ldots \cdot f(x_n|a)\; [x_n, x_n + dx_n] \tag{7.1}$$

Da die Intervalle dx_i nicht vom Parameter a abhängen, lässt man sie zur Vereinfachung weg und bildet mit den n Messwerten zunächst die sogenannte **Likelihood-Funktion** aus dem Produkt der Wahrscheinlichkeitsdichten $f(x_i|a)$:

$$\begin{aligned} \mathcal{L}(a) &= f(x_1|a) \cdot f(x_2|a) \cdot \ldots \cdot f(x_n|a) \\ &= \prod_{i=1}^{n} f(x_i|a) \end{aligned} \tag{7.2}$$

Als beste Schätzung $\bar{a}$ des Parameters a aus den n Messungen x_i können wir den Wert verwenden, der $\mathcal{L}$ maximiert:

$$\left.\frac{\partial \mathcal{L}}{\partial a}\right|_{\bar{a}=a} = 0 \tag{7.3}$$

Beispiel 7.1: Likelihood-Funktion

Die Maxwell-Boltzmann-Verteilung ist die Geschwindigkeitsverteilung für die Atome eines idealen Gases (3.27). Die Form der Verteilung hängt von der absoluten Temperatur T ab:

$$f(v|T) \propto \frac{v^2}{T^{(3/2)}} \cdot e^{-\frac{m\,v^2}{2\,k\,T}}$$

Bei der vorliegenden Temperatur T_1 bestimmen wir die Likelihood-Funktion als Produkt $\mathcal{L}_1 = \prod_{i=1}^{n} f(v_i|T_1)$ der Wahrscheinlichkeitsdichten für $n = 2$ zufällig aus $f(v|T_1)$ ausgewählte Geschwindigkeiten v_i (► Abbildung 7.1: Beispielwerte mit durchgezogenen Linien).

Nehmen wir für dieselben n Geschwindigkeitswerte v_i eine andere Wahrscheinlichkeitsdichte $f(v|T_2)$ mit $T_2 > T_1$ an und multiplizieren deren Dichtewerte $\mathcal{L}_2 = \prod_{i=1}^{n} f(v_i|T_2)$, so hat die Likelihood-Funktion hier einen kleineren Wert $\mathcal{L}_2 < \mathcal{L}_1$ (► Abbildung 7.1: Beispielwerte mit gestrichelten Linien, die zur besseren Sichtbarkeit leicht versetzt eingezeichnet sind).

Für die Rekonstruktion der Temperatur T aus den Messdaten können wir demnach ausnutzen, dass die Likelihood-Funktion $\mathcal{L}$ für die korrekte Wahl von T maximal wird. Die rekonstruierte Genauigkeit von T steigt mit größerer Anzahl n der Geschwindigkeitswerte.

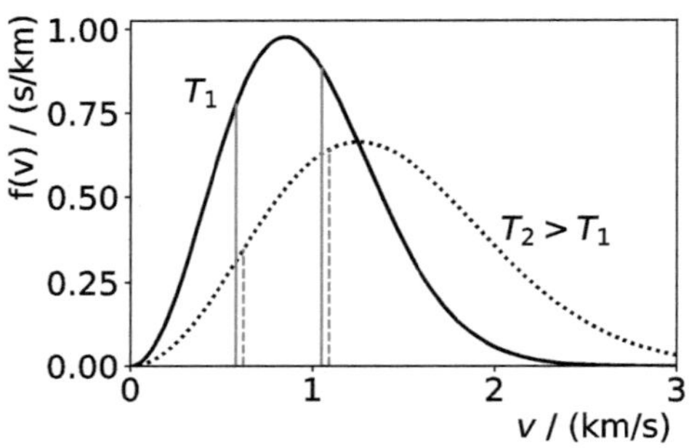

Abbildung 7.1 Gastemperatur und Geschwindigkeit von Gasatomen

Die Form der Maxwell-Boltzmann-Wahrscheinlichkeitsdichte $f(v|T)$ für die Geschwindigkeit v von Gasatomen hängt nur von der Temperatur T des Gases ab. Uns liegen Messungen von zwei Atomgeschwindigkeiten v_a und v_b vor. Als kombiniertes Wahrscheinlichkeitsmaß, dass die beiden Gasatome der Verteilung mit Temperatur T_1 entstammen, verwenden wir nach (2.25) das Produkt der Wahrscheinlichkeitsdichten $\mathcal{L}_1 = f(v_a|T_1) \cdot f(v_b|T_1)$, die sogenannte Likelihood-Funktion. Für eine andere Temperatur T_2 ergibt sich eine kleinere Likelihood-Funktion $\mathcal{L}_2 < \mathcal{L}_1$, sodass die Gastemperatur T_1 wahrscheinlicher ist als T_2. (Python-Code: `Fig_MWLikelihood.py`)

EXTRAS ONLINE Quellcode

Experiment 7.1: Gastemperatur

In diesem Gedankenexperiment messen wir die Geschwindigkeiten v_j von 25 Gasatomen in einem Gasbehälter (vertikale Linien in der linken Abbildung 7.2).

Für 100 Maxwell-Boltzmann-Verteilungen mit verschiedenen Temperaturen im Bereich von $140\,\mathrm{K} \leq T_i \leq 540\,\mathrm{K}$ (gestrichelte Kurven: Beispielverteilungen) bestimmen wir jeweils den Wert der Likelihood-Funktion $\mathcal{L}_i(T_i)$.

Die Werte $\mathcal{L}(T_i)$ tragen wir als Funktion von T_i auf. Als Schätzwert für die wahre Temperatur verwenden wir das Maximum der Likelihood-Verteilung, das von der durchgezogenen Linie bei $T = 290\,\mathrm{K}$ in der rechten Abbildung 7.2 angezeigt wird. Bei einer stark asymmetrischen Verteilung kann man alternativ den Median der Verteilung (gestrichelte Linie) angeben.

Die Ausläufer der rechten Verteilung in Abbildung 7.2, in denen jeweils 15,87% der Fläche liegen, zeigen den Bereich von ± 1 Standardabweichung an (3.64). Als Resultat der Parameterschätzung erhalten wir mit diesem Verfahren:

$$T = 290^{+70}_{-40}\,\mathrm{K}$$

Der normalerweise ja unbekannte wahre Wert $T = 273{,}15\,\mathrm{K}$, bei dem die Geschwindigkeiten der Gasatome genommen wurden, ist als Pfeil eingezeichnet und liegt nahe am geschätzten Wert.

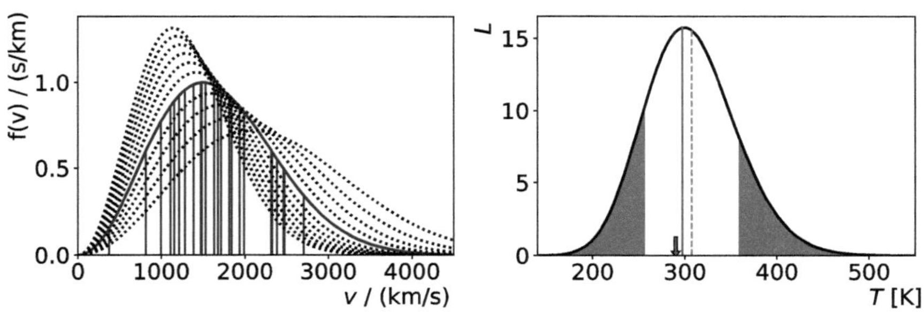

Abbildung 7.2 Gastemperatur aus Maximum-Likelihood-Verfahren

Die Geschwindigkeitsmessungen v_j von 25 Atomen eines Gases sind links auf der horizontalen Achse eingezeichnet. Die Kurven sind Maxwell-Boltzmann-Verteilungen $f(v|T_i)$ bei verschiedenen Temperaturen T_i. Für jede angenommene Temperatur T_i können wir die Wahrscheinlichkeitsdichten $f(v_j|T_i)$ für jede der 25 Geschwindkeitsmessungen v_j ablesen (die vertikalen Linien geben ein Beispiel). Rechts ist die Likelihood-Funktion $\mathcal{L}(T_i) = \prod_{j=1}^{25} f(v_j|T_i)$ für alle Temperaturen T_i gezeigt. Das Maximum der Likelihood-Funktion zeigt die wahrscheinliche Temperatur des Gases von $T = 290\,\mathrm{K}$. Den Fehler der Temperaturbestimmung ermitteln wir durch die linken und rechten Ausläufer der Verteilung (15,87%) und erhalten damit den 68%-Bereich $250 \leq T \leq 360\,\mathrm{K}$. Ebenfalls gezeigt sind der Median der Likelihood-Verteilung (gestrichelt) und der wahre Wert unserer Simulation (Pfeil). (Python-Codes: `Fig_MAXLikelihood1.py` und `Fig_MAXLikelihood2.py`)

EXTRAS ONLINE Quellcode

7.1.2 Bedingte Wahrscheinlichkeiten

Die Likelihood-Funktion $\mathcal{L}(T)$ unseres Gedankenexperiments gibt ein Maß für die bedingte Wahrscheinlichkeit $P(daten|T)$, bei gegebener Wahl von T diese Messwerte zu erhalten (2.31):

$$P(daten|T) = \text{const.} \cdot \mathcal{L}(T) \tag{7.4}$$

Die eigentlich gewünschte, sogenannte A-posteriori-Verteilung (2.30)

$$P(T|daten) \tag{7.5}$$

ist die umgekehrte bedingte Wahrscheinlichkeit, den Parameter T bei gegebenen Messdaten zu bekommen.

Für ihre Berechnung verwenden wir das Theorem von Bayes (2.32):

$$P(T|daten) = P(daten|T)\ \frac{P(T)}{P(daten)} \tag{7.6}$$

Die Wahrscheinlichkeit für das Auftreten der Daten $P(daten)$ ist eine konstante Größe (2.33) – die Daten wurden ja schon aufgenommen – und damit lediglich ein konstanter Faktor in der Parameterschätzung.

Für die A-priori-Verteilung $P(T)$ (2.34) der Temperatur T nehmen wir hier an, dass jede Temperatur $T > 0$ gleichwahrscheinlich ist:

$$P(T) = \text{const.}' \tag{7.7}$$

In diesem Fall erhalten wir die A-posteriori-Verteilung direkt über die Likelihood-Verteilung:

$$P(T|daten) = \text{const.}'' \cdot \mathcal{L}(T) \tag{7.8}$$

Die Kenngrößen der A-posteriori-Verteilung, z. B. der wahrscheinlichste Wert und die Standardabweichung, entsprechen den Kenngrößen der Likelihood-Verteilung.

7.1.3 Minimum der negativen Log-Likelihood-Funktion

In der Praxis ist es oft einfacher, mit Summen anstelle von Produkten zu rechnen. Wir verwenden deswegen den Logarithmus der Likelihood-Funktion:

$$\begin{aligned} \ln \mathcal{L}(a) &= \ln \prod_{i=1}^{n} f(x_i|a) \\ &= \sum_{i=1}^{n} \ln\left(f(x_i|a)\right) \end{aligned}$$

Der Logarithmus ist eine monotone Funktion, daher finden wir denselben Wert $\bar{a}$ als beste Schätzung bei einer Maximierung von $\ln \mathcal{L}(a)$ anstelle der Likelihood-Funktion $\mathcal{L}(a)$ (7.3).

Per Konvention wird außerdem häufig noch das Vorzeichen geändert und ein Faktor 2 eingeführt, sodass wir von der **negativen Log-Likelihood-Funktion** sprechen:

$$F(a) = -2\,\ln\mathcal{L}(a) = -2\sum_{i=1}^{n}\ln\left(f(x_i|a)\right) \tag{7.9}$$

Anstelle des Maximums (7.3) bestimmen wir nun das Minimum der Funktion $F(a)$, was die Vorstellung einer minimierten Abweichung unserer Schätzung $\bar{a}$ vom wahren Parameterwert unterstützt:

$$\left.\frac{\partial F}{\partial a}\right|_{a=\bar{a}} = 0 \tag{7.10}$$

Der eingeführte Faktor 2 stellt sich später als hilfreich heraus, wenn wir das Likelihood-Verfahren mit der χ^2-Methode vergleichen (Abschnitt 8.3).

Beispiel 7.2: Gewichteter Mittelwert

Wir verwenden im Folgenden die negative Log-Likelihood-Funktion $F(a)$ (7.9), um die Verwendung des gewichteten Mittelwerts (4.23) für die Schätzung des wahren Mittelwerts zu begründen. Wir gehen hier von n unkorrelierten, Gaußverteilten Größen x_i aus, die jeweils mit einem Fehler σ_i um den zu bestimmenden wahren Wert a streuen:

$$f(x_i|a) = \frac{1}{\sqrt{2\pi}\,\sigma_i}e^{-\frac{(x_i-a)^2}{2\,\sigma_i^2}}$$

Wir bilden $F(a)$ anhand der Definition (7.9):

$$\begin{aligned} F(a) &= -2\sum_{i=1}^{n}\ln\left(\frac{1}{\sqrt{2\pi}\,\sigma_i}e^{-\frac{(x_i-a)^2}{2\,\sigma_i^2}}\right) \\ &= \underbrace{-2\sum_{i=1}^{n}\ln\frac{1}{\sqrt{2\,\pi}\,\sigma_i}}_{\text{const. in } a} - 2\sum_{i=1}^{n}\left(-\frac{(x_i-a)^2}{2\,\sigma_i^2}\right) = \text{const.} + \sum_{i=1}^{n}\frac{(x_i-a)^2}{\sigma_i^2} \end{aligned} \tag{7.11}$$

Für die beste Schätzung $\bar{a}$ ist $F(a)$ minimal, hier verschwindet die partielle Ableitung von F nach a:

$$\frac{\partial F}{\partial a} = \sum_{i=1}^{n}\frac{-2\,(x_i-a)}{\sigma_i^2} = 2\,a\sum_{i=1}^{n}\frac{1}{\sigma_i^2} - 2\sum_{i=1}^{n}\frac{x_i}{\sigma_i^2} = 0$$

Damit ergibt sich die beste Schätzung des Parameters $\bar{a}$ über den schon bekannten gewichteten Mittelwert (4.23):

$$\bar{a} = \frac{\sum\limits_{i=1}^{n}\frac{x_i}{\sigma_i^2}}{\sum\limits_{i=1}^{n}\frac{1}{\sigma_i^2}} \tag{7.12}$$

7.1.4 Standardabweichung

Zusätzlich zu der besten Schätzung $\bar{a}$ des Parameters a der Wahrscheinlichkeitsdichte $f(x|a)$ benötigen wir auch die Genauigkeit, mit der wir den Parameter aus den n Messungen bestimmen können.

Wir entwickeln die negative Log-Likelihood-Funktion $F(a)$ (7.9) mit einer Taylor-Entwicklung um das Minimum $\bar{a}$ bis zur zweiten Ordnung:

$$F(a) = \underbrace{F(\bar{a})}_{(1)} + \underbrace{\left.\frac{dF}{da}\right|_{a=\bar{a}}}_{=0} (a - \bar{a}) + \underbrace{\frac{1}{2} \left.\frac{d^2F}{da^2}\right|_{a=\bar{a}} (a - \bar{a})^2}_{(2)} + \ldots \tag{7.13}$$

Der lineare Term verschwindet aufgrund der Minimumsbedingung (7.10).

Für sehr große Anzahlen der Messwerte $n \to \infty$ nähert sich die Likelihood-Funktion $\mathcal{L}(a)$ der Gaußverteilung [7]:

$$\mathcal{L}(a) \approx \text{const.} \cdot e^{-\frac{(a-\bar{a})^2}{2\,\sigma^2}} \tag{7.14}$$

Die negative Log-Likelihood-Funktion lässt sich mit dieser Näherung folgendermaßen schreiben:

$$F(a) = -2\,\ln \mathcal{L}(a) \tag{7.15}$$

$$= \underbrace{const.'}_{(1)} + \underbrace{\frac{1}{2}\frac{2}{\sigma^2}(a - \bar{a})^2}_{(2)} \tag{7.16}$$

Durch Koeffizientenvergleich mit (7.13) identifizieren wir den Term (1), die Konstante, mit der negativen Log-Likelihood-Funktion an der Stelle des Minimums $F(\bar{a}) = \text{const.}'$ Im Term (2) sehen wir, dass die zweite Ableitung von F an der Stelle $\bar{a}$ dem zweifachen Quadrat der inversen Standardabweichung σ entspricht:

$$\left.\frac{d^2F}{da^2}\right|_{a=\bar{a}} = \frac{2}{\sigma^2} \tag{7.17}$$

Durch Einsetzen in (7.13) erhalten wir damit näherungsweise als negative Log-Likelihood-Funktion:

$$F(a) = F(\bar{a}) + \left(\frac{a - \bar{a}}{\sigma}\right)^2 \tag{7.18}$$

Wir berechnen nun die Änderung der negativen Log-Likelihood-Funktion

$$\Delta F = F(a) - F(\bar{a}) \tag{7.19}$$

$$= \left(\frac{a - \bar{a}}{\sigma}\right)^2 \tag{7.20}$$

als Funktion des Abstands vom Minimum in Einheiten der Gauß'schen Standardabweichung σ. An der Stelle $a = \bar{a} + n \cdot \sigma$ beträgt sie:

$$\Delta F = \left(\frac{(\bar{a} + n \cdot \sigma) - \bar{a}}{\sigma}\right)^2 = n^2 \tag{7.21}$$

Im praktischen Vorgehen bedeutet das: Wenn sich die negative Log-Likelihood-Funktion um den Wert n^2 ändert, beträgt die Entfernung vom Schätzwert $n \cdot \sigma$.

In der folgenden Tabelle ist die Änderung ΔF der negativen Log-Likelihood-Funktion für Vielfache der Standardabweichung σ gezeigt:

$n \cdot \sigma$	ΔF
$1\,\sigma$	1
$2\,\sigma$	4
$3\,\sigma$	9
$4\,\sigma$	16
$5\,\sigma$	25

(7.22)

Als Fehler für die Schätzung $\bar{a}$ des Parameters geben wir wie üblich den Bereich von 68% Wahrscheinlichkeit an, d. h. den Bereich von ± 1 Standardabweichung σ (3.64).

In der Abbildung 7.3 lesen wir den Bereich $\pm 1\sigma$ direkt aus der Kurve durch den Abstand vom Minimum ab, an dem sich die negative Log-Likelihood-Funktion um $\Delta F = 1$ ändert. Den Bereich von zwei Standardabweichungen lesen wir an der Stelle $\Delta F = 4$ ab.

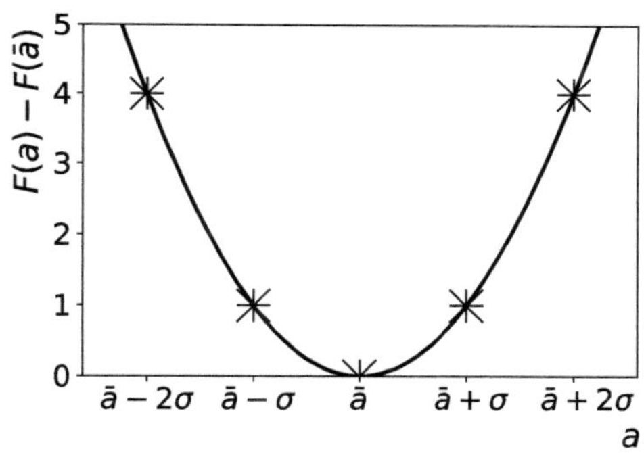

Abbildung 7.3 Schätzwert $\bar{a}$ und Standardabweichung σ des gesuchten Parameters a

Mit der negativen Log-Likelihood-Funktion $F(a)$ bestimmen wir den besten Schätzwert $\bar{a}$ des gesuchten Parameters a aus dem Minimum $F(\bar{a})$. Den Bereich ± 1 Standardabweichung erhalten wir durch Ablesen der Parameterschätzung bei der Änderung $\Delta F = F(a) - F(\bar{a}) = 1$, den Bereich ± 2 Standardabweichungen bei $\Delta F = 4$. (Python-Code: `Fig_MAXLikelihood3.py`)

EXTRAS ONLINE Quellcode

Manchmal ist die Näherung durch eine Gaußverteilung nicht exakt gültig. Die negative Log-Likelihood-Funktion kann asymmetrisch werden, d. h. die rechts- und linksseitigen Standardabweichungen unterscheiden sich. Dann geben wir entsprechend unterschiedliche Fehler für die Variationen zu höheren und niedrigeren Werten an.

Beispiel 7.3: Asymmetrische Log-Likelihood-Funktion

Bei einer asymmetrischen negativen Log-Likelihood-Funktion lesen wir die Fehler separat auf dem positiven und dem negativen Zweig ab (► Abbildung 7.4):

$$\bar{a}^{+\sigma_R}_{-\sigma_L} \tag{7.23}$$

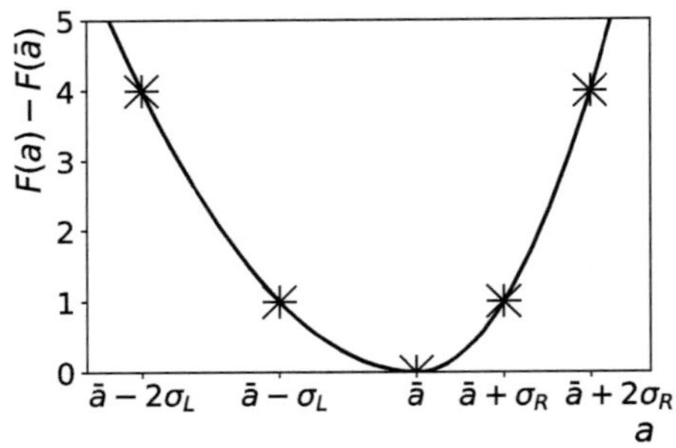

Abbildung 7.4 Asymmetrische negative Log-Likelihood-Funktion $F(a)$

Die negative Log-Likelihood-Funktion $F(a)$ kann auch asymmetrisch verlaufen. Genau wie in ► Abbildung 7.3 erhalten wir den besten Schätzwert $\bar{a}$ im Minimum $F(\bar{a})$ und die Standardabweichungen $n \cdot (\pm\sigma)$ bei den Änderungen $\Delta F = n^2$. (Python-Code: `Fig_MAXLikelihood4.py`)

EXTRAS ONLINE Quellcode

7.1.5 Anwendung Histogramm

Wir wollen eine Wahrscheinlichkeitsdichte $f(x|a)$ an eine Datenverteilung anpassen, die in der Form eines Histogramms vorliegt.

Beispiel 7.4: Maximum-Likelihood-Methode

In der ► Abbildung 7.5 sind Messdaten in der Form des abgebildeten Histogramms gegeben. Ebenfalls gezeigt ist eine gaußförmige Wahrscheinlichkeitsdichte $f(x|a)$, deren Mittelwert von dem Parameter a abhängt und deren Standardabweichung σ konstant ist. Den optimalen Wert für den Parameter a können wir durch das Minimum einer negativen Log-Likelihood-Funktion bestimmen, die wir im Folgenden konstruieren werden.

Insgesamt gibt es N Intervalle im Histogramm und n_j Dateneinträge im Intervall j. Die Gesamtzahl aller Messungen beträgt

$$n = \sum_{j=1}^{N} n_j \; . \tag{7.24}$$

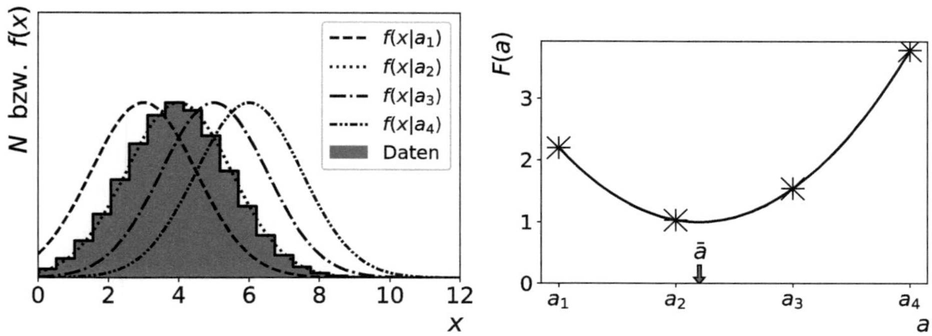

Abbildung 7.5 Anpassung des Mittelwerts einer Gaußverteilung an ein Histogramm

Für vier verschiedene Mittelwerte a_i der Gaußverteilung (links) bestimmen wir die negative Log-Likelihood-Funktion und tragen den Verlauf auf (rechts). Der beste Schätzwert $\bar{a}$ für den Mittelwert liegt etwas oberhalb von a_2. (Python-Code: `Fig_MAXLikelihood5.py`)

EXTRAS ONLINE Quellcode

Die Wahrscheinlichkeitsdichte $f(x|a)$ ist auf den Wert $\int_{-\infty}^{\infty} f(x|a)\,dx = 1$ normiert (3.7). Die erwartete Anzahl der Einträge in jedem Intervall j erhalten wir aus dem Produkt der Anzahl n der Messungen und der Wahrscheinlichkeit für Einträge im Intervall j mit den Grenzen $[x_j, x_{j+1}]$ (3.5):

$$\mu_j(a) = n \int_{x_j}^{x_{j+1}} f(x|a)\,dx \tag{7.25}$$

Wir nehmen hier an, dass die Intervallbreite $\Delta x = x_{j+1} - x_j$ für alle Intervalle gleich groß und die Funktion $f(x|a)$ hier näherungsweise linear verläuft. Dann können wir die Integration durch den Wert von $f(\overline{x}_j|a)$ in der Mitte $\overline{x}_j$ des Intervalls j und die Intervallbreite Δx nähern:

$$\mu_j(a) \approx n\, f(\overline{x}_j|a)\,\Delta x \tag{7.26}$$

Für die Anzahl n_j der Dateneinträge im Intervall j erwarten wir nicht exakt den Wert μ_j, sondern einen zufälligen Wert, der einer Poissonverteilung (3.45) mit Mittelwert μ_j entnommen wurde:

$$P(n_j|\mu_j) = e^{-\mu_j} \cdot \frac{\mu_j^{n_j}}{n_j!} \tag{7.27}$$

Bilden wir nun aus allen N Intervallen die negative Log-Likelihood-Funktion (7.9), so erhalten wir drei Summanden:

$$\begin{aligned} F(a) &= -2 \sum_{j=1}^{N} \ln P(n_j|\mu_j) = -2 \sum_{j=1}^{N} \ln\left(e^{-\mu_j} \cdot \frac{\mu_j^{n_j}}{n_j!}\right) \\ &= 2 \sum_{j=1}^{N} \mu_j - 2 \sum_{j=1}^{N} n_j \cdot \ln \mu_j + \underbrace{2 \sum_{j=1}^{N} \ln(n_j!)}_{\text{unabhängig von } a} \end{aligned}$$

Da die Anzahlen n_j der Daten vorgegeben sind und nicht von a abhängen, ist der dritte Term für die Suche nach dem Minimum von $F(a)$ irrelevant. In der Praxis berechnen wir also nur die beiden ersten Summanden:

$$F'(a) = 2\sum_{j=1}^{N} \mu_j \; - \; 2\sum_{j=1}^{N} n_j \cdot \ln \mu_j \tag{7.28}$$

Die beste Schätzung des Parameters a ergibt sich an der Stelle des Minimums, das wir aus dem Verlauf von $F'(a)$ in der ► Abbildung 7.5 des obigen Beispiels ablesen können. Ebenso erhalten wir den Fehler σ für den Parameter $\bar{a}$ aus dieser Abbildung an den Stellen, an denen die Differenz $F'(a) - F'(\bar{a}) = 1$ ergibt (7.22).

Experiment 7.2: Radioaktive Probe

Die mittlere Lebensdauer $\tau = 500\,s$ einer frisch hergestellten radioaktiven Substanz sei bekannt. Um die anfängliche Gesamtzahl K der radioaktiven Kerne zu ermitteln, soll die Anfangsaktivität $A_\circ \equiv A(t = 0)$ bestimmt werden. Dazu wird sofort nach der Herstellung in $N = 10$ aufeinanderfolgenden Minuten die Anzahl der Zerfälle n_j innerhalb einer Minute gemessen:

Minute j	1	2	3	4	5	6	7	8	9	10
n_j	17	19	14	10	14	7	9	8	8	6

Die Anfangsaktivität $A_\circ$ soll durch Anpassen einer Exponentialfunktion der Form

$$A(t) = A_\circ \cdot e^{-t/\tau} \tag{7.29}$$

bestimmt werden (► Abbildung 7.6).

Innerhalb eines Minutenintervalls $\Delta t = 60\ s$ nähern wir die erwartete theoretische Rate als $\mu_j/\Delta t \approx$ const. (7.26). Das Zeitintervall j berechnen wir entsprechend mit $(j - 0,5)\ \Delta t$ und erhalten für die erwartete Anzahl:

$$\mu_j = \Delta t \cdot A_\circ\ e^{-(j-0,5)\ \Delta t/\tau} \tag{7.30}$$

Für jedes Zeitintervall j ist μ_j der Mittelwert der Poissonverteilung $P(n_j|\mu_j(A_\circ))$ (7.27).

Der negative Logarithmus der Likelihood-Funktion (7.9) in Abhängigkeit des Parameters $A_\circ$ lautet mit den Datenwerten n_j:

$$F(A_\circ) = -2\sum_{j=1}^{N} \ln\left[P(n_j|\mu_j(A_\circ))\right]$$

Wir minimieren nun die negative Log-Likelihood-Funktion F, indem wir F für verschiedene Werte von $A_\circ$ berechnen und in ► Abbildung 7.6 auftragen. Aus dieser Abbildung lesen wir den Wert des Minimums ab und aus der Bedingung $\Delta F = 1$ den Fehler:

$$\bar{A}_\circ = (19{,}2 \pm 1{,}8)\,\mathrm{min}^{-1} \tag{7.31}$$

Die Gesamtzahl K der radioaktiven Kerne beträgt damit

$$K = \int_0^\infty \bar{A}_\circ\, e^{-t/\tau}\, dt = \bar{A}_\circ \cdot \tau = 9600 \pm 900\,.$$

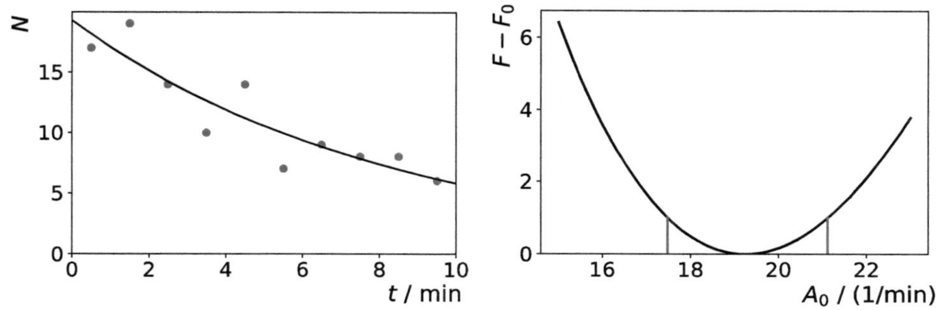

Abbildung 7.6 Anfangsaktivität eines radioaktiven Präparats

Die gemessene Anzahl der Zerfälle eines radioaktiven Präparats pro Minute nimmt mit der Exponentialfunktion ab (links). Mit der negativen Log-Likelihood-Funktion $F(A_\circ)$ in Abhängigkeit der Anfangsaktivität $A_\circ$ (7.29) der Probe ermitteln wir den besten Schätzwert im Minimum $\bar{A}_\circ = 19{,}2\,\mathrm{min}^{-1}$ (rechts). Den Fehler der Schätzung lesen wir an den Stellen $\Delta F = F(A_\circ) - F(\bar{A}_\circ) = 1$ ab: $\sigma = \pm 1{,}8\,\mathrm{min}^{-1}$. (Python-Code: `Fig_MAXLikelihood6.py`)

Quellcode

7.1.6 Verfahren für m Parameter

Die Likelihood-Funktion hat für m Parameter $\vec{a} = (a_1, a_2, \ldots, a_m)$ folgendes Aussehen:

$$\mathcal{L}(a_1, a_2, \ldots, a_m) = \prod_{i=1}^{n} f(x_i | a_1, a_2, \ldots, a_m) \tag{7.32}$$

$$\mathcal{L}(\vec{a}) = \prod_{i=1}^{n} f(x_i | \vec{a}) \tag{7.33}$$

Wie in Gleichung (7.9) bildet man die negative Log-Likelihood-Funktion:

$$F(\vec{a}) = -2 \ln \prod_{i=1}^{n} f(x_i | \vec{a}) \tag{7.34}$$

Entwickelt man $F(\vec{a})$ um das Minimum $\vec{\bar{a}}$ bis zur zweiten Ordnung, so ergibt sich analog zu (7.13):

$$F(\vec{a}) = F(\vec{\bar{a}}) + \sum_{j=1}^{m} \frac{\partial F}{\partial a_j}\bigg|_{\vec{\bar{a}}} (a_j - \bar{a}_j) + \frac{1}{2}\sum_{j=1}^{m}\sum_{k=1}^{m} \frac{\partial^2 F}{\partial a_j \partial a_k}\bigg|_{\vec{\bar{a}}} (a_j - \bar{a}_j)(a_k - \bar{a}_k) \qquad (7.35)$$

Dabei ist $F(\vec{\bar{a}})$ der Wert für die beste Schätzung der Parameter $\vec{\bar{a}}$. Der zweite Term mit den ersten Ableitungen $\partial F/\partial a_j$ verschwindet im Minimum. Der dritte Term enthält die Kovarianzen des Vektors $\vec{a}$.

Im folgenden Beispiel geben wir das Ergebnis einer Minimierung der negativen Log-Likelihood-Funktion $F(\vec{a})$ für $m = 2$ Parameter an.

Experiment 7.3: Aktivität und Lebensdauer

Zusätzlich zur Bestimmung der Anfangsaktivität $A_\circ \equiv A(t = 0)$ einer radioaktiven Probe, wie im obigen Beispiel gezeigt (► Abbildung 7.6), bestimmen wir hier simultan die mittlere Lebensdauer τ der Probe. Wir verwenden dafür eine radioaktive Probe mit höherer Aktivität und nehmen mehr Messdaten auf.

Die kleinste Ellipse in ► Abbildung 7.7 kennzeichnet den Bereich von $n = 1$ Standardabweichung σ, innerhalb der 39% aller Messwerte erwartet werden (vergleiche mit (3.89)). Sie entspricht der Änderung der Log-Likelihood-Funktion um $\Delta F = 1$.

Um in 2 Dimensionen einen größeren Wahrscheinlichkeitsbereich einzuschließen, berechnet man die Kontur bei folgenden Werten von ΔF [11]:

Bereich	ΔF
39%	1
68%	2,3
95%	5,99

(7.36)

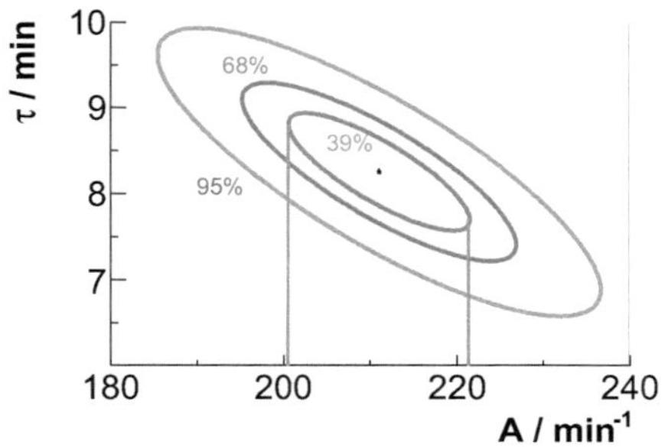

Abbildung 7.7 Halbwertszeit und Anfangsaktivität einer radioaktiven Probe

Die Abbildung zeigt die zweidimensionale negative Log-Likelihood-Funktion $F(A_\circ, \tau)$ zur gleichzeitigen Bestimmung der Anfangsaktivität $A_\circ$ und der mittleren Lebensdauer τ der radioaktiven Probe. Der Bereich für eine Standardabweichung σ umfasst 39% der zweidimensionalen Log-Likelihood-Funktion $\Delta F = F(A_\circ, \tau) - F(\bar{A}_\circ, \bar{\tau}) = 1$. Die Angabe des 68%-Bereichs entspricht der Höhenlinie bei $\Delta F = 2{,}3$.

7.2 Methode der kleinsten Quadrate

In diesem Abschnitt zeigen wir, wie man an n Messwerte (x_i, y_i) ein vorgegebenes Modell mit m Parametern a_j anpassen kann. Dabei soll $n > m$ gelten. Wir gehen hier zur Vereinfachung davon aus, dass die Unsicherheiten der Werte x_i vernachlässigbar klein im Vergleich zu den Messgenauigkeiten der Werte y_i sind.

Wir bestimmen bei jedem Messwert x_i die Differenz zwischen dem gemessenen Wert y_i und dem Modellwert $y_{\text{Modell}}(x_i)$, die als **Residuum** bezeichnet wird:

$$\rho_i(x_i) \equiv y_i(x_i) - y_{\text{Modell}}(x_i) \tag{7.37}$$

Die beste Anpassung der Parameter a_j des Modells erhalten wir, wenn die Summe aus den Quadraten der Residuen minimal wird:

$$h \equiv \sum_{i=1}^{n} \rho_i^2 = \text{minimal} \tag{7.38}$$

Dieses Vorgehen wird als die **Methode der kleinsten Quadrate** bezeichnet.

Das Modell sei aus m Funktionen $f_j(x)$ zusammengesetzt, deren jeweiliger Beitrag durch die Größe der m Parameter a_j variiert werden kann:

$$y_{\text{Modell}} = a_1\, f_1(x) + a_2\, f_2(x) + \ldots + a_m\, f_m(x) \tag{7.39}$$

$$= \sum_{j=1}^{m} a_j\, f_j(x) \tag{7.40}$$

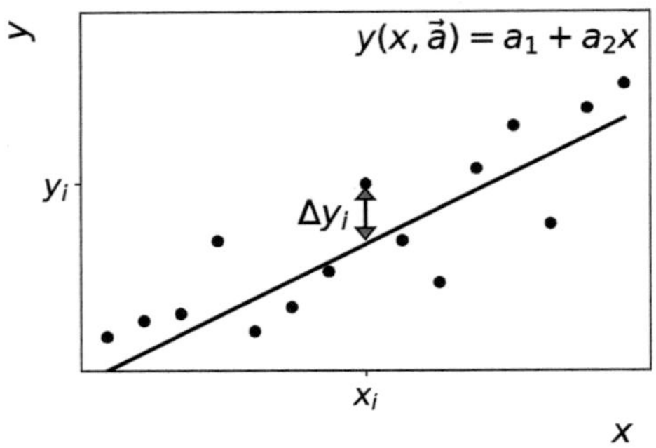

Quellcode

Abbildung 7.8 Residuum

Das Residuum $\rho_i(x_i) \equiv y_i(x_i) - y_{\text{Modell}}(x_i)$ bezeichnet den senkrechten Abstand zwischen einem Messpunkt (x_i, y_i) und dem Wert eines Modells $y_{\text{Modell}}(x_i)$ an der Stelle x_i. (Python-Code: `Fig_KleinsteQuadrate.py`)

Beispiel 7.5: Elektrischer Widerstand

Ein unbekannter elektrischer Widerstand R soll über Strommessungen I_i bei verschiedenen angelegten Spannungen U_i bestimmt werden. Als Modell verwenden wir das Ohm'sche Gesetz $U = R\,I$, bzw. der Messreihe entsprechend:

$$I(U_i) = \frac{1}{R} \cdot U_i$$

Unser Modell hat die elektrische Leitfähigkeit $a_1 = 1/R$ als einzigen freien Parameter. Die Variable x entspricht der eingestellten Spannung U. Die Funktion ist hier linear: $f_1 = U$.

7.2.1 Parameterwerte

Die Summe der quadrierten Residuen lautet mit dieser Modellfunktion:

$$h = \sum_{i=1}^{n} \rho_i^2 = \sum_{i=1}^{n} (y_i(x_i) - a_1\, f_1(x_i) - \ldots - a_m\, f_m(x_i))^2 = \sum_{i=1}^{n} \left(y_i(x_i) - \sum_{j=1}^{m} a_j\, f_j(x_i) \right)^2$$

Als Bedingung für das Minimum müssen die partiellen Ableitungen $\partial h / \partial a_j$ null werden:

$$\frac{\partial h}{\partial a_1} = -\sum_{i=1}^{n} 2 \cdot \left(y_i(x_i) - \sum_{j=1}^{m} a_j\, f_j(x_i) \right) \cdot f_1(x_i) = 0$$

$$\vdots$$

$$\frac{\partial h}{\partial a_m} = -\sum_{i=1}^{n} 2 \cdot \left(y_i(x_i) - \sum_{j=1}^{m} a_j\, f_j(x_i) \right) \cdot f_m(x_i) = 0$$

Wenn wir die Terme mit den Messwerten y_i auf die rechte Seite der Gleichungen bringen, erhalten wir sogenannte Normalengleichungen, die wir im Anschluss in eine Matrix-Vektor-Multiplikation umschreiben werden:

$$\begin{array}{rcl} a_1 \sum_{i=1}^n f_1^2(x_i) + \ldots + a_m \sum_{i=1}^n f_1(x_i)\, f_m(x_i) & = & \sum_{i=1}^n y_i\, f_1(x_i) \\ \vdots & & \vdots \\ a_1 \sum_{i=1}^n f_m(x_i)\, f_1(x_i) + \ldots + a_m \sum_{i=1}^n f_m^2(x_i) & = & \sum_{i=1}^n y_i\, f_m(x_i)\,. \end{array} \tag{7.41}$$

Die Messwerte y_i schreiben wir in Vektorform

$$\vec{y} = \begin{pmatrix} y_1 \\ \vdots \\ y_n \end{pmatrix}, \tag{7.42}$$

ebenso wie die Parameter a_j:

$$\vec{a} = \begin{pmatrix} a_1 \\ \vdots \\ a_m \end{pmatrix} \tag{7.43}$$

Die Funktionen f_j schreiben wir in Matrixform:

$$\hat{A} = \begin{pmatrix} f_1(x_1) & f_2(x_1) & \cdots & f_m(x_1) \\ \vdots & \vdots & \ddots & \vdots \\ f_1(x_n) & f_2(x_n) & \cdots & f_m(x_n) \end{pmatrix} \tag{7.44}$$

Die Normalengleichungen (7.41) erhalten wir dann in verkürzter Schreibweise, indem wir zunächst die Matrix $\hat{A}$ und ihre transponierte Matrix $\hat{A}^T$ miteinander multiplizieren:

$$\begin{aligned} \hat{A}^T \hat{A} &= \begin{pmatrix} f_1(x_1) & \cdots & f_1(x_n) \\ \vdots & \ddots & \vdots \\ f_m(x_1) & \cdots & f_m(x_n) \end{pmatrix} \cdot \begin{pmatrix} f_1(x_1) & \cdots & f_m(x_1) \\ \vdots & \ddots & \vdots \\ f_1(x_n) & \cdots & f_m(x_n) \end{pmatrix} \\ &= \begin{pmatrix} \sum_{i=1}^n f_1^2(x_i) & \cdots & \sum_{i=1}^n f_1(x_i)\, f_m(x_i) \\ \vdots & \ddots & \vdots \\ \sum_{i=1}^n f_1(x_i)\, f_m(x_i) & \cdots & \sum_{i=1}^n f_m^2(x_i) \end{pmatrix} \end{aligned} \tag{7.45}$$

Anschließend multiplizieren wir das Ergebnis mit dem Vektor $\vec{a}$ der Parameter und erhalten die linke Seite der Normalengleichungen:

$$\begin{aligned} \hat{A}^T \hat{A}\, \vec{a} &= \begin{pmatrix} \sum_{i=1}^n f_1^2(x_i) & \cdots & \sum_{i=1}^n f_1(x_i)\, f_m(x_i) \\ \vdots & \ddots & \vdots \\ \sum_{i=1}^n f_1(x_i)\, f_m(x_i) & \cdots & \sum_{i=1}^n f_m^2(x_i) \end{pmatrix} \cdot \begin{pmatrix} a_1 \\ \vdots \\ a_m \end{pmatrix} \\ &= \begin{pmatrix} a_1 \sum_{i=1}^n f_1^2(x_i) + \cdots + a_m \sum_{i=1}^n f_1(x_i)\, f_m(x_i) \\ \vdots \\ a_1 \sum_{i=1}^n f_1(x_i)\, f_m(x_i) + \cdots + a_m \sum_{i=1}^n f_m^2(x_i) \end{pmatrix} \end{aligned} \tag{7.46}$$

Die rechte Seite der Normalengleichungen erhalten wir durch Multiplikation der transponierten Matrix $\hat{A}^T$ der Funktionen und dem Vektor $\vec{y}$ der Messwerte:

$$\hat{A}^T\vec{y} = \begin{pmatrix} f_1(x_1) & \cdots & f_1(x_n) \\ \vdots & \ddots & \vdots \\ f_m(x_1) & \cdots & f_m(x_n) \end{pmatrix} \cdot \begin{pmatrix} y_1 \\ \vdots \\ y_n \end{pmatrix} = \begin{pmatrix} \sum_{i=1}^n y_i\, f_1(x_i) \\ \vdots \\ \sum_{i=1}^n y_i\, f_m(x_i) \end{pmatrix} \tag{7.47}$$

Durch Einsetzen von (7.46) und (7.47) in die Normalengleichungen (7.41) vereinfachen sich diese Gleichungen zu einer Matrix-Vektor-Multiplikation

$$\left(\hat{A}^T \hat{A}\right) \vec{a} = \hat{A}^T \vec{y} \,,$$

deren Lösung wir durch Multiplikation von links mit der inversen Matrix $(\hat{A}^T \hat{A})^{-1}$ sofort hinschreiben können:

$$\vec{a} = \underbrace{\left(\hat{A}^T \hat{A}\right)^{-1} \hat{A}^T}_{\equiv \hat{B}} \vec{y} \tag{7.48}$$

Definieren wir die Matrix $\hat{B}$ aus den Funktionen f_j

$$\hat{B} \equiv \left(\hat{A}^T \hat{A}\right)^{-1} \hat{A}^T \,, \tag{7.49}$$

so erhalten wir die Parameterwerte a_j bei der minimalen Abweichung des Modells von den Messdaten (x_i, y_i) durch eine einfache lineare Transformation der Messungen:

$$\vec{a} = \hat{B}\, \vec{y} \tag{7.50}$$

7.2.2 Fehler der Parameter

Wir gehen hier von n Messwerten aus, die unkorreliert sind und deren Fehler σ_i gleich groß sind ($\sigma_i = \sigma = const.$). Die Kovarianzmatrix der n Messwerte $\hat{V}[\vec{y}]$ lautet dann:

$$\hat{V}[\vec{y}] = \begin{pmatrix} \sigma^2 & 0 & \cdots & 0 \\ 0 & \sigma^2 & \cdots & 0 \\ \vdots & \vdots & \ddots & \vdots \\ 0 & 0 & \cdots & \sigma^2 \end{pmatrix} = \sigma^2 \begin{pmatrix} 1 & \cdots & 0 \\ \vdots & \ddots & \vdots \\ 0 & \cdots & 1 \end{pmatrix} = \sigma^2 \cdot \mathbb{1} \tag{7.51}$$

Dabei bezeichnet $\mathbb{1}$ die n-dimensionale Einheitsmatrix.

Die Fehler auf die Parameter a_j erhalten wir wegen der linearen Transformation (7.50) in Analogie zu (5.11) über das Fehlerfortpflanzungsgesetz (5.17). Wir benötigen dafür die Varianz der Messungen y_i:

$$\hat{V}[\vec{a}] = \hat{V}[\hat{B}\,\vec{y}] = \hat{B}\,\hat{V}[\vec{y}]\,\hat{B}^T = \left[\left(\hat{A}^T \hat{A}\right)^{-1} \hat{A}^T\right] \sigma^2\, \mathbb{1} \left[\left(\hat{A}^T \hat{A}\right)^{-1} \hat{A}^T\right]^T$$

Die Ergebnismatrix des letzten Terms auf der rechten Seite können wir vereinfachen:

$$\left[\left(\hat{A}^T \hat{A}\right)^{-1} \hat{A}^T\right]^T = \left(\hat{A}^T\right)^T \left[\left(\hat{A}^T \hat{A}\right)^{-1}\right]^T = \hat{A} \left(\hat{A}^T \hat{A}\right)^{-1}$$

Im letzten Schritt ist die Symmetrie der Matrix $\hat{A}^T \hat{A}$ (7.45) der Grund, dass die transponierte Matrix unverändert ist: $\hat{A}^T \hat{A} = (\hat{A}^T \hat{A})^T$. Wir setzen dieses Ergebnis ein und fassen die Terme zusammen:

$$\hat{V}[\vec{a}] = \sigma^2 \cdot \underbrace{\left(\hat{A}^T \hat{A}\right)^{-1} \cdot \hat{A}^T \hat{A}}_{=1} \cdot \left(\hat{A}^T \hat{A}\right)^{-1}$$

Die Varianzen der Parameter a_j ergeben sich also aus den Varianzen σ^2 der Messungen multipliziert mit der Matrix $(\hat{A}^T \hat{A})^{-1}$, die die Funktionswerte $f_j(x_i)$ des Modells enthält:

$$\hat{V}[\vec{a}] = \sigma^2 \cdot \left(\hat{A}^T \hat{A}\right)^{-1} \tag{7.52}$$

Falls die Messungenauigkeit σ nicht schon bekannt ist, können wir einen Schätzwert für die Standardabweichung

$$s = \sqrt{\frac{1}{n-m} \sum_{i=1}^{n} (y_i - y_{\text{Modell}})^2} \tag{7.53}$$

analog zu (4.20) bestimmen. Dabei verwenden wir die bereits angepassten Modellwerte y_{Modell}.

Wie zuvor dividieren wir nicht durch die gesamte Anzahl n der Messungen. Die n Datenwerte werden ja bei der Minimierung dazu verwendet, die m Parameter a_j bestimmen. Dadurch beträgt die Anzahl der Freiheitsgrade nur noch $N_F = n - m$ (vergleiche mit dem Beispiel zu Freiheitsgraden im Abschnitt 4.3).

7.2.3 Geradenanpassung

Beispiel 7.6: Geradenanpassung

Als Anwendung der Methode der kleinsten Quadrate passen wir Messdaten (x_i, y_i) an das Modell einer Geraden an:

$$y_{\text{Modell}} = a + b\,x \tag{7.54}$$

Die Messwerte (x_i, y_i) seien unabhängig voneinander. Die Werte x_i seien exakt bekannt, während die Werte y_i den Fehler $\sigma_i = \sigma = \text{const.}$ aufweisen.

Zur Vereinfachung der folgenden Rechnungen transformieren wir die Messwerte x_i anhand ihres Mittelwerts $\overline{x} = (1/n) \sum_{i=1}^{n} x_i$. Diese Transformation entspricht lediglich einer Verschiebung des Nullpunkts der x-Achse:

$$\zeta_i \equiv x_i - \overline{x} \tag{7.55}$$

Unser transformiertes Modell lautet dann in der Notation (7.40) mit $f_1 = 1$ und $f_2 = \zeta$:

$$y_{\text{Modell}'} = a_1 + a_2\,\zeta \tag{7.56}$$

Wir tragen die Messwerte y_i und die Parameter a_j in die entsprechenden Vektoren ein (7.42, 7.43) und bilden die Matrix aus den Funktionen f_j (7.44):

$$\vec{y} = \begin{pmatrix} y_1 \\ \vdots \\ y_n \end{pmatrix}, \quad \vec{a} = \begin{pmatrix} a_1 \\ a_2 \end{pmatrix}, \quad \hat{A} = \begin{pmatrix} 1 & \zeta_1 \\ \vdots & \vdots \\ 1 & \zeta_n \end{pmatrix} \tag{7.57}$$

Zunächst berechnen wir das Produkt der Matrizen:

$$\hat{A}^T \hat{A} = \begin{pmatrix} 1 & \cdots & 1 \\ \zeta_1 & \cdots & \zeta_n \end{pmatrix} \cdot \begin{pmatrix} 1 & \zeta_1 \\ \vdots & \vdots \\ 1 & \zeta_n \end{pmatrix} = \begin{pmatrix} n & \sum_{i=1}^n \zeta_i \\ \sum_{i=1}^n \zeta_i & \sum_{i=1}^n \zeta_i^2 \end{pmatrix}$$

Wegen (7.55) entspricht die Summe $\sum_{i=1}^n \zeta_i = 0$ dem ersten zentralen Moment und ergibt keinen Beitrag (3.16). Wir definieren die vereinfachte Schreibweise

$$X \equiv \sum_{i=1}^n \zeta_i^2 \tag{7.58}$$

und erhalten als diagonale Matrix:

$$\hat{A}^T \hat{A} = \begin{pmatrix} n & 0 \\ 0 & X \end{pmatrix} \tag{7.59}$$

Für die Bestimmung der Parameter a_j benötigen wir nach (7.48) die inverse Matrix. Dafür bestimmen wir zunächst die Determinante:

$$D = \begin{vmatrix} n & 0 \\ 0 & X \end{vmatrix} = n\,X$$

Die inverse Matrix lautet damit:

$$\left(\hat{A}^T \hat{A}\right)^{-1} = \frac{1}{n\,X} \begin{pmatrix} X & 0 \\ 0 & n \end{pmatrix} = \begin{pmatrix} n^{-1} & 0 \\ 0 & X^{-1} \end{pmatrix} \tag{7.60}$$

Die Transformationsmatrix (7.49) ist dann:

$$\hat{B} = \left(\hat{A}^T \hat{A}\right)^{-1} \hat{A}^T = \begin{pmatrix} n^{-1} & 0 \\ 0 & X^{-1} \end{pmatrix} \begin{pmatrix} 1 & \cdots & 1 \\ \zeta_1 & \cdots & \zeta_n \end{pmatrix} = \begin{pmatrix} n^{-1} & \cdots & n^{-1} \\ X^{-1} \cdot \zeta_1 & \cdots & X^{-1} \cdot \zeta_n \end{pmatrix}$$

Als Lösung für die Parameter a_1 und a_2 erhalten wir nach (7.50):

$$\vec{a} = \hat{B}\,\vec{y} = \begin{pmatrix} n^{-1} & \cdots & n^{-1} \\ X^{-1} \cdot \zeta_1 & \cdots & X^{-1} \cdot \zeta_n \end{pmatrix} \begin{pmatrix} y_1 \\ \vdots \\ y_n \end{pmatrix} = \begin{pmatrix} n^{-1} \cdot \sum_{i=1}^n y_i \\ X^{-1} \cdot \sum_{i=1}^n \zeta_i\, y_i \end{pmatrix} \tag{7.61}$$

Der Parameter a_1 entspricht dem Mittelwert $\overline{y}$ der Messpunkte y_i. Aufgrund der Beziehung $y_{\text{Modell}'} = a_1 + a_2\,(x - \overline{x})$ (7.56) ist er der Stützpunkt der Geraden an der Stelle des Mittelwerts $x = \overline{x}$:

$$a_1 = \frac{1}{n} \sum_{i=1}^n y_i = \overline{y} \tag{7.62}$$

Durch Einsetzen der Definitionen (7.55) und (7.58) in (7.61) erhalten wir den Parameter a_2:

$$a_2 = X^{-1} \cdot \sum_{i=1}^{n} \zeta_i \, y_i = \frac{1}{\sum_{i=1}^{n} (x_i - \overline{x})^2} \cdot \sum_{i=1}^{n} (x_i - \overline{x}) \, y_i$$

Nach unserer Modelldefinition $y_{\text{Modell}'} = a_1 + a_2 \, (x - \overline{x})$ (7.56) entspricht der Parameter a_2 der Steigung der Geraden:

$$a_2 = \frac{\sum\limits_{i=1}^{n} (x_i - \overline{x}) \, y_i}{\sum\limits_{i=1}^{n} (x_i - \overline{x})^2} \tag{7.63}$$

Für unser ursprüngliches Geradenmodell $y_{\text{Modell}} = a + b\,x$ (7.54) lauten die Rücktransformationen zu den Parametern a und b wegen (7.55) und (7.56):

$$a = a_1 - a_2 \cdot \overline{x} \tag{7.64}$$

$$b = a_2 \tag{7.65}$$

Um die Fehler der Parameter zu berechnen, benötigen wir zunächst den Fehler σ der Messungen. Falls er nicht schon bekannt ist, können wir einen Schätzwert nach (7.53) berechnen:

$$s = \sqrt{\frac{1}{n-2} \sum_{i=1}^{n} \left[a_1 + a_2 \, (x_i - \overline{x}) - y_i\right]^2} \tag{7.66}$$

Die Fehler der Parameter ergeben sich nach (7.52) durch Einsetzen von (7.60) für die Varianz:

$$\hat{V}[\vec{a}] = s^2 \left(\hat{A}^T \hat{A}\right)^{-1} = s^2 \begin{pmatrix} n^{-1} & 0 \\ 0 & X^{-1} \end{pmatrix} \tag{7.67}$$

Der Fehler des Parameters a_1 bezieht sich auf die Stelle $x = \overline{x}$ und entspricht dem Fehler des Mittelwerts aller Messungen y_i (4.18):

$$s_{a_1} = \frac{s}{\sqrt{n}} \tag{7.68}$$

Der Fehler auf die Steigung a_2 der Geraden beträgt nach Einsetzen der Definitionen (7.55) und (7.58) in (7.67):

$$s_{a_2} = \frac{s}{\sqrt{\sum\limits_{i=1}^{n} (x_i - \overline{x})^2}} \tag{7.69}$$

Dass die Werte $\sigma_{12} = 0$ der Nebendiagonale in der Kovarianzmatrix (7.67) verschwinden, haben wir durch die Transformation (7.55) erzielt. Bei der analogen Berechnung ohne die Transformation ergibt sich $\sigma_{12} \neq 0$ und muss bei der Fehlerbetrachtung berücksichtigt werden.

Wollen wir die Genauigkeit der Modellanpassung (7.56) an einer anderen Stelle als $\zeta = 0$ (d. h. $x \neq \overline{x}$) berechnen, müssen wir die Fehler entsprechend Gleichung (5.22) fortpflanzen und dann (7.55), (7.68) und (7.69) einsetzen:

$$\begin{aligned} s^2_{y(\text{Modell}')} &= \sum_{j=1}^{2} \left(\frac{\partial y_{\text{Modell}'}}{\partial a_j} \right)^2 \cdot s^2_{a_j} = 1 \cdot s^2_{a_1} + \zeta^2 \cdot s^2_{a_2} \\ &= \frac{s^2}{n} + (x - \overline{x})^2 \, \frac{s^2}{\sum_{i=1}^{n} (x_i - \overline{x})^2} = s^2 \cdot \left(\frac{1}{n} + \frac{(x - \overline{x})^2}{\sum_{i=1}^{n} (x_i - \overline{x})^2} \right) \end{aligned} \tag{7.70}$$

An der Stelle des Achsenabschnitts $y(x = 0)$ beträgt somit der Fehler der Modellanpassung:

$$s_{y(\text{Modell}')}(x = 0) = s \sqrt{\frac{1}{n} + \frac{\overline{x}^2}{\sum_{i=1}^{n} (x_i - \overline{x})^2}} \tag{7.71}$$

Für das ursprüngliche Geradenmodell $y_{\text{Modell}} = a + b\,x$ (7.54) ergeben sich wegen (7.65) und (7.71) die Fehler:

$$s_a = s_{y(\text{Modell}')}(x = 0) \tag{7.72}$$

$$s_b = s_{a_2} \tag{7.73}$$

Experiment 7.4: Gaszylinder

Ein Gas sei in einem Zylinder eingeschlossen, dessen Volumen in einer Dimension durch einen Stempel variiert werden kann. Bei Temperaturerhöhung dehnt sich das Gas aus. Die Länge des mit Gas gefüllten Zylinders sei y. T bezeichne die absolute Temperatur. Bei $n = 5$ Messungen erhalten wir folgende Werte:

i	T_i/K	y_i/mm
1	90,4	712 ± 3
2	100,5	789 ± 3
3	95,9	749 ± 3
4	90,7	711 ± 3
5	97,7	763 ± 3

Wir passen eine Gerade der Form $y(T) = a \cdot T + b$ an die Daten an. Dafür verwenden wir die oben hergeleiteten Beziehungen (7.62, 7.63, 7.68, 7.71) und transformieren sie anhand der Gleichungen (7.64, 7.65, 7.72, 7.73):

$$a = (7{,}59 \pm 0{,}34)\,\text{mm/K}$$

$$b = (23 \pm 32)\,\text{mm}$$

Der Parameter b ist mit Null verträglich. Die Länge des Zylinders und die Temperatur des Gases sind direkt proportional zueinander.

Das Wichtigste zum Mitnehmen

- Die Form der Wahrscheinlichkeitsverteilung $f(x|a)$ für ein Experiment sei bereits bekannt, aber nicht der Wert des Parameters a der Verteilung. Mit dem Likelihood-Verfahren schätzen wir aus n Messwerten x_i den wahren Wert $\hat{a}$. Für einen Testwert a_k des Parameters gehört jeder Messwert x_i mit der Wahrscheinlichkeit $f(x_i, a_k)\,dx$ zur Wahrscheinlichkeitsverteilung $f(x|a_k)$. Die Messwerte x_i sind unabhängig voneinander, sodass das Produkt $\Pi_{i=1}^{n} f(x_i, a_k)$ ein Wahrscheinlichkeitsmaß dafür ist, dass der Wert a_k korrekt ist. Die Intervallbreite dx wird hier weggelassen, da sie nicht von a abhängt. Durch Variieren von a_k finden wir den besten Schätzwert $\bar{a}$ des wahren Parameters $\hat{a}$.

- Üblicherweise verwenden wir beim Likelihood-Verfahren anstelle des Produkts die Summe der logarithmischen Werte $\ln(f(x_i|a))$. Den wahrscheinlichsten Wert $\bar{a}$ des Parameters von $f(x|\bar{a})$ bestimmen wir über das Minimum der negativen Log-Likelihood-Funktion:

$$F(a) = -2\sum_{i=1}^{n} \ln(f(x_i|a)): \qquad \left.\frac{\partial F}{\partial a}\right|_{a=\bar{a}} = 0$$

- Den Fehler der besten Parameterschätzung $\bar{a}$ der Wahrscheinlichkeitsverteilung $f(x|a)$ lesen wir links und rechts des Minimums $F(\bar{a})$ der negativen Log-Likelihood-Funktion ab: Bei der Differenz $|F(a_m) - F(\bar{a})| = m^2$ mit $m = 1, 2, 3\ldots$ beträgt die Entfernung vom Schätzwert m Standardabweichungen σ. Folgt $F(a)$ näherungsweise der Form einer Parabel, so lautet das Resultat der Parameteranpassung $\bar{a} \pm \sigma$ mit $\sigma = |a_1 - \bar{a}|$.

- Das Likelihood-Verfahren können wir auch für k Parameter a_j verwenden. Hier lautet die entsprechend erweiterte negative Log-Likelihood-Funktion:

$$F(a_1, a_2, \ldots a_k) = -2\ln\prod_{i=1}^{n} f(x_i|a_1, a_2, \ldots a_k)$$

  Für die beste Schätzung der Parameter a_j wird mit den partiellen Ableitungen $\partial F/\partial a_j$ nach dem globalen Minimum von F gesucht.

- Ein weiteres, vielfach verwendetes Verfahren zur Anpassung von Parametern a_j einer Funktion $y_{\text{Modell}}(x, a_1, a_2, \ldots a_k)$ an n Messwerte x_i nutzt die Residuen $y_i(x_i) - y_{\text{Modell}}(x_i)$. Die Anpassung erfolgt über die Minimierung der Summe der quadrierten Residuen und wird als Methode der kleinsten Quadrate bezeichnet:

$$\sum_{i=1}^{n}(y_i(x_i) - y_{\text{Modell}}(x_i))^2 = \text{minimal}$$

  Lässt sich die Funktion y_{Modell} in eine Summe einzelner Funktionen zerlegen, wie z. B. eine Gerade $y_{\text{Modell}} = a_1 + a_2\,x$, erhalten wir die besten Parameterschätzungen a_j durch lineare Transformation aus den Messwerten.

Aufgabe 7.1: Maximum-Likelihood-Methode

Eine Messung ergibt die folgenden Werte:

x	-2	-1	0	1	2
y	0	1	5	3	0

In der folgenden Tabelle ist eine Verteilung in Abhängigkeit eines Parameters a gegeben:

x	$-3+a$	$-2+a$	$-1+a$	$0+a$	$1+a$	$2+a$	$3+a$
y	0	1	2	3	2	1	0

Führen Sie durch Einsetzen von ganzen Zahlen für den Parameter a eine Schätzung des optimalen Werts von a durch.

Aufgabe 7.2: Elektrischer Widerstand

Bestimmen Sie die Leitfähigkeit eines elektrischen Widerstands R über folgende Strommessungen I_i bei verschiedenen angelegten Spannungen U_i:

Spannung [V]	1	2	3	4	5	6
Strom [mA]	12	19	31	38	51	59

Berücksichtigen Sie dabei, dass das Strommessgerät einen Offset $I_\circ$ haben könnte, sodass der korrekte Stromwert $I_i' = I_i - I_\circ$ beträgt. Nutzen Sie die oben ermittelten Gleichungen für die Berechnung der Parameterwerte und ihrer Fehler.

Vergleichen Sie Ihre analytischen Ergebnisse mit dem Ergebnis eines Computerprogramms (z. B. [1, 2, 3, 4, 5]).

Statistische Testverfahren

8

ÜBERBLICK

» In diesem Kapitel stellen wir verschiedene Verfahren für die Durchführung von statistischen Tests vor. Dabei erklären wir z. B., warum der wahre Wert mit 68% Wahrscheinlichkeit innerhalb des Fehlerintervalls um den Messwert liegt. Dazu erläutern wir zunächst Konfidenzgrößen und Beurteilungen von statistischen Abweichungen.

Anschließend lernen wir die wichtige Chi-Quadrat-Verteilung und zugehörige Verfahren kennen: Mit der Chi-Quadrat-Methode führen wir Parameterschätzungen mit vielen Messwerten durch, die individuelle gaußverteilte Messfehler haben. Außerdem können wir mit dem Chi-Quadrat-Test quantitativ beurteilen, ob eine Parameterschätzung vom statistischen Standpunkt sinnvolle Ergebnisse liefert. «

8.1 Messwert, wahrer Wert

8.1.1 Test einer Hypothese

Wir stellen hier die Hypothese auf, dass eine theoretische Modellvorhersage mit unserem experimentellen Messergebnis statistisch verträglich sei. Wir werden dafür zunächst definieren, wo die Schwelle zwischen verträglich und unverträglich liegt.

Eine solche Grenze wird per Konvention vereinbart. Eine typische Forderung ist, dass ein Messergebnis weniger als 2 Standardabweichungen σ vom theoretischen Wert entfernt liegt. Bei gaußverteilten Messwerten entspricht dies der Wahrscheinlichkeit von 95%, dass die Werte innerhalb des Bereichs von $2\,\sigma$ liegen. Dementsprechend erwartet man mit 5% Wahrscheinlichkeit, dass eine statistische Fluktuation zu einer größeren Abweichung als $2\,\sigma$ führt.

Der Test der Hypothese, dass ein Messergebnis mit einer theoretischen Vorhersage verträglich ist, ist also eine Wahrscheinlichkeitsaussage unter Berücksichtigung eines vor dem Test vereinbarten Grenzwerts. Ist die Antwort des Tests auf die Hypothese

positiv, so sind Messung und Vorhersage miteinander kompatibel.
Der Test ist aber *kein* Beweis für die Korrektheit des Experiments oder der Theorie!

negativ, so sind Theorie und Messung inkompatibel.
Entweder die Messung oder die Theorie oder beide sind verkehrt.

8.1.2 Konfidenzniveau, Konfidenzgrenze, Konfidenzintervall

Uns liegt das Messergebnis $x_m \pm \sigma$ eines Experiments vor, dessen Fehlerangabe σ der Standardabweichung einer Gaußverteilung (3.52) entspricht. In welchem Bereich liegt nun der wahre Wert x_w?

Ausgehend vom unbekannten wahren Wert x_w ergab sich im Rahmen der experimentellen Unsicherheit σ der Messwert x_m mit 68% Wahrscheinlichkeit in dem Bereich $x_w \pm \sigma$.

Da wir nur den Messwert x_m haben, kann der wahre Wert x_w oberhalb bzw. unterhalb von x_m liegen. Zunächst bearbeiten wir den Fall, dass der Messwert oberhalb des wahren Werts liegt ($x_w < x_m$), und evaluieren dann den anderen Fall ($x_w > x_m$). Beide Fälle sind in ► Abbildung 8.1 visualisiert.

Wir stellen die Hypothese auf, dass der Messwert x_m durch eine statistische Fluktuation zustande kam, die einer von uns vorgegebenen Wahrscheinlichkeit α_u entspricht (z. B. $\alpha_u = 5\%$).

Mit dieser Vorgabe bestimmen wir den Mittelwert x_u einer Gaußverteilung mit der dem Messfehler entsprechenden Standardabweichung σ:

$$\alpha_u = \frac{1}{\sqrt{2\pi}\,\sigma} \int_{x_m}^{\infty} e^{-\frac{(x-x_u)^2}{2\,\sigma^2}}\, dx \tag{8.1}$$

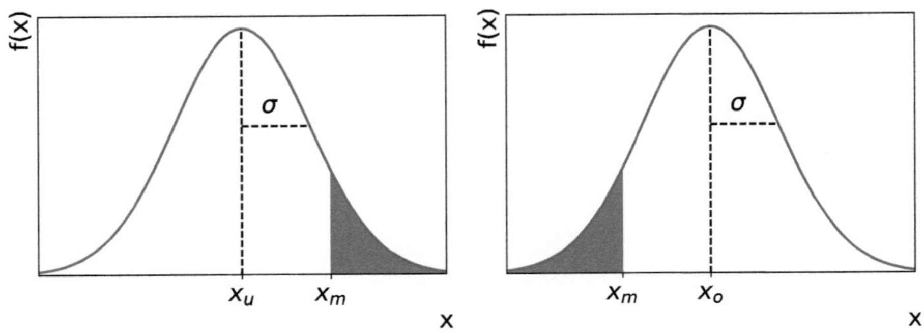

Abbildung 8.1 Konfidenzgrenzen

Wir stellen links die Hypothese auf, dass der Messwert x_m einer Gaußwahrscheinlichkeitsdichte entstammt, deren Standardabweichung dem Messfehler σ entspricht und deren Mittelwert x_u soweit unterhalb von $x_u < x_m$ liegt, dass x_m durch eine Fluktuation mit der vorgegebenen Wahrscheinlichkeit α_u zustande kam (grau schraffierte Fläche). Genauso berechnen wir rechts den Gaußmittelwert x_o oberhalb von $x_m < x_o$ für die gegebene Wahrscheinlichkeit α_o. (Python-Code: `Fig_Hypothesentest1.py`)

EXTRAS ONLINE Quellcode

Ausgehend von dem Wert x_u zeigt die graue Fläche in der ► Abbildung 8.1, links die Wahrscheinlichkeit α_u, den Messwert x_m oder einen größeren Wert zu erhalten (vergleiche mit (3.8)). Mit dem auf diese Weise bestimmten Wert x_u haben wir eine untere Grenze für den wahren Wert erhalten, die wir auch als **Konfidenzgrenze** bezeichnen.

Für den Fall, dass der wahre Wert x_w oberhalb des Messwerts liegt ($x_w > x_m$), können wir analog eine obere Grenze x_o für den wahren Wert bestimmen (► Abbildung 8.1, rechts). Wir geben die Wahrscheinlichkeit α_o vor, dass der Messwert x_m durch eine statistische Fluktuation zustande kam und unterhalb von x_o bei x_m oder einem noch kleineren Wert liegt.

Den Wert x_o berechnen wir wieder als Mittelwert einer Gaußverteilung mit der Standardabweichung σ:

$$\alpha_o = \frac{1}{\sqrt{2\pi}\,\sigma} \int_{-\infty}^{x_m} e^{-\frac{(x-x_o)^2}{2\,\sigma^2}}\, dx \tag{8.2}$$

Wenn wir beide Wahrscheinlichkeiten α_u und α_o für die statistische Fluktuation unseres Messwerts vorgeben, können wir mit (8.1) und (8.2) auch die Wahrscheinlichkeit

$$CL = 1 - \alpha_u - \alpha_o \tag{8.3}$$

berechnen, den wahren Wert innerhalb des Intervalls

$$x_u < x_w < x_o \tag{8.4}$$

zu finden. Den Bereich $[x_u, x_o]$ bezeichnen wir als **Konfidenzintervall**. Die Wahrscheinlichkeit CL heißt **Konfidenzniveau** (englisch: »confidence level«).

Wählen wir die Werte $\alpha_o = \alpha_u = 0,1587$, so erhalten wir als Konfidenzniveau $CL = 1 - \alpha_u - \alpha_o = 68,27\%$, was dem Bereich von ± 1 Standardabweichung σ einer Gaußverteilung um ihren Mittelwert entspricht (3.64).

Wie wir ► Abbildung 8.2 entnehmen, ergibt sich für diese vorgegebenen Werte als Konfidenzintervall $[x_m - \sigma, x_m + \sigma]$. *Der wahre Wert x_w liegt also mit $CL = 68,27\%$ Wahrscheinlichkeit im Bereich von ± 1 Standardabweichung σ um den Messwert x_m.*

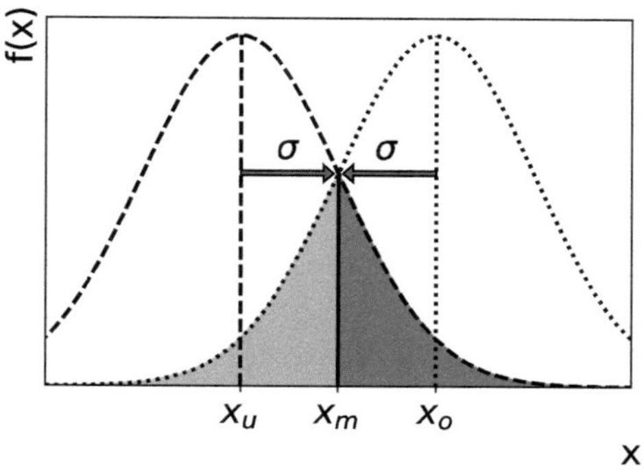

Abbildung 8.2 Wahrer Mittelwert

Der Mittelwert x_w der Gaußwahrscheinlichkeitsdichte, aus der der Messwert x_m stammt, liegt mit Wahrscheinlichkeit α_u bei x_u oder darunter und mit Wahrscheinlichkeit α_o bei x_o oder darüber. Spezifizieren wir gleiche Wahrscheinlichkeiten $\alpha_u = \alpha_o = 0,1587$, so befinden sich x_u und x_o jeweils im Abstand des experimentellen Fehlers vom Messwert x_m: $\sigma = |x_o - x_m| = |x_u - x_m|$. Folglich befindet sich aus der Perspektive des Messwerts x_m der wahre Mittelwert x_w der Gaußwahrscheinlichkeitsdichte mit $CL = 1 - \alpha_u - \alpha_o = 0,6827$ Wahrscheinlichkeit innerhalb des Fehlerintervalls um den Messwert: $x_m \pm \sigma$. (Python-Code: `Fig_Hypothesentest2.py`)

EXTRAS ONLINE Quellcode

Das Konfidenzintervall wird oft als quantitative Information über physikalische Größen verwendet, die nur indirekt oder mit sehr großem Aufwand messbar sind.

Auch einseitige Konfidenzgrenzen können wichtige Rückschlüsse ermöglichen. Im Fall von experimentellen Resultaten, bei denen der Messwert X und sein Fehler σ_X in derselben Größenordnung liegen, können wir eine obere Konfidenzgrenze $X_{95\%}$ dafür formulieren, dass X mit 95% Wahrscheinlichkeit nicht größer als $X_{95\%}$ ist.

Experiment 8.1: 95% Konfidenzgrenze für Gastemperatur

Wir bestimmen hier eine obere Grenze für die Temperatur T in einem Gasbehälter mit einer sehr geringen Dichte von Wasserstoffmolekülen.

In dem Gedankenexperiment ist es uns gelungen, die Geschwindigkeit v_d von einem einzigen Molekül zu messen: $v_d = 630\,\mathrm{m/s}$. Die erwartete Geschwindigkeitsverteilung ist die Maxwell-Boltzmann-Verteilung $f(v,T)$ (3.27). Wir variieren die Temperatur in $f(v,T)$, bis das Integral bei der Temperatur $T = T_{95\%}$

$$\alpha = \int_0^{v_d} f(v, T_{95\%})\, dv = 0{,}05$$

ergibt.

In diesem Beispiel ergibt sich $\alpha = 0,05$ für die Konfidenzgrenze $T_{95\%} = 273\,\mathrm{K}$ (► Abbildung 8.3). Wir schließen also mit 95% Wahrscheinlichkeit Temperaturen im Gasbehälter oberhalb von $T = 273\,\mathrm{K}$ aus.

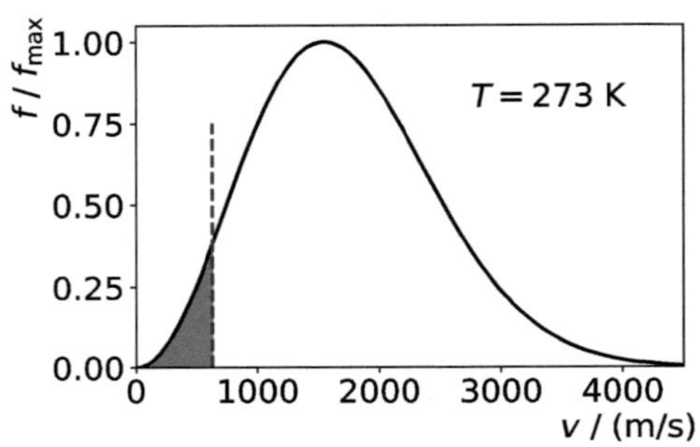

Abbildung 8.3 Konfidenzgrenze für die Temperatur eines Gases

Die Konfidenzgrenze für die Temperatur eines Gases aus der Geschwindigkeitsmessung $v_d = 630\,\mathrm{m/s}$ eines Wasserstoffmoleküls ist durch die senkrechte Linie gekennzeichnet. Wir stellen die Hypothese auf, dass v_d als eine statistische Fluktuation mit 5% Wahrscheinlichkeit (grau schraffierte Fläche) aus der Maxwell-Boltzmann-Geschwindigkeitsverteilung $f(v, T_{95\%})$ (3.27) zustande kam. Noch höhere Temperaturen sind unwahrscheinlich, sodass hier $T_{95\%} = 273\,\mathrm{K}$ eine obere Konfidenzgrenze für die Gastemperatur mit 95% Wahrscheinlichkeit ist. (Python-Code: `Fig_Hypothesentest3.py`)

EXTRAS ONLINE Quellcode

8.1.3 Signifikante Abweichungen

In der Physik verwendet man gerne für die Beurteilung einer Hypothese die Anzahl n von Standardabweichungen σ der Gaußverteilung.

Beispiel 8.1: Konfidenzgrenze und Anzahl der Standardabweichungen

Ein Messresultat $x_d = 1490$ mit dem Messfehler $\sigma_d = 211$ liegt deutlich oberhalb des theoretisch erwarteten Werts $x_t = 1000$.

Eine Möglichkeit ist, dass es sich um eine statistische Fluktuation handelt. Eine andere Möglichkeit ist, dass der hohe experimentelle Wert von einem zusätzlichen, bislang unbekannten physikalischen Prozess verursacht wird.

Um das Konfidenzniveau zu erhalten, berechnen wir die Wahrscheinlichkeit für die beobachtete Abweichung von der Vorhersage:

$$\alpha = \frac{1}{\sqrt{2\pi}\,\sigma_d} \int_{-\infty}^{x_t} e^{-\frac{(x-x_d)^2}{2\sigma_d^2}}\, dx = 0{,}01 \tag{8.5}$$

Das Konfidenzniveau beträgt $CL = 1 - \alpha = 99\%$.

Wir können den Unterschied zwischen dem experimentellen Resultat und der Vorhersage alternativ in Vielfachen n der Standardabweichungen σ_d ausdrücken und erhalten:

$$n = \frac{x_d - x_t}{\sigma_d} = 2{,}33 \tag{8.6}$$

Die Signifikanz der Abweichung beträgt demnach 2,33 Standardabweichungen. Wie diese Abweichung typischerweise beurteilt wird, erklären wir weiter unten in diesem Abschnitt.

Konfidenzniveaus CL und die entsprechenden Vielfachen n der Standardabweichung σ bei gaußverteilten Messgrößen sind in der folgenden Tabelle gezeigt [11]:

Konfidenzniveau CL	einseitige Grenze Vielfache n von σ	beidseitige Grenze Vielfache n von σ
68,27%	0,475	1
95%	1,65	1,96
99%	2,33	2,58

(8.7)

Dabei wird unterschieden, ob es sich um einseitig oder beidseitig berechnete Grenzen handelt. Welche Form geeignet ist, hängt von der jeweiligen Fragestellung ab. Beispiele für solchen Fragestellungen werden wir in den folgenden Abschnitten vorstellen.

Umgekehrt entsprechen Vielfache n der Standardabweichung σ folgenden Konfidenzniveaus CL (vergleiche mit (3.64)):

Gaußstandardabweichungen, d. h. Vielfache n von σ	Konfidenzniveau einseitige Grenze	Konfidenzniveau beidseitige Grenze
1	$1 - 0{,}1587$	$1 - 0{,}3173$
2	$1 - 2{,}28 \cdot 10^{-2}$	$1 - 4{,}55 \cdot 10^{-2}$
3	$1 - 1{,}35 \cdot 10^{-3}$	$1 - 2{,}70 \cdot 10^{-3}$
4	$1 - 3{,}17 \cdot 10^{-5}$	$1 - 6{,}33 \cdot 10^{-5}$
5	$1 - 2{,}87 \cdot 10^{-7}$	$1 - 5{,}73 \cdot 10^{-7}$

(8.8)

Beurteilung von Abweichungen

Liegen Messwert und theoretischer Wert innerhalb von einer Standardabweichung, so sind beide in guter Übereinstimmung. Bei 1–2 Standardabweichungen sind die Werte noch kompatibel.

Statistische Fluktuationen, die Abweichungen von $2 - 3$ Standardabweichungen erzeugen, sind selten, aber kommen erfahrungsgemäß vor.

Ab 3 Standardabweichungen werden die möglichen Ursachen für den Unterschied zwischen Theorie und Experiment interessiert diskutiert und in vielen Bereichen der Physik als »signifikante« Abweichung bezeichnet. Entsprechende Publikationen heißen dann (englisch:) »indication of ...«, »evidence for ...« oder »observation of ...«.

In der Teilchenphysik werden Unterschiede von mehr als 5 Standardabweichungen zwischen Theorie und Experiment als Signal für eine signifikante Abweichung beurteilt und dann z. B. als (englisch:) »observation of ...« publiziert.

8.2 t-Test

Um die Kompatibilität zweier Mittelwerte zu evaluieren, nutzen wir den sogenannten t-Test. Diesem Test liegt die Studentsche t-Verteilung zugrunde. Sie ist die korrekte Wahrscheinlichkeitsdichte für ein Verfahren, bei dem wir die Genauigkeit des Mittelwerts aus den Messdaten selbst bestimmen.

Mathematischer Einschub 8.1: Gamma-Funktion

Die Gamma-Funktion Γ ist für positive $x \in \mathbb{R}$ über folgendes Integral definiert:

$$\Gamma(x) = \int_0^\infty t^{x-1}\, e^{-t}\, dt \tag{8.9}$$

Ihre Werte sind über Internetrechner, Datenanalyseprogramme [3, 6, 5] oder in Tabellen [8] verfügbar. Für positive ganze Zahlen $n \in \mathbb{Z}$ können wir Γ mit der Fakultät in Verbindung bringen:

$$\Gamma(n+1) = n! \tag{8.10}$$

Die Studentsche t-Verteilung ist die folgende Wahrscheinlichkeitsdichte:

$$f_n(t) = \frac{1}{\sqrt{n\,\pi}} \cdot \frac{\Gamma\left(\frac{n+1}{2}\right)}{\Gamma\left(\frac{n}{2}\right)} \cdot \left(1 + \frac{t^2}{n}\right)^{-\dfrac{n+1}{2}} \tag{8.11}$$

Dabei bezeichnet n die Anzahl der Freiheitsgrade.

Die ► Abbildung 8.4, links zeigt, dass die t-Verteilung für kleine Werte von n breitere Ausläufer im Vergleich zur Gaußverteilung (3.52) hat. Die t-Verteilung wird für große Werte von n der Gaußverteilung ähnlich.

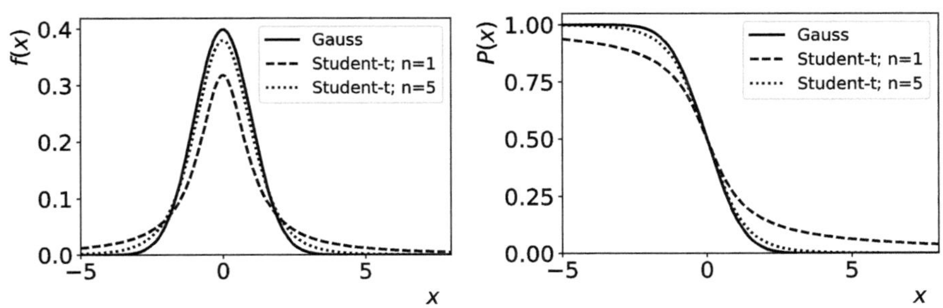

Abbildung 8.4 Die Studentsche t-Verteilung

Die Studentsche t-Verteilung ist eine Wahrscheinlichkeitsdichte für den Vergleich von Mittelwerten: Links ist $f_n(t)$ (8.11) für die Anzahl der Freiheitsgrade $n = 1$ und $n = 5$ im Vergleich zur Gaußwahrscheinlichkeitsdichte gezeigt. Rechts sind die Wahrscheinlichkeiten $P = \int_t^\infty f\, dt$ gezeigt, den Wert t oder einen noch größeren Wert zu finden. (Python-Code: `Fig_Hypothesentest4.py`)

EXTRAS ONLINE Quellcode

Gegeben seien die n Messwerte $y_1, y_2, \ldots, y_n$. Wir berechnen ihren Mittelwert nach (4.14)

$$\bar{y} = \frac{1}{n} \sum_{i=1}^{n} y_i$$

und bestimmen die Standardabweichung wie in Gleichung (4.20):

$$s = \sqrt{\frac{1}{n-1}\sum_{i=1}^{n}(y_i - \bar{y})^2}$$

Der Fehler des Mittelwerts beträgt nach (4.18):

$$s_{\bar{y}} = \frac{s}{\sqrt{n}}$$

Als theoretische Vorhersage haben wir den Mittelwert y_t. Unser Ziel ist, die Kompatibilität zwischen y_t und dem experimentell ermittelten Wert $\bar{y}$ zu überprüfen.

Als Testgröße verwenden wir die Differenz des experimentellen und theoretischen Werts und dividieren durch den experimentellen Fehler des Mittelwerts:

$$t = \frac{\bar{y} - y_t}{s_{\bar{y}}} \tag{8.12}$$

Diese Testgröße folgt einer t-Verteilung mit $n - 1$ Freiheitsgraden. Dabei entspricht n der Anzahl der Messwerte und 1 Freiheitsgrad wird für die Berechnung des Mittelwerts aus den n Messwerten abgezogen.

Die Wahrscheinlichkeit P für die statistische Verträglichkeit der beiden Werte, beziehungsweise das Konfidenzniveau CL, lesen wir aus dem Integral über die t-Verteilung ab (► Abbildung 8.4, rechts). Die Integration müssen wir nach unserer jeweiligen Fragestellung einseitig oder beidseitig durchführen.

Soll bei einer Fragestellung berücksichtigt werden, dass der experimentelle Wert $\bar{y}$ der Testgröße t in (8.12) oberhalb des theoretischen Werts y_t liegt, gehen wir folgendermaßen vor: Die Wahrscheinlichkeit P, dieses Messergebnis oder einen noch höheren experimentellen Wert zu erhalten, beträgt:

$$P = \int_t^{\infty} f_n(t)\, dt \tag{8.13}$$

Bei einer anderen Fragestellung soll die Verträglichkeit der Messergebnisse zweier Experimente verglichen werden. Dafür verwenden wir als Testgröße t die Differenz der Mittelwerte, dividiert durch den kombinierten Mittelwertfehler, den wir über das Fehlerfortpflanzungsgesetz erhalten (5.25):

$$t = \frac{\bar{x} - \bar{y}}{\sqrt{s_{\bar{x}}^2 + s_{\bar{y}}^2}} \tag{8.14}$$

Die Wahrscheinlichkeit, diese Differenz der Messwerte oder eine noch größere Differenz zu erhalten, berechnen wir dann mit

$$P = 2\int_{|t|}^{\infty} f_n(t)\, dt\ . \tag{8.15}$$

Welches der beiden Ergebnisse größer ist als das andere, spiele hier keine Rolle. Daher verwenden wir in der unteren Grenze den Betrag $|t|$ und berücksichtigen beide Möglichkeiten durch den Faktor 2.

Wurden die Mittelwerte aus n_1 Messungen des ersten Experiments und n_2 Messungen des zweiten Experiments bestimmt, so beträgt die Anzahl der Freiheitsgrade $n = n_1 + n_2 - 2$. Zwei Freiheitsgrade werden für die beiden Mittelwertbildungen subtrahiert.

Beispiel 8.2: Vergleich zwischen Theorievorhersage und Experiment

Die Vorhersage einer theoretischen Rechnung ergebe den Wert $y_t = -1$. Das Experiment habe $n = 3$ Messwerte y_i, deren Mittelwert und Fehler des Mittelwerts wir berechnen:

Messwerte	$y_i = 1,\ 2,\ 3$
Mittelwert	$\bar{y} = 2$
Freiheitsgrade	$n - 1 = 2$
Varianz	$s^2 = \frac{1}{2}(1^2 + 0^2 + 1^2) = 1$
Fehler	$s_{\bar{y}} = \frac{1}{\sqrt{3}}$

Die Testgröße ist hier:

$$t = \frac{\bar{y} - y_t}{s_{\bar{y}}} = \frac{2 - (-1)}{1/\sqrt{3}} = 5{,}2$$

Die Wahrscheinlichkeit, als experimentellen Mittelwert $\bar{y} = 2$ oder einen noch größeren Wert zu erhalten, beträgt

$$P = \int_{t=5,2}^{\infty} f_2(t)\, dt = 0{,}0175 = 1{,}75\,\% \ .$$

Falls die experimentelle Beobachtung durch das theoretische Modell korrekt beschrieben wird, müsste es sich um eine statistische Fluktuation bei den Messdaten handeln. Die Abweichung des theoretischen Werts entspricht als einseitige Grenze $\sigma = 2{,}1$ Gauß'schen Standardabweichungen (8.8).

Python Quellcode: Wahrscheinlichkeitsdichte der t-Verteilung

```
from scipy.stats import t
t.pdf(x, n)
```

Berechnet die Wahrscheinlichkeitsdichte der Studentschen t-Verteilung mit der Anzahl der Freiheitsgrade `n` an der Stelle `x`.

8.3 χ^2-Test

Liegen uns Messdaten mit gaußverteilten Messfehlern vor, so ermöglicht die χ^2-Verteilung verschiedene wichtige Anwendungen in der Datenanalyse.

Wir stellen zunächst die χ^2-Verteilung und das χ^2-Testverfahren vor. Anschließend zeigen wir die χ^2-Methode für Parameterschätzungen aus Messdaten und erinnern dabei an die Maximum-Likelihood-Methode und die Methode der kleinsten Quadrate. Mit der χ^2-Methode lassen sich nicht nur die Parameter einer theoretischen Vorhersage schätzen, sondern wir können darüber hinaus quantitativ überprüfen, ob die Messdaten mit dieser theoretischen Vorhersage statistisch kompatibel sind.

8.3.1 χ^2-Verteilung

Gegeben seien n unabhängige Zufallsvariablen $z_1, z_2, \ldots, z_n$, die einer Gaußwahrscheinlichkeitsdichte mit dem Mittelwert $\mu = 0$ und der Standardabweichung $\sigma = 1$ folgen. Wir nennen die Summe der Quadrate dieser Zufallsvariablen χ^2:

$$\chi^2 \equiv \sum_{i=1}^{n} z_i^2 \,. \tag{8.16}$$

Die Wahrscheinlichkeitsdichte von χ^2 erhält man über die Faltung der n einzelnen Wahrscheinlichkeitsdichten der z_i. Die Berechnung wird in der Referenz [7] vorgeführt, wobei die Faltung wie im Abschnitt 5.4 über die charakteristischen Funktionen durchgeführt wird.

Als Ergebnis erhält man die sogenannte **χ^2-Verteilung**:

$$f_n(\chi^2) = \frac{\frac{1}{2}\left(\frac{\chi^2}{2}\right)^{\frac{n}{2}-1} e^{-\frac{\chi^2}{2}}}{\Gamma(\frac{n}{2})} \tag{8.17}$$

Die Anzahl n der Zufallsvariablen entspricht der Zahl der Freiheitsgrade.

Der Mittelwert der χ^2-Verteilung entspricht der Anzahl der Freiheitsgrade:

$$\langle \chi^2 \rangle = n \tag{8.18}$$

Die Standardabweichung der χ^2-Verteilung lautet:

$$\sigma = \sqrt{2n} \tag{8.19}$$

Die Position des Maximums liegt für $n \geq 2$ bei:

$$\chi^2_{\max} = n - 2 \tag{8.20}$$

Beispiel 8.3: χ^2-Verteilung

In der ► Abbildung 8.5 sind die χ^2-Verteilungen für die Werte $n = 1, \ldots, 6$ gezeigt.

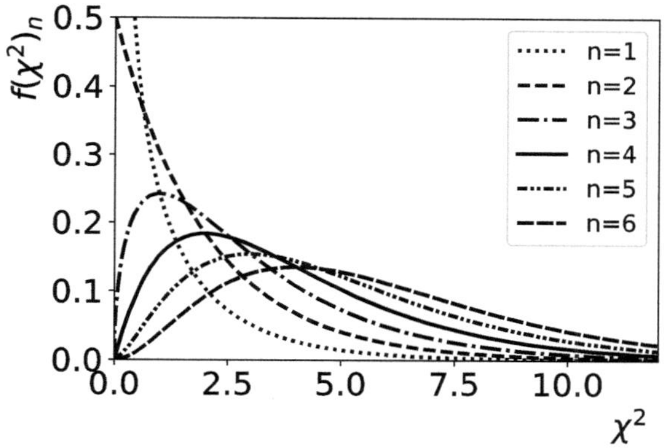

Abbildung 8.5 χ^2-Verteilungen für verschiedene Freiheitsgrade

Die Summe der Quadrate von gaußverteilten Zufallsvariablen $\chi^2 = \sum_{i=1}^{n} z_i^2$ ist auf der horizontalen Achse gezeigt. Die χ^2-Verteilung (8.17) beschreibt die Wahrscheinlichkeitsdichte für diese Summe in Abhängigkeit der Anzahl der Freiheitsgrade n. (Python-Code: `Fig_Hypothesentest5.py`)

EXTRAS ONLINE Quellcode

Python Quellcode: Wahrscheinlichkeitsdichte der χ^2-Verteilung

```
from scipy.stats import chi2
chi2.pdf(x, n)
```

Berechnet die Wahrscheinlichkeitsdichte der χ^2-Verteilung mit der Anzahl der Freiheitsgrade `n` an der Stelle `x`.

8.3.2 χ^2-Testgröße

Wir wollen die oben eingeführten Zufallsvariablen z_i (8.16), die einer Gaußverteilung mit Mittelwert $\mu = 0$ und Standardabweichung $\sigma = 1$ folgen, auf die Situation von n Messwerten (x_i, y_i) übertragen.

Die Messwerte y_i sollen gaußverteilte Fehler $\sigma_{y,i}$ aufweisen und Werte $y_i \neq 0$ und Standardabweichung $\sigma_{y,i} \neq 1$ haben können. Der Fehler in der Messvariablen x_i sei vernachlässigbar klein.

Wir konstruieren nun durch den Vergleich der Messdaten (x_i, y_i) mit einer theoretischen Erwartung $y_t = f(x)$ neue Messgrößen, sogenannte Residuen (siehe auch 7.37):

$$\rho_i = \frac{y_i - f(x_i)}{\sigma_{y,i}(x_i)} \tag{8.21}$$

Falls die theoretische Beschreibung $f(x)$ der Messdaten korrekt ist und die Messfehler korrekt bestimmt wurden, folgen die Residuen selbst einer Gaußverteilung mit dem Mittelwert $\rho = 0$ und der Standardabweichung $\sigma_\rho = 1$. Daher folgt dann die Summe der Quadrate der Residuen

$$\chi^2 = \sum_{i=1}^{n} \rho_i^2 \tag{8.22}$$

einer χ^2-Verteilung mit n Freiheitsgraden.

Beispiel 8.4: χ^2-Wahrscheinlichkeit

Der Mittelwert der χ^2-Verteilung ist gleich der Zahl der Freiheitsgrade n (8.18). Entsprechend den statistischen Fluktuationen erhalten wir natürlich auch andere Werte als diesen Mittelwert. Um herauszufinden, ob diese Werte wahrscheinlich sind, nutzen wir z. B. Internetrechner, *scipy* [3] oder Tabellen [8] für die χ^2-Verteilung.

Um einen Eindruck für unwahrscheinliche χ^2-Werte zu bekommen, tabellieren wir für eine gegebene Anzahl der Freiheitsgrade n die untere Grenze $\chi^2_\circ$, oberhalb der die Wahrscheinlichkeit $P = \int_{\chi^2_\circ}^{\infty} f_n(\chi^2)\, d\chi^2$ kleiner als 1% ist.

n	$\langle\chi^2\rangle$	$\chi^2_\circ(P = 1\%)$
1	1	6,63
2	2	9,21
3	3	11,34
100	100	135,8

8.3.3 χ^2-Test einer Parameterschätzung

Eine theoretische Vorhersage habe Parameter, die aus Messdaten bestimmt werden sollen. Als Methoden für solche Parameterschätzungen haben wir die Maximum-Likelihood-Methode (Abschnitt 7.1) und die Methode der kleinsten Quadrate (Abschnitt 7.2) kennengelernt. Die χ^2-Methode greift Aspekte beider Verfahren zur Parameterschätzung auf und bietet darüber hinaus mit dem χ^2-Test ein Gütekriterium für die Verträglichkeit der Messdaten mit der theoretischen Vorhersage.

Bei der Berechnung des gewichteten Mittelwerts $\bar{a}$ (7.11) für gaußverteilte Größen mithilfe der negativen Log-Likelihood-Funktion $F(a)$ war uns die folgende Summe quadrierter Residuen $\tilde{\rho}_i$ begegnet:

$$F(a) = \text{const.} + \sum_{i=1}^{n} \tilde{\rho}_i^2 \tag{8.23}$$

$$= \text{const.} + \sum_{i=1}^{n} \left(\frac{x_i - a}{\sigma_i} \right)^2 \tag{8.24}$$

Anstelle des Datenmittelwerts wollen wir nun mithilfe der Messdaten (x_i, y_i) den Parameter $\bar{a}$ einer theoretisch vorhergesagten Wahrscheinlichkeitsverteilung $f(x|a)$ bestimmen.

Dafür modifizieren wir das obige Residuum und ersetzen a durch die Wahrscheinlichkeitsverteilung $f(x|a)$. Jeder Messwert y_i habe einen individuellen, gaußverteilten Messfehler $\sigma_{y,i}$. Die Unsicherheiten in der Messgröße x_i seien vernachlässigbar klein.

Im modifizierten Residuum vergleichen wir nun an jeder Stelle x_i den theoretischen Wert $f(x_i|a)$ mit dem Messwert y_i im Rahmen von dessen Fehler $\sigma_{y,i}$:

$$\rho_i = \frac{y_i - f(x_i|a)}{\sigma_{y,i}} \tag{8.25}$$

Die Log-Likelihood-Funktion analog zu (8.23)

$$F(a) = \text{const.} + \sum_{i=1}^{n} \rho_i^2 \tag{8.26}$$

enthält nun die gleichen Residuen wie die Residuen ρ_i (8.21) der χ^2-Testgröße (8.22). Damit entspricht die negative Log-Likelihood-Funktion $F(a)$ bis auf eine Konstante der χ^2-Testgröße:

$$F(a) = \text{const.} + \chi^2 \tag{8.27}$$

Tragen wir den Wert der χ^2-Testgröße als Funktion des Parameters a auf

$$\chi^2(a) = \sum_{i=1}^{n} \left(\frac{y_i - f(x_i|a)}{\sigma_{y,i}} \right)^2 , \tag{8.28}$$

so erhalten wir genau wie bei der negativen Log-Likelihood-Funktion $F(a)$ eine Kurve, deren Minimum

$$\left. \frac{\partial \chi^2}{\partial a} \right|_{a=\bar{a}} = 0 \tag{8.29}$$

den besten Schätzwert $\bar{a}$ zeigt und an deren Stellen $\Delta\chi^2 = 1$ wir die Standardabweichung $\sigma_{\bar{a}}$ von $\bar{a}$ ablesen können.

Die Anzahl n der Standardabweichungen entsprechen denselben Abständen $\Delta\chi^2$ wie in der Tabelle (7.22):

$n \cdot \sigma$	$\Delta\chi^2$
$1\,\sigma$	1
$2\,\sigma$	4
$3\,\sigma$	9
$4\,\sigma$	16
$5\,\sigma$	25

(8.30)

*Diese sogenannte χ^2-**Methode** eignet sich als Verfahren für die Schätzung von Parametern über Messdaten mit individuellen, gaußverteilten Fehlern. Die Güte einer solchen Parameterschätzung können wir direkt mithilfe der χ^2-Wahrscheinlichkeit beurteilen.*

Die Residuen (8.25) für Messwerte mit individuellen Fehlern können wir auch für Parameterschätzungen mit der Methode der kleinsten Fehlerquadrate anstelle der Residuen (7.37) verwenden. Die Berechnungen der Fehler müssen dann entsprechend angepasst werden (siehe z. B. [7]).

Bei einer Häufigkeitsverteilung mit hohen Anzahlen n_j bei den Einträgen in jedem der N Intervalle j können wir die χ^2-Testgröße für eine Parameterschätzung vereinfachen. Die theoretisch erwartete Anzahl der Einträge sei $\mu_j(a) = f(x_j|a)$. Wegen der großen Anzahl der Einträge μ_j können wir den gaußverteilten Fehler im Nenner durch $\sigma_j = \sqrt{\mu_j}$ abschätzen (3.65):

$$\chi^2(a) = \sum_{j=1}^{N} \frac{(n_j - \mu_j(a))^2}{\mu_j(a)} \tag{8.31}$$

Beispiel 8.5: Test einer Gleichverteilung

Wir testen hier einen Generator für Zufallszahlen, der gleichverteilte Zahlen zwischen $[0, 1]$ produziert. Zunächst füllen wir ein Histogramm mit $m = 100$ Intervallen zwischen $[0, 1]$ mit insgesamt $n = 5.000$ Zufallszahlen des Generators (► Abbildung 8.6).

In jedem Intervall erwarten wir im Mittel $\langle N \rangle = n/m = 50$ Einträge. Die Anzahl der Freiheitsgrade beträgt $N_F = m{-}1 = 99$, wobei $m = 100$ die Anzahl der Histogrammintervalle ist, und 1 Freiheitsgrad für die Bestimmung des Mittelwerts verwendet wird.

Anschließend berechnen wir die χ^2-Testgröße nach Gleichung (8.31) und erhalten den Wert $\chi^2 = 108$. Bei den $N_F = 99$ Freiheitsgraden erwarten wir nach den Gleichungen (8.18) und (8.19) mit 68% Wahrscheinlichkeit ein Ergebnis innerhalb von $\chi^2 = N_F \pm \sqrt{2\,N_F} = 99 \pm \sqrt{198} = 99 \pm 14$. $\chi^2 = 108$ ist demnach ein wahrscheinlicher Wert.

Genauer geht es mit dem Rechner: Die Wahrscheinlichkeit, einen Wert von $\chi^2 \geq 108$ zu messen, beträgt $P = 0{,}25$. Wir haben also eine gute Gleichverteilung mithilfe des Zufallsgenerators erhalten.

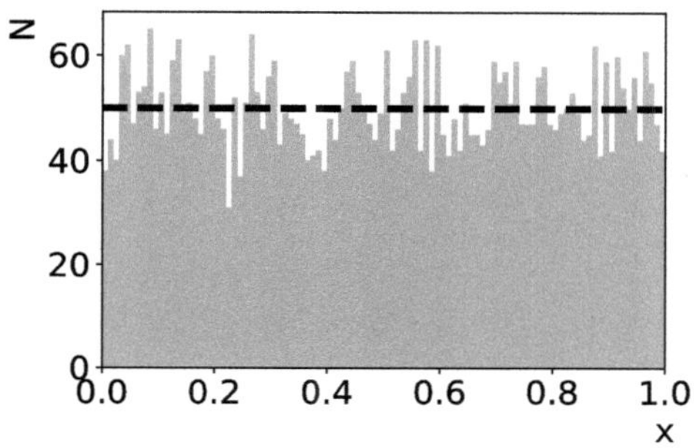

Abbildung 8.6 Test einer Gleichverteilung mit der χ^2-Methode

$n = 5.000$ gleichverteilte Zufallszahlen zeigen im Histogramm mit $m = 100$ Intervallen j in den Häufigkeiten N_j Fluktuationen um den Mittelwert $\langle N \rangle = n/m = 50$. Für alle Intervalle j des Histogramms berechnen wir die Summe der quadrierten Residuen nach (8.31): $\chi^2 = \sum_{j=1}^{m} (N_j - \langle N \rangle)^2 / \langle N \rangle = 108$. Bei der Anzahl der Freiheitsgrade $N_F = m - 1 = 99$ (die Mittelwertbildung reduziert N_F um 1) ergibt sich die χ^2-Wahrscheinlichkeit $P(\chi^2 = 108) = 0{,}25$. Damit ist die Verteilung gut mit einer Gleichverteilung verträglich. (Python-Code: `Fig_gleich_Hypothesentest.py`)

EXTRAS ONLINE Quellcode

Experiment 8.2: Güte der Funktionsanpassung bei radioaktiven Zerfällen

Wieder wollen wir die Anfangsaktivität $A_\circ \equiv A(t = 0)$ einer Substanz bekannter mittlerer Lebensdauer $\tau = 500\,\mathrm{s}$ bestimmen. Dieses Mal ist die Stoffmenge größer und die gemessenen Anzahlen von Zerfällen pro Minute entsprechend höher:

Minute j	1	2	3	4	5	6	7	8	9	10
n_j	190	174	162	140	138	100	102	81	79	61

In der ► Abbildung 8.7, links nutzen wir wieder die Exponentialfunktion (7.29) und verwenden die Näherung konstanter Zerfallsraten innerhalb einer Minute für die theoretisch erwartete Anzahl $\mu_j = \Delta t \cdot A_\circ \; \exp\left(-(j - 0,5)\; \Delta t/\tau\right)$ (7.30).

Wegen der verhältnismäßig großen Anzahlen von n_j und μ_j kann man hier die Poissonverteilung durch eine Gaußverteilung annähern und eine χ^2-Anpassung durchführen (8.31):

$$\chi^2(A_\circ) = \sum_{j=1}^{10} \frac{(n_j - \mu_j(A_\circ))^2}{\mu_j(A_\circ)} \tag{8.32}$$

Wie bei der Likelihood-Anpassung berechnet man den Wert von χ^2 für verschiedene Werte von $A_\circ$ und trägt das Resultat graphisch auf (► Abbildung 8.7, rechts). Jetzt kann man den Wert und die Fehler ablesen ($\Delta\chi^2 = 1$):

$$\bar{A}_\circ = (211 \pm 6)/\mathrm{min}$$

Man beachte, dass die relative Unsicherheit auf $\bar{A}_\circ$ hier etwa um einen Faktor von ca. $3,5$ kleiner ist als bei der kleineren Probe, für die wir die Likelihood-Anpassung durchgeführt haben (7.31). Das ist zu erwarten, da hier die Statistik um etwas mehr als einen Faktor 10 größer ist.

Jetzt testen wir die Güte der Funktionsanpassung: Sind die Messdaten überhaupt mit einer Exponentialverteilung verträglich? Der χ^2-Wert ist 4,5 bei $N_F = 9$ Freiheitsgraden und damit kleiner als der zugehörige Mittelwert $\langle\chi^2\rangle = 9$ beziehungsweise der Median $\chi^2_{\text{med}} = 8{,}3$. Die Wahrscheinlichkeit bei $N_F = 9$ einen Wert $\chi^2 = 4{,}5$ oder kleiner zu erhalten, beträgt $P = \int_0^{4,5} f_9(\chi^2)\, d\chi^2 = 12\%$. Dies entspricht einer Abweichung von lediglich $\sigma = 1{,}2$ Standardabweichungen vom Median χ^2_{med}. Hier passt also das theoretische Modell der Exponentialverteilung zu den Messdaten.

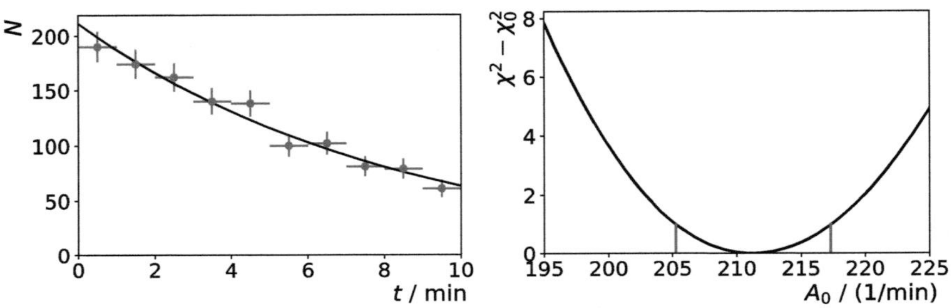

Abbildung 8.7 Parameterschätzung mit der χ^2-Methode

Die Zerfälle einer radioaktiven Probe mit mittlerer Lebensdauer $\tau = 500\,\text{s}$ messen wir in $m = 10$ Minuten-Intervallen Δt (links). Für die Exponentialverteilung bestimmen wir die anfängliche Aktivität $A_\circ = N_\circ/\Delta t$. Wir variieren $A_\circ$ und summieren für den χ^2-Wert die Quadrate der Residuen über alle Intervalle (8.32). Im Minimum ergibt sich der beste Schätzwert $\bar{A}_\circ = 211/\text{min}$ bei $\chi^2 = 4{,}5$. Dieser Wert ist im Vergleich zur Anzahl der Freiheitsgrade $NF = m - 1 = 9$ (minus 1 für den angepassten Parameter $A_\circ$) klein, jedoch sind bei einer χ^2-Wahrscheinlichkeit von $P(\chi^2 = 4{,}5,\ N_F = 9) = 12\%$ die Messungen mit der Exponentialverteilung verträglich. Den Fehler $\sigma(\bar{A}_\circ) = 6/\,\text{min}$ lesen wir bei $\Delta\chi^2 = \chi^2 - \chi^2_\circ(\bar{A}_\circ) = 1$ ab (8.30). (Python-Code: `Fig_KleinsteQuadrate2.py`)

EXTRAS ONLINE Quellcode

Das Wichtigste zum Mitnehmen

- Eine Hypothese über die Kompatibilität zweier experimenteller Ergebnisse oder zwischen einer Theorie und einem experimentellen Resultat lässt sich als Wahrscheinlichkeitsaussage beantworten. Vor der Durchführung des entsprechenden Hypothesentests wird die zugrunde liegende Wahrscheinlichkeitsverteilung und ein Grenzwert vereinbart auf deren Basis die Kompatibilität quantifiziert wird.
- Das Konfidenzniveau (confidence level CL) ist ein Wahrscheinlichkeitsmaß für die Hypothese. Unsere Perspektive ist, das Resultat x_m des Experiments als zufällige Fluktuation aus der zugrunde liegende Wahrscheinlichkeitsverteilung aufzufassen (z. B. Gauß), die den wahren Wert x_w als Mittelwert hat. Die Standardabweichung σ dieser Gaußverteilung bestimmen wir aus dem Fehler des gemessenen Resultats $x_m \pm \sigma$. Eine untere Grenze x_u für den Mittelwert dieser Gaußverteilung berechnen wir durch Integration so, dass das experimentelle Resultat oder ein höherer Ergebniswert mit der Wahrscheinlichkeit α zustande kam. Genauso berechnen wir eine obere Grenze x_o für den Mittelwert. Für das Konfidenzniveau $CL = 1 - 2\alpha = 68\%$ liegt der wahre Wert x_w innerhalb des Konfidenzintervalls $x_u < x_w < x_o$.
- Bei dem Konfidenzniveau $CL = 1 - 2\alpha = 68\%$ liegt die untere Grenze x_u eine Standardabweichung σ unter dem Messwert $(x_m - \sigma)$ und die obere Grenze x_o bei $x_m + \sigma$. Die Angabe eines gemessenen Resultats $x_m \pm \sigma$ impliziert daher, dass der wahre Wert x_w mit der Wahrscheinlichkeit 68% im Bereich $x_m - \sigma < x_w < x_m + \sigma$ liegt.
- Für die Bewertung der Kompatibilität zweier Mittelwerte ist die Studentsche t-Verteilung die korrekte Wahrscheinlichkeitsdichte.
- Die χ^2-Verteilung ist eine der wichtigsten Wahrscheinlichkeitsverteilungen für Hypothesentests und Parameterschätzungen. Sie beschreibt die quadratische Summe von n Zufallszahlen z_i aus einer Gaußverteilung mit Mittelwert $\mu = 0$ und Standardabweichung $\sigma = 1$:

  $$\chi^2 \equiv \sum_{i=1}^{n} z_i^2$$

  Die Anzahl n entspricht der Anzahl der Freiheitsgrade. Der Mittelwert der χ^2-Verteilung ist $\langle \chi^2 \rangle = n$ und die Standardabweichung ist $\sigma = \sqrt{2n}$.
- Fassen wir n Messwerte (x_i, y_i) als gaußverteilte Zufallszahlen auf, lässt sich die Kompatibilität einer Vorhersage $f(x|a)$ mit den Messungen durch das Residuum

  $$\rho_i = \frac{y_i(x_i) - f(x_i|a)}{\sigma_{y,i}(x_i)}$$

  als χ^2-Test formulieren: Das Integral der χ^2-Verteilung für n Freiheitsgrade oberhalb von $\chi^2 = \sum_{i=1}^{n} \rho_i^2$ ergibt die χ^2-Wahrscheinlichkeit für die Kompatibilität der Vorhersage mit den Messungen.
- Den Parameter a der Vorhersage $f(x|a)$ können wir durch Minimierung von $\chi^2 = \sum_{i=1}^{n} \rho_i^2$ bestimmen. Den Fehler der besten Schätzung $\bar{a}$ des Parameters lesen wir links und rechts des Minimums $\partial\chi^2/\partial a|_{\bar{a}=a} = 0$ der χ^2-Summe ab: Wie beim Likelihood-Verfahren beträgt bei der Differenz $|\chi^2(a_m) - \chi^2(\bar{a})| = m^2$ mit $m = 1, 2, 3 \ldots$

die Entfernung vom Schätzwert m Standardabweichungen σ. Folgt $\chi^2(a)$ näherungsweise der Form einer Parabel, so lautet das Resultat der Parameteranpassung $\bar{a} \pm \sigma$ mit $\sigma = |a_1 - \bar{a}|$.

Aufgabe 8.1: Vergleich zweier experimenteller Mittelwerte

Gegeben sind die Messwerte zweier Experimente:

Experiment 1: n=3 Werte $x_i = 3, 5, 7$
Experiment 2: m=4 Werte $y_i = -2, 0, 2, 4$

Sind die beiden experimentellen Resultate statistisch miteinander verträglich?

Aufgabe 8.2: χ^2-Wahrscheinlichkeit

Berechnen Sie mithilfe einer Tabelle oder eines Internetrechners die Wahrscheinlichkeiten für $n = 50$ Messungen (Freiheitsgrade) folgende Werte zu erhalten:

1 $\chi^2 = 30$

2 $\chi^2 = 55$

Computersimulation

ÜBERBLICK

9

» Wenn wir erwartete Wahrscheinlichkeitsverteilungen nicht einfach analytisch berechnen können, helfen häufig Computersimulationen, die wir mit Zufallszahlen durchführen. Zunächst zeigen wir das Prinzip der Simulationen anhand des Mittelwerts einer Häufigkeitsverteilung.

Dann stellen wir eine Quotientenmethode vor, bei der wir mithilfe der Likelihood-Methode testen, ob eine bestimmte Modellhypothese besser mit den Messdaten verträglich ist als eine andere Modellhypothese. Schließlich zeigen wir ein Likelihood-Verfahren, mit dem wir gleichzeitig statistische und systematische Fehler bei der Schätzung eines Parameters bestimmen. «

9.1 Anwendungsfälle

Können wir eine Wahrscheinlichkeitsverteilung nicht ohne weiteres analytisch auswerten, z. B. weil es sich um das Resultat der Faltung mehrerer Wahrscheinlichkeitsverteilungen handelt, können wir uns mit Computersimulationen weiterhelfen.

Ein typischer Anwendungsfall ist, die Übereinstimmung eines experimentellen Resultats mit einem bestimmten Modell zu überprüfen. Wir simulieren dafür anhand des Modells Experimente und berechnen damit numerisch das Konfidenzniveau.

In der ► Abbildung 9.1 sehen wir links oben eine Datenverteilung mit $n \approx 100$ Messpunkten, deren Mittelwert $\overline{x}_{\text{Daten}} = 30,4$ beträgt und durch den Pfeil gekennzeichnet ist.

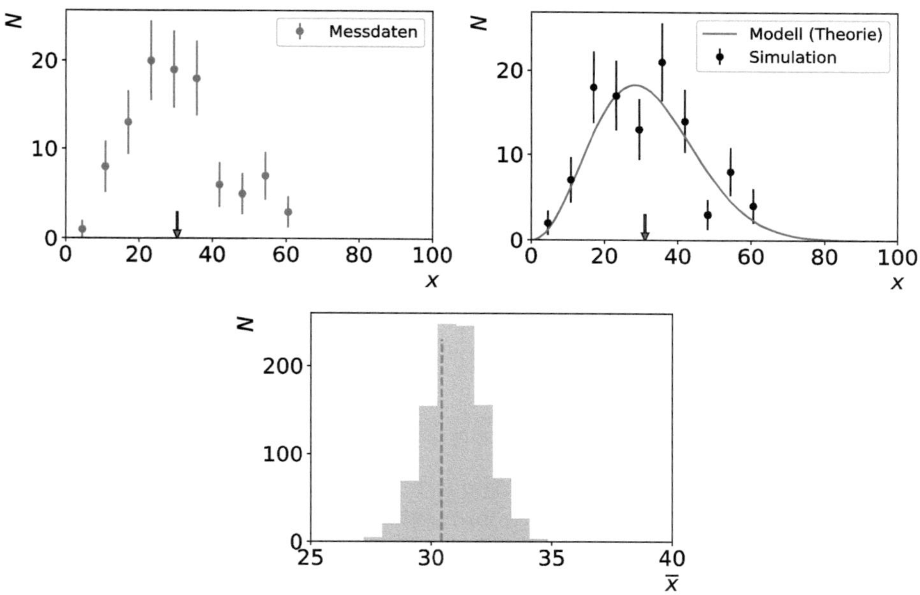

Abbildung 9.1 Mittelwert einer Messung im Vergleich zu Computersimulationen

Links oben ist die Häufigkeitsverteilung von Messungen gezeigt, deren Mittelwert durch den Pfeil visualisert ist. Die Abbildung rechts oben zeigt ein theoretisches Modell für das Experiment. Wir erwarten keine exakte Übereinstimmung zwischen Theorie und Experiment, sondern nur Übereinstimmung im Rahmen der statistischen Schwankungen, die bei Zählungen entstehen (Poissonverteilung (3.45)). In der Abbildung rechts oben ist auch die Realisierung (Symbole) eines einzelnen, simulierten Experiments und sein Mittelwert (Pfeil) gezeigt. In der unteren Abbildung ist die Verteilung der Mittelwerte von 1.000 simulierten Experimenten (Histogramm) gezeigt, die mit dem Mittelwert des Experiments gut verträglich ist (senkrechte Linie). (Python-Code: `Fig_Computersimulation1.py`)

EXTRAS ONLINE Quellcode

In der ► Abbildung 9.1 rechts oben ist eine Modellverteilung gezeigt, die offenbar nicht gaußförmig ist. Wir möchten herausfinden, ob der gemessene Mittelwert mit Mittelwerten verträglich ist, die wir aus simulierten Experimenten erhalten würden, die dem Modell folgen.

Dafür machen wir 1.000 simulierte Experimente mit jeweils n „Messwerten". Wegen der begrenzten Anzahl der Messdaten des Experiments sollten die simulierten Daten im Rahmen der Poissonverteilung (3.45) um die erwarteten Werte des Modells streuen.

Für alle x-Intervalle i des ersten simulierten Experiments erstellen wir die Poissonverteilung P_i mit dem Mittelwert μ_i, der dem erwarteten Wert aus dem Modell entspricht. Mit n_i bezeichnen wir eine noch auszuwählende Anzahl der Einträge im simulierten x-Intervall i:

$$P_i(n_i|\mu_i) = e^{-\mu_i} \cdot \frac{\mu_i^{n_i}}{n_i!} \tag{9.1}$$

Wir erzeugen die Zufallszahlen n_i entsprechend dieser Poissonwahrscheinlichkeitsverteilungen (ein Beispiel dazu folgt weiter unten).

In der ► Abbildung 9.1 rechts oben ist die Realisierung eines simulierten Experiments mit den Symbolen gezeigt, die offensichtlich um das Modell streuen. Nachdem alle x-Intervalle gefüllt sind, berechnen wir den Mittelwert $\overline{x}$ dieses simulierten Experiments (Pfeil) und tragen ihn in das Histogramm der unteren ► Abbildung 9.1 ein. Diese Prozedur wiederholen wir für jedes der 1000 simulierten Experimente.

Der gemessene Mittelwert ist im Vergleich zur Modellvorhersage kleiner. Wir untersuchen hier, ob eine statistische Fluktutation zu dem gemessenen Mittelwert $\overline{x}_{\text{Daten}}$ oder einem kleineren Wert führt. Diese Wahrscheinlichkeit P berechnen wir über folgendes Integral:

$$P = \int_{-\infty}^{\overline{x}_{\text{Daten}}} \frac{1}{N} \frac{dN}{d\overline{x}} \, d\overline{x} = 0{,}3$$

Die Übereinstimmung des Modells mit dem Datenmittelwert ist mit einem Konfidenzniveau von $CL = 1 - P = 70\%$ (8.3) im Rahmen zufälliger Fluktuationen in den Messdaten gut erklärbar.

Beispiel 9.1: Zufallszahlen einer Wahrscheinlichkeitsverteilung

Mit einem Zufallsgenerator für gleichverteilte Zahlen z zwischen $0 \leq z \leq 1$ können wir eine Gleichverteilung erzeugen.

Zufallszahlen entsprechend der Gaußverteilung können wir nach dem Zentralen Grenzwertsatz (Abschnitt 4.2) durch die Überlagerung vieler gleichverteilter Zufallszahlen $(\sum_{i=1}^{n} z_i)/n$ erhalten.

Zufallszahlen anderer Wahrscheinlichkeitsverteilungen können wir durch zwei gleichverteilte Zufallszahlen z_1 und z_2 generieren. Als Beispiel wollen wir hier eine Poissonverteilung $P(r)$ mit dem Mittelwert $\mu = 3$ im Bereich $0 \leq r \leq 10$ erzeugen (Abbildung 9.2). Zunächst vergrößern wir die erste Zufallszahl z_1 um den Faktor $f = 10$ und bilden damit den ganzzahligen Wert $r = z_1 f$.

Mithilfe der zweiten Zufallszahl z_2 wählen wir, ob wir r akzeptieren oder verwerfen. Dafür vergleichen wir z_2 mit $P(r)$:

$$\begin{aligned} z_2 &\leq P(r) \quad && \text{akzeptieren} \\ z_2 &> P(r) \quad && r \text{ neu würfeln} \end{aligned}$$

Dieses Verfahren ist rechenzeitaufwändig. Computerprogramme für die Datenanalyse bieten bereits komfortable Lösungen an (siehe Python-Beispiel).

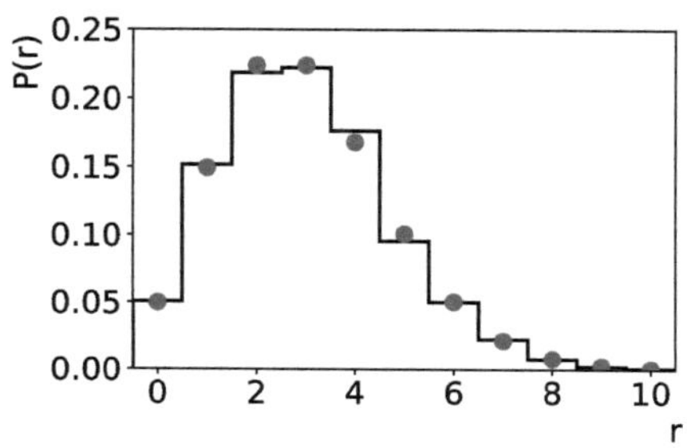

Abbildung 9.2 Zufallszahlen entsprechend der Poissonverteilung

Die Symbole (Punkte) markieren eine Poissonverteilung $P(r)$ mit dem Mittelwert $\mu = 3$ im Bereich $0 \leq r \leq 10$. Das Histogramm zeigt die Verteilung von 10.000 Zufallszahlen, die nach der Poissonverteilung gezogen wurden. (Python-Code: `Fig_Computersimulation2.py`)

EXTRAS ONLINE Quellcode

Python Quellcode: Poissonzufallszahlen

```
from scipy.stats import poisson
poisson.rvs(mu)
```

Berechnet eine poissonverteilte Zufallszahl bei einem Mittelwert `mu`.

9.2 Likelihood-Quotient

Mit dem Verhältnis zweier Likelihood-Werte können wir quantifizieren, ob ein Datensatz mit einer Modellhypothese eher verträglich ist als mit einer anderen Modellhypothese. Zur Anschauung machen wir folgendes Gedankenexperiment.

Experiment 9.1: Goldsucher

In einer Gegend mit früheren Goldfunden bietet eine Firma den Kauf von Schürfrechten an. Wir besitzen eine automatische Goldsuchmaschine, die gleich große Würfel aus dem Erdreich sticht und über die Messung der Würfelmasse die Dichte ρ des

Materials ermittelt. Die Dichteverteilungen von Erdwürfeln mit ($f_g(\rho)$) und ohne Goldanteilen ($f_\circ(\rho)$) sind in der linken Abbildung 9.3 gezeigt. Sie unterscheiden sich nur geringfügig, seien aber durch viele Messungen bekannt.

Der Verkäufer der Schürfrechte lobt das Gebiet und stellt einen Anteil von $a_\circ = 18\%$ Würfeln mit Goldanteilen in Aussicht. In einer ersten Grabung vermessen wir $N = 100$ Erdwürfel und vergleichen die Messung (Symbole in der rechten Abbildung 9.3) mit der Behauptung des Verkäufers. Dabei interessieren uns die Fragen: Gibt es hier überhaupt Gold? Können wir die Aussage des Verkäufers bestätigen?

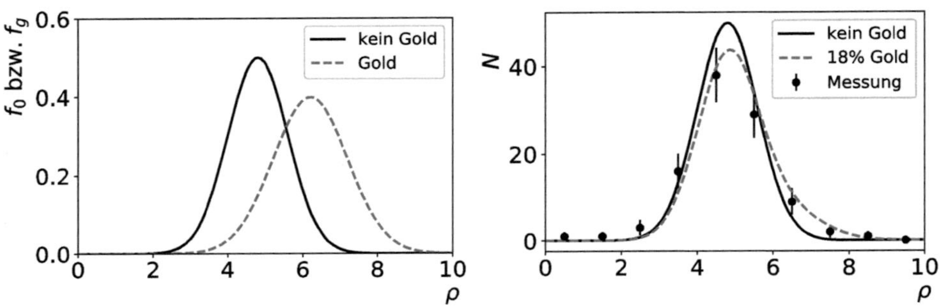

Abbildung 9.3 Goldsuche

Links ist die erwartete Verteilung in der Massendichte ρ von Erdwürfeln mit und ohne Goldanteil dargestellt. Rechts ist die gemessene Massendichte von Erdwürfeln (Symbole) im Vergleich zu zwei Modellannahmen gezeigt. Die gestrichelten Kurve enthält die Annahme, dass der Erdwürfelanteil mit Gold bei 18% liegt. Bei der durchgezogenen Kurve wird angenommen, dass es gar kein Gold gibt. (Python-Code: `Fig_Computersimulation3.py`)

EXTRAS ONLINE Quellcode

Die Behauptung des Verkäufers können wir mathematisch in folgendem Modell formulieren. Die vorhergesagte Verteilung $f(\rho, a)$ setzt sich aus den beiden Dichteverteilungen $f_g(\rho)$ und $f_\circ(\rho)$ zusammen, die mit dem Anteil a der Erdwürfel mit Goldanteilen bzw. $(1-a)$ gewichtet werden. Mit der Anzahl N der genommen Proben lautet das Modell:

$$f(\rho, a) = N\ [a\, f_g(\rho) + (1-a)\, f_\circ(\rho)] \tag{9.2}$$

In jedem Intervall i der Dichte ρ vergleichen wir die Anzahl n_i der Dateneinträge mit den Einträgen $f(\rho_i, a_\circ)$ des Modells mit der Verkäufervorhersage $a_\circ = 0{,}18$. Falls das Modell für die gemessenen Daten korrekt ist, sollten die Dateneinträge im Rahmen der Poissonverteilung (3.45) um die erwarteten Modelleinträge $\mu_i = f(\rho_i, a_\circ)$ streuen:

$$P_i(n_i|\mu_i) = e^{-\mu_i} \cdot \frac{\mu_i^{\,n_i}}{n_i!} \tag{9.3}$$

Wir berechnen die Poissonwahrscheinlichkeit in allen m Intervallen und bilden den Likelihood-Wert (7.2) für den vorhergesagten Anteil $a_\circ = 0{,}18$:

$$\mathcal{L}(daten|a_\circ) = \prod_{i=1}^{m} P_i(n_i|\mu_i) \tag{9.4}$$

Anschließend variieren wir den Anteil a der Erdwürfel mit Goldanteilen im Modell (9.2) und schätzen mit dem Maximum-Likelihood-Verfahren (7.3) den wahrscheinlichsten Wert für die Messungen. In unserem Beispiel ergibt sich

$$\bar{a} = 0{,}11 \ . \tag{9.5}$$

Mit dem Likelihood-Wert $\mathcal{L}(daten|\bar{a})$ für den wahrscheinlichsten Wert $\bar{a}$ bilden wir den Quotienten der beiden Likelihood-Werte [14]:

$$\lambda = \frac{\mathcal{L}(daten|a_\circ)}{\mathcal{L}(daten|\bar{a})} \tag{9.6}$$

Der Quotient liegt im Intervall $0 \leq \lambda \leq 1$. Wenn die Aussage des Verkäufers korrekt ist, sollte der Wert in der Nähe von $\lambda = 1$ liegen. Sollte sich allerdings ein λ-Wert nahe Null zeigen, so ist seine Aussage mit den von uns genommenen $N = 100$ Proben statistisch nicht haltbar.

Für unsere Berechnungen können wir anstelle des Quotienten λ auch die logarithmische Form entsprechend (7.9) wählen und damit eine Testgröße t bilden:

$$t = -2\,\ln\lambda = -2\,(\ln\mathcal{L}(daten|a) - \ \ln\mathcal{L}(daten|\bar{a})) = F(a) - F(\bar{a}) \tag{9.7}$$

Wir setzen dafür alle Werte direkt in die Summanden der Gleichung (7.28) ein.

Zunächst zeigen wir in der linken ► Abbildung 9.4 den Verlauf der Testgröße t als Funktion des Goldanteils a mit dem Minimum bei dem gemessenen Goldanteil von $\bar{a} = 0{,}11$.

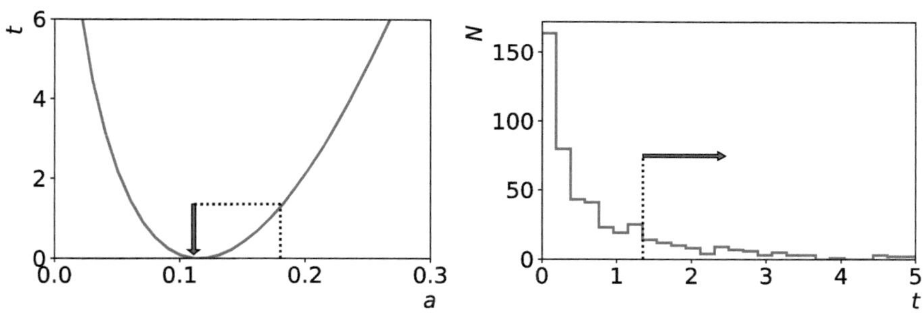

Abbildung 9.4 Test der Kompatibilität zwischen gemessenem Goldanteil und der Vorhersage

Links ist die Differenz der negativen Log-Likelihood-Funktionen $t = F(a) - F(\bar{a})$ als Funktion des Goldanteils a gezeigt. Unser gemessener Goldanteil $\bar{a} = 0{,}11$ wird durch das Minimum angezeigt. Als Testgröße für die Hypothese $a_\circ = 0{,}18$ verwenden wir die Differenz der negativen Log-Likelihood-Funktionen $t = F(a_\circ) - F(\bar{a}) = 1{,}35$ (Pfeil links). Rechts sind 500 simulierte Experimente mit wahrem Goldanteil $a_\circ = 0{,}18$ gezeigt (Histogramm), wobei die »gemessenen« Goldanteile im Rahmen der statischen Fluktuationen schwanken (Poissonverteilung). Unser gemessener Goldanteil $\bar{a} = 0{,}11$ (senkrechte Linie) ist offenbar mit der Hypothese eines wahren Goldanteils von $a_\circ = 0{,}18$ verträglich. (Python-Code: `Fig_Computersimulation3.py`)

EXTRAS ONLINE Quellcode

Für unsere Messung und die Vorhersage des Verkäufers ist in der ► Abbildung 9.4, links die Testgröße $t(a_\circ = 0{,}18; \bar{a} = 0{,}11)$ als Differenz der beiden negativen Log-Likelihood-Werte visualisiert. In unserem Beispiel ergibt sich:

$$t(a_\circ, \bar{a}) = 1{,}35 \tag{9.8}$$

Um herauszufinden, ob unser Messwert $\bar{a} = 0{,}11$ im Rahmen der Verkäufervorhersage ein wahrscheinlicher Wert ist, simulieren wir anhand des Modells (9.2) mit dem vorhergesagten Anteil $a_\circ = 0{,}18$ insgesamt 500 Experimente mit jeweils $N = 100$ Würfeln aus dem Erdreich.

Dafür verwenden wir in jedem Intervall i der Dichte ρ die Anzahl der Modelleinträge als Mittelwert μ_i einer Poissonverteilung und erzeugen eine Zufallszahl n_i für die Anzahl der Einträge des simulierten Experiments in diesem Dichteintervall. Anschließend berechnen wir die Testgröße t (9.7).

Die normierte Verteilung der simulierten Testgrößen t ist in der ► Abbildung 9.4, rechts gezeigt. Zusätzlich ist der Wert $t(a_\circ, \bar{a})$ (9.8) aus der Messung eingezeichnet. Offenbar ist unser Messwert ein wahrscheinlicher Wert.

Die Wahrscheinlichkeit P, dass eine statistische Fluktuation zu dem Wert $t(a_\circ, \bar{a})$ oder einem größeren Wert geführt hat, berechnen wir über das Integral zu

$$P\,(t \geq t(a_\circ, \bar{a})) = \int_{t(a_\circ, \bar{a})}^{\infty} f(t)\; dt = 0{,}21\;. \tag{9.9}$$

Die Übereinstimmung mit der Aussage des Verkäufers ist bei einem Konfidenzniveau von $CL = 1 - P = 79\%$ (8.3) recht gut. Als einseitige Grenze entspricht sie $\sigma = 0{,}8$ Gauß'schen Standardabweichungen.

Natürlich wollen wir auch sicherstellen, dass überhaupt Gold vorhanden ist. Dafür testen wir die Hypothese, dass der Goldanteil bei $a = 0$ liegt. Wir berechnen die Testgröße t für diese Überlegung und erhalten für unser Beispiel:

$$t = F(0) - F(\bar{a}) = 18{,}7$$

Für diese Differenz in der negativen Log-Likelihood-Funktion erwarten wir nach Tabelle (7.22) eine Abweichung von mehr als 4 Standardabweichungen. Um die Wahrscheinlichkeit für eine statistische Fluktuation quantitativ erfassen zu können, brauchen wir nach Tabelle (8.8) zwischen $1/(3{,}17 \cdot 10^{-5}) \approx 30.000$ und $1/(2{,}87 \cdot 10^{-7}) \approx 3.000.000$ simulierte Experimente.

Für jedes der simulierten Experimente erzeugen wir anhand der Modellverteilung $f_o(\rho)$ ohne Goldanteile eine Messreihe mit $N = 100$ Würfeln aus dem Erdreich (► Abbildung 9.5).

Insgesamt 4 von 1.000.000 simulierten Experimenten zeigen einen größeren Wert als die Daten. Die Wahrscheinlichkeit, den Wert $t = 18{,}7$ (senkrechte Linie) oder einen größeren Wert zu finden, beträgt somit $4/1.000.000 \approx 4 \cdot 10^{-6}$ bzw. als einseitige Grenze 4,5 Standardabweichungen (8.8).

Damit ist es sehr wahrscheinlich, dass wir durch den Kauf der Schürfrechte tatsächlich Gold finden!

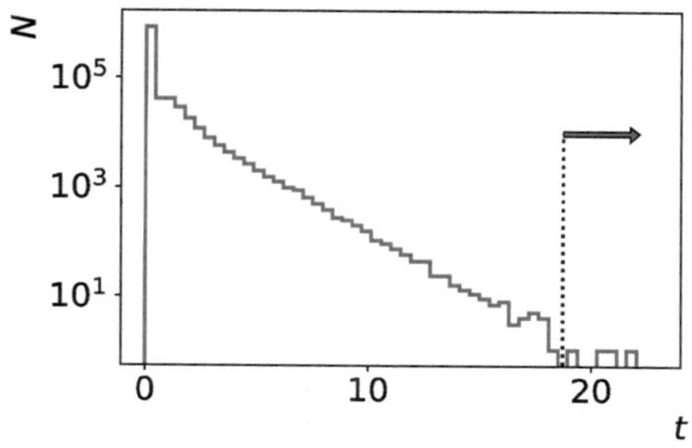

Abbildung 9.5 Test der Kompatibilität des gemessenen Goldanteils mit der Nullhypothese

In diesem Fall wäre unsere Messung des Goldanteils von $\bar{a} = 0{,}11$ nur zufällig durch eine statistische Fluktuation zustande gekommen. Gezeigt sind 1.000.000 simulierte Experimente ohne Goldanteil (Histogramm), wobei die »gemessenen« Goldanteile im Rahmen der statischen Fluktuationen schwanken (Poissonverteilung). Als Testgröße verwenden wir die Differenz der negativen Log-Likelihood-Funktionen $t = F(0) - F(a)$. Für unseren gemessenen Wert $t = 18{,}7$ (senkrechte Linie) ist es mit $4{,}5\sigma$ Standardabweichungen sehr unwahrscheinlich, dass kein Gold vorhanden ist. (Python-Code: `Fig_Computersimulation3.py`)

EXTRAS ONLINE Quellcode

Python Quellcode: Gold

Die Berechnungen des Kapitels 9.2 sind in der Python-Code Datei

`Fig_Computersimulation3.py`

durchgeführt.

9.3 Kombinierte statistische, systematische Fehler

In diesem Abschnitt stellen wir eine Methode vor, mit der systematische Fehler und statistische Fehler korreliert zu einem Gesamtfehler eines Messresultats zusammengefasst werden können. Dabei nutzen wir unsere Kenntnisse über das Theorem von Bayes (Abschnitt 2.4), die Poissonverteilung (Abschnitt 3.3) und über Parameterschätzungen mit der Likelihood-Funktion (Abschnitt 7.1).

Wir betrachten noch einmal das Gedankenexperiment mit der Goldsuchmaschine (Abschnitt 9.2). In einem bislang unerforschten Gebiet möchten wir den Anteil der Erdwürfel mit Gold bestimmen und den Messfehler inklusive der systematischen Unsicherheiten angeben.

Dazu führen wir Dichtemessungen mit $N = 300$ Erdproben durch, die in der Abbildung 9.6 gezeigt sind.

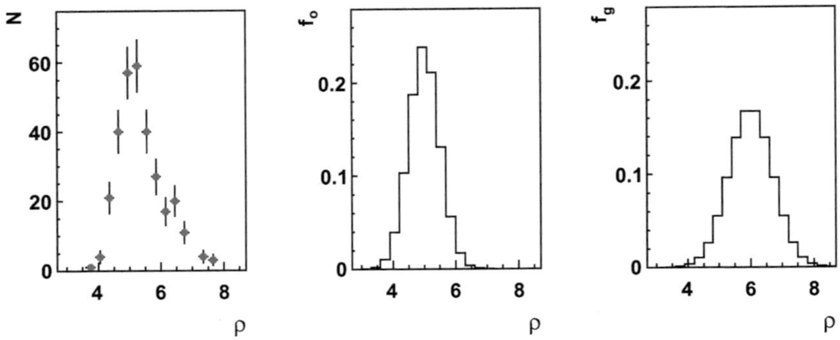

Abbildung 9.6 Erneute Goldsuche

Links ist die Messung der Massendichte ρ von 300 Erdwürfeln im Rahmen der Goldsuche dargestellt. Ziel ist die Bestimmung des Goldanteils a anhand der erwarteten Verteilungen in der Massendichte von Erdwürfeln ohne Goldanteil (Mitte) und mit Goldanteil (rechts) unter Einbeziehung statistischer und systematischer Fehler.

Wir verwenden wieder das Modell (9.2) mit den diskreten Wahrscheinlichkeitsdichten f_g für Erdwürfel mit Goldanteil und f_o für Erdwürfel ohne Goldanteil und dem Anteilsfaktor a:

$$f(\rho, a) = N\ [a\, f_g(\rho) + (1-a)\, f_o(\rho)] \tag{9.10}$$

Um den Anteil a der Erdwürfel mit Gold aus den Messungen zu bestimmen, verwenden wir die Maximum-Likelihood-Methode zusammen mit dem Theorem von Bayes. Zunächst ermitteln wir den optimalen Wert $\bar{a}$ und seinen statistischen Fehler. Im dann folgenden Teil erweitern wir das Verfahren und zeigen, wie man systematische Effekte im Messergebnis berücksichtigt.

Parameterschätzung mit statistischem Fehler

In jedem Intervall j unserer oben gezeigten Dichteverteilungen betrachten wir den Modellwert $f(\rho_j, a)$ für einen gegebenen Goldanteil a als den Mittelwert μ_j einer Poissonverteilung (3.45). Die Anzahl der Messwerte n_j in diesem Intervall j variiere mit der Poissonwahrscheinlichkeit um diesen Mittelwert μ_j:

$$P_j(n_j|\mu_j) = e^{-\mu_j} \cdot \frac{\mu_j^{\,n_j}}{n_j!} \tag{9.11}$$

Aus allen m Intervallen des Histogramms bilden wir die Likelihood-Funktion

$$\mathcal{L}(a) = \prod_{j=1}^{m} P_j(n_j|\mu_j) \tag{9.12}$$

und erhalten durch das Maximum der Likelihood-Funktion den optimalen Anteil $\bar{a}$ anhand der Daten (7.3):

$$\left.\frac{\partial \mathcal{L}}{\partial a}\right|_{\bar{a}=a} = 0$$

Wir haben mit dieser Likelihood-Anpassung ein Maß für die bedingte Wahrscheinlichkeit $p(daten|a)$ (2.31) ermittelt, dass wir bei gegebenem Goldanteil a die beobachtete Datenverteilung erhalten:

$$p(daten|a) = \text{const.}' \cdot \mathcal{L}(a) \tag{9.13}$$

Unser eigentliches Ziel ist die umgekehrte bedingte Wahrscheinlichkeit, dass sich bei den gegebenen Daten der Goldanteil a ergibt:

$$p(a|daten) \tag{9.14}$$

Wie wir im Abschnitt 7.1 erläutert haben, erhalten wir diese A-posteriori Wahrscheinlichkeitsverteilung (2.30) über das Theorem von Bayes (2.32):

$$p(a|daten) = p(daten|a)\,\frac{p(a)}{p(daten)} \tag{9.15}$$

Die Wahrscheinlichkeit $p(daten)$ für die bereits genommenen Daten ist konstant und braucht bei der Anpassung des Goldanteils a nicht berücksichtigt zu werden.

Wir benötigen nun noch eine A-priori-Verteilung $p(a)$ (2.34) für den Anteil a der Erdwürfel mit Gold. Dann entspricht wegen (9.13) das Produkt aus der Likelihood-Verteilung $\mathcal{L}(a)$ und der A-priori-Verteilung $p(a)$ bis auf eine Normierungskonstante c der A-posteriori Wahrscheinlichkeitsverteilung:

$$p(a|daten) = c \cdot \mathcal{L}(a) \cdot p(a) \tag{9.16}$$

Wir nehmen hier an, dass jeder mögliche Goldanteil zwischen $0 \leq a \leq 1$ gleichwahrscheinlich ist, sodass wir als A-priori-Verteilung wählen:

$$p(a) = 1 \tag{9.17}$$

In diesem Fall ergeben sich die Kenngrößen der A-posteriori-Verteilung direkt über die Likelihood-Verteilung (vergleiche mit (7.8)):

$$p(a|daten) = \text{const.} \cdot \mathcal{L}(a) \tag{9.18}$$

Aus der A-posteriori-Verteilung in ► Abbildung 9.7 können wir direkt den wahrscheinlichsten Wert des Goldanteils a ablesen. Den statistischen Fehler von a erhalten wir aus dem Intervall um den wahrscheinlichsten Wert, in dem 68,27% der Flächen unter der Kurve liegt (Durchführung der Datenanalyse: Robert Fischer)

$$a = 0{,}34 \pm 0{,}04\ . \tag{9.19}$$

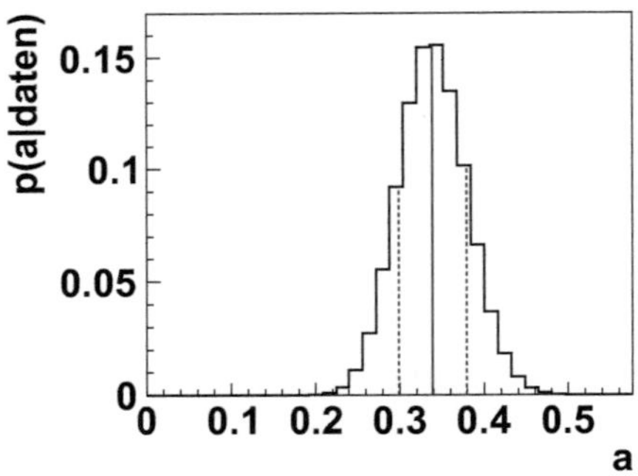

Abbildung 9.7 Schätzung des Goldanteils a und sein statistischer Fehler

Die Abbildung zeigt die A-posteriori-Verteilung $p(a|daten)$ des Goldanteils a, die sich nach dem Theorem von Bayes aus der Likelihood-Anpassung $\mathcal{L}(a)$ des Modells (9.10) an die Messwerte (► Abbildung 9.6) und durch Multiplikation mit der A-priori-Verteilung $p(a) = 1$ für den Goldanteil ergibt. Bester Schätzwert ist der wahrscheinlichste Wert $\bar{a} = 0{,}34$ (hier der Median). Den statistischen Fehler $\sigma(a) = 0,04$ erhalten wir durch Ausschluss der Ausläufer, die links und rechts jeweils 15,87% der Fläche einnehmen, sodass wir das $\pm 1\sigma$-Intervall (68,27%) um $\bar{a}$ erhalten.

Parameterschätzung mit systematischen Fehlern

Für ein vollständiges Messresultat wollen wir nun auch systematische Fehler in die Datenauswertung einbeziehen. Das Resultat unserer Dichtemessung wird offensichtlich von der Luftfeuchtigkeit H beeinflusst, die zur Zeit der Probenentnahme herrschte.

Die Luftfeuchtigkeit betrage $H = 60\%$ bei einer Messgenauigkeit von $\sigma_H = 2\%$. Wir behandeln diesen Effekt als systematischen Fehler entsprechend der in ► Abbildung 9.8, links dargestellten Gaußverteilung $S(H)$ mit der Standardabweichung $\sigma_H = 2\%$.

Die systematische Unsicherheit in der Luftfeuchtemessung verändert unsere Modellfunktion $f(\rho, a)$ (9.10). Wir erweitern daher f um eine weitere Dimension, sodass wir sowohl den Goldanteil a, als auch die Luftfeuchtigkeit H variieren können: $f(\rho, H, a)$.

In der ► Abbildung 9.8, rechts zeigen wir für einen vorgegebenen Goldanteil a die Modellverteilung $f(\rho, H, a)$ zur besseren Übersicht nur an den Stellen $H_\circ$, $H_\circ + \sigma_H$ und $H_\circ - \sigma_H$. Für die weiteren Berechnungen müssen natürlich auch alle anderen Werte von f gefüllt werden.

Die Likelihood-Funktion $\mathcal{L}$ (9.12) muss nun ebenfalls sowohl den Goldanteil a, als auch die Luftfeuchtigkeit H berücksichtigen können. Mit der erweiterten Modellfunktion $f(\rho, H, a)$ erhalten wir für vorgegebene Wertepaare (H, a) in jedem Dichteintervall ρ_j den Mittelwert μ_j der Poissonverteilung $P_j(n_j|\mu_j)$, sodass sich als modifizierte Likelihood-Funktion ergibt:

$$\mathcal{L}'(a, H) = \prod_{j=1}^{m} P_j(n_j|\mu_j) \tag{9.20}$$

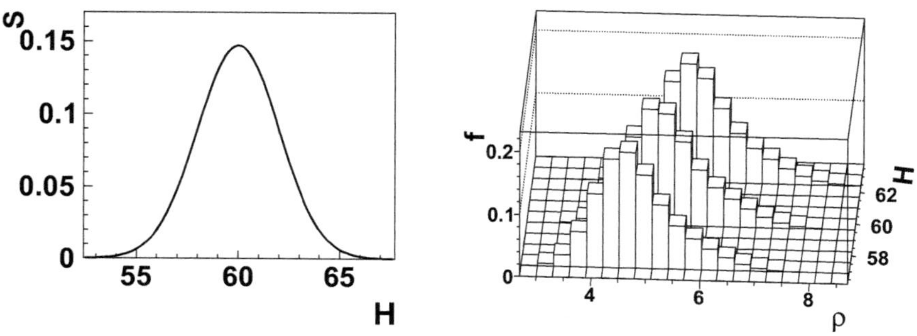

Abbildung 9.8 Einfluss der Luftfeuchtigkeit

Die Luftfeuchtigkeit $H = 60\%$ während der Messung des Goldanteils a ist nicht exakt bekannt, sondern mit einer Unsicherheit von 2% behaftet. Wir modellieren H durch eine Gaußverteilung $S(H)$ (links) und übertragen diesen systematischen Fehler auf die Bestimmung des Goldanteils a: Das rechts gezeigt Modell $f(\rho, a, H)$ für die Massendichte ρ der Erdwürfel verändert sich sowohl durch den Goldanteil a (für diese Visualisierung ist $a = const.$) als auch durch die Luftfeuchtigkeit H. Bei der Likelihood-Anpassung an die Messungen werden a und H gleichzeitig variiert, wobei berücksichtigt wird, dass als wahre Luftfeuchtigkeit $H = 60\%$ wahrscheinlicher als $H = 55\%$ ist (links).

Um die Ungenauigkeit σ_H in der Luftfeuchtigkeitsmessung bei der Bestimmung der A-posteriori-Verteilung $p(a|daten)$ zu berücksichtigen, modifizieren wir (9.16) mit $\mathcal{L}'(a, H)$ und einer A-priori-Verteilung $S(H)$ für die Luftfeuchtigkeit:

$$p(a|daten) = c \cdot \int \mathcal{L}'(a, H) \cdot p(a) \cdot S(H)\, dH \qquad (9.21)$$

Wir integrieren über den Einfluss der Luftfeuchtigkeit, da uns als Messergebnis lediglich die Angabe des Goldanteils a und sein Fehler interessieren. Bevor wir den Einfluss der Luftfeuchtigkeit auf $p(a|daten)$ erläutern, erklären wir die einzelnen Terme der Gleichung.

In (9.21) ist c ein Normierungsfaktor für $p(a|daten)$ analog zu (9.16). Der Goldanteil a soll wieder frei zwischen $[0, 1]$ variieren, sodass wir für die A-priori-Verteilung wieder $p(a) = 1$ verwenden (9.17).

Als A-priori-Verteilung für die Luftfeuchtigkeit H verwenden wir die oben abgebilidete Verteilung $S(H)$. Wir gehen davon aus, dass die systematische Unsicherheit von H klein ist, weswegen große Variationen in H durch die Gaußverteilung gedämpft werden sollen.

Um den Einfluss der Luftfeuchtigkeit auf das Ergebnis von (9.21) zu verstehen, machen wir folgende Überlegung. Das erweiterte Modell $f(\rho, H, a)$ passe bei einem gegebenem Goldanteil, z. B. $a = 0{,}3$, an der Stelle $H = H_\circ + 0{,}2\,\sigma_H$ insgesamt besser an die Daten, als bei dem nominellen Wert $a(H_\circ) = 0{,}34$ (9.19).

Dadurch wird der Likelihood-Term $\mathcal{L}'(a, H_\circ + 0{,}2\,\sigma_H)$ bei der Integration in (9.21) einen großen Beitrag liefern, der durch die Multiplikation mit der A-priori-Verteilung $S(H_\circ + 0{,}2\,\sigma_H)$ noch etwas gedämpft wird. Die A-posteriori-Verteilung $p(a|daten)$ kann dadurch im Vergleich zur oben gezeigten, rein statistischen Auswertung etwas breiter werden und leicht verschoben sein.

In der ► Abbildung 9.9, links ist die resultierende A-posteriori-Verteilung $p(a|daten)$ gezeigt. Unser Messergebnis mit seinem gemeinsamen statistischen und systematischen Fehler lesen wir direkt aus dieser Verteilung ab. Die gestrichelten Linien zeigen den Bereich, in dem 68% der Werte liegen:

$$a = 0{,}28^{+0{,}06}_{-0{,}05} \tag{9.22}$$

Der Gesamtfehler ist etwas größer als der statistische Fehler (9.19).

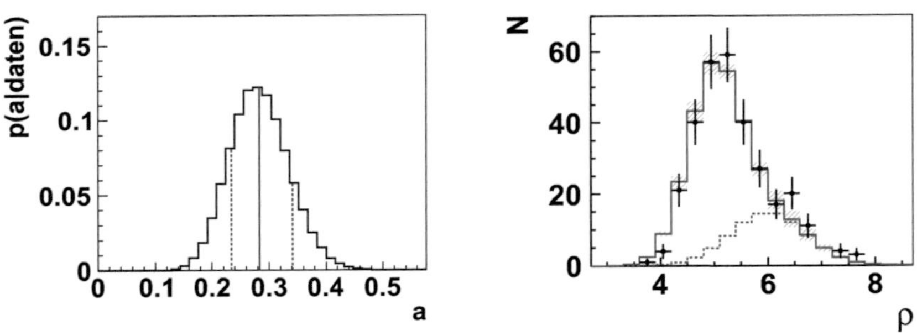

Abbildung 9.9 Schätzung des Goldanteils a mit komb. statistischen und systematischen Fehler

Links ist die Verteilung unter Berücksichtigung der statistischen Fehler und des systematischen Fehlers der Luftfeuchtigkeitsmessung H dargestellt. Im Vergleich zur rein statistischen Auswertung (► Abbildung 9.7) ist der beste Schätzwert leicht verschoben, gleichzeitig ist der Fehler größer: $a = 0{,}28^{+0{,}06}_{-0{,}05}$. Rechts sind die Messungen der Massendichte ρ der Erdwürfel im Vergleich zum angepassten Modell mit allen Anteilen (durchgezogenes Histogramm) und separat dem Goldanteil (gestricheltes Histogramm) gezeigt. Die schraffierte Fäche zeigt die Unsicherheit durch den Fehler σ in der Bestimmung des Goldanteils a.

In der ► Abbildung 9.9, rechts ist das Modell mit dem angepassten Goldanteil a im Vergleich zu den Daten gezeigt. Das Fehlerband des Modells zeigt, wie sich die Modellverteilung unter Variation entsprechend des Messfehlers von a verändert. Das gestrichelte Histogramm zeigt die Goldverteilung $N\, a\, f_g(\rho)$.

Der Goldanteil in dem bislang unerforschten Gebiet ist also auch bei Berücksichtigung des durch die Luftfeuchtigkeit verursachten systematischen Fehlers vergleichsweise groß.

In aktuellen Datenauswertungsprogrammen zur Bestimmung systematischer Fehler ist die Einführung von m systematischen Unsicherheiten entsprechend möglich [5, 16].

Wir bezeichnen mit $S_i(h_i)$ die Wahrscheinlichkeitsdichten der einzelnen systematischen Fehler, die als A-priori-Verteilungen der Fehler genommen werden. Die Likelihood-Funktion (9.20) erweitern wir entsprechend auf $\mathcal{L}'(a, \vec{h})$. Analog zu (9.21) ergibt das Integral

$$p(a|daten) = c \cdot \int \mathcal{L}'(a, \vec{h}) \cdot S_1(h_1) \cdot \ldots \cdot S_m(h_m) \cdot p(a)\, dh_1 \ldots dh_m \tag{9.23}$$

die A-posteriori-Verteilung. Sie enthält sowohl den Einfluss aller betrachteten systematischer Fehler, als auch – wegen der Likelihood-Anpassung – den statistischen Fehler der Daten.

Die Verteilungen $S_i(h_i)$ werden unabhängig voneinander angegeben. Durch die Likelihood-Anpassung an die Daten sind diese Unsicherheiten miteinander korreliert. Wenn z. B. das Modell $f(\rho, \vec{h}, a)$ bereits gut mit den Daten zusammenpasst, wird die Variation eines systematischen Einflusses h_i im Allgemeinen die Variation eines anderen h_j erfordern, damit das Modell weiterhin gut zu den Daten passt.

Die Automatisierung der Programme zur Kombination der statistischen und systematischen Fehler ist beeindruckend weit fortgeschritten. Trotzdem muss natürlich bei jeder Datenanalyse sehr sorgfältig verifiziert werden, dass unter Variationen der Annahmen über das Modell f, über die systematischen Fehler und die A-priori-Verteilungen die Messergebnisse unverändert bleiben.

Das Wichtigste zum Mitnehmen

- Lässt sich eine Wahrscheinlichkeitsverteilung $f(x)$ nicht durch eine der bekannten Verteilungen beschreiben, können wir numerische Verfahren verwenden. Für die Simulation von Häufigkeitsverteilungen variieren wir die Anzahl der Messwerte, die sich in jedem Intervall $[x_i, x_i + dx]$ ergeben, anhand der Poissonverteilung. Als Poissonmittelwert verwenden wir den erwarteten Wert unseres theoretischen Modells $f(x_i)$ an der Stelle x_i und simulieren die Fluktuationen mithilfe eines Zufallsgenerators für die Poissonverteilung. Darüber erhalten wir viele simulierte experimentelle Resultate am Computer, die wir mit den Messungen vergleichen können.

- Aus einer Messung erhalten wir mit dem Likelihood-Verfahren den besten Parameterschätzwert $\bar{a}$ eines theoretischen Modells $f(x|a)$. Mit dem Likelihood-Quotienten testen wir die Verträglichkeit mit einem alternativen Parameterwert $b \neq \bar{a}$ im Modell $f(x|b)$. Dafür verwenden wir die Differenz der negativen Log-Likelihood-Funktionen als Testgröße:

  $$t = -2\,\ln \mathcal{L}(daten|\bar{a}) - 2\,\ln \mathcal{L}(daten|b) = F(\bar{a}) - F(b)$$

  Mit $f(x|b)$ simulieren wir viele Experimente am Computer, berechnen $F(b)$ und erzeugen damit eine Wahrscheinlichkeitsdichte für die Testgröße $\tilde{t} = F(\bar{a}) - F(b)$. Das Integral für $\tilde{t}$ oberhalb des gemessenen Werts t ergibt das Konfidenzniveau, mit der die Hypothese $f(x|b)$ bewertet werden kann.

- Mit dem Likelihood-Verfahren erhalten wir durch Anpassung des theoretischen Modells $f(x|a)$ an eine Messung die Likelihood-Verteilung $\mathcal{L}(a) \propto p(daten|a)$ als Funktion des Parameters a. Haben wir eine Verteilung der wahrscheinlichen Werte von a, die A-priori-Verteilung $p(a)$, übertragen wir mit dem Theorem von Bayes die Likelihood-Verteilung in eine A-posteriori-Verteilung:

  $$p(a|daten) = \text{const.}\ \mathcal{L}(a)\ p(a)$$

  Der wahrscheinlichster Wert $\bar{a}$ der A-posteriori-Verteilung und das 68%-Intervall um $\bar{a}$ ergeben das Resultat des Experiments mit seinem statistischen Fehler: $\bar{a} \pm \sigma$.

- Systematische Fehler berücksichtigen wir bei der Berechnung der A-posteriori-Verteilung durch eine erweiterte Likelihood-Funktion, die zusätzlich die Störung H berücksichtigt. Die A-priori-Verteilung $S(H)$ gibt die wahrscheinlichen Werte der Störung H. Wir integrieren über alle möglichen Werte von H und erhalten so die A-posteriori-Verteilung:

  $$p(a|daten) = \text{const.} \int \mathcal{L}'(a, H)\ p(a)\ S(H)\ dH$$

  Ihr wahrscheinlichster Wert $\bar{a}$ und das 68%-Intervall um $\bar{a}$ ergeben das Resultat des Experiments mit kombinierten statistischen und systematischen Fehlern: $\bar{a} \pm \sigma$.

Klassifizierung

10

ÜBERBLICK

» In der experimentellen Physik möchten wir häufig eine bestimmte Sorte von Objekten oder Ereignissen untersuchen, die wir aber nicht als reinen Datensatz erhalten, sondern nur mit einer Beimischung von Untergrundereignissen. Das Ziel von Klassifizierungsmethoden ist, interessante Ereignisse aufgrund ihrer Eigenschaften von Untergrundereignissen abzutrennen.

In diesem Kapitel stellen wir Methoden zur Klassifizierung von Objekten oder Ereignissen vor. Zunächst zeigen wir die Fisher'sche Diskriminanten-Methode und die »Boosted-Decision-Trees«-Methode. Weiterhin geben wir eine kurze Einführung in die Funktionsweise neuronaler Netzwerke, die seit wenigen Jahren im Rahmen des sogenannten »Deep Learnings« in Wissenschaft, Wirtschaft, Medizin etc. wachsende Bedeutung haben. «

10.1 Fisher-Diskriminanten-Methode

Die Zielsetzung der Fischer'schen Diskriminanten-Methode wollen wir anhand des folgenden Beispiels motivieren.

Beispiel 10.1: Fisher-Diskriminante

Wir möchten Äpfel und Birnen mit der Fisher-Diskriminante voneinander unterscheiden (► Abbildung 10.1).

Diese Früchte, Äpfel = A und Birnen = B, werden durch zwei Parameter charakterisiert:

- Die Farbe F, das ist die Wellenlänge gemessen in Mikrometer, bei der das im Sonnenlicht reflektierte Wellenlängenspektrum maximal ist. Zur Erinnerung: $F \approx 0{,}55\,\mu\text{m}$ ist grün, $F \approx 0{,}65\,\mu\text{m}$ ist rot, dazwischen liegt gelb.
- Die relative Länge L, das ist die größte Längenausdehnung l der Frucht dividiert durch ihre größte Dicke b, wobei $l \geq b$ ist, also $L = l/b$.

Die folgende Tabelle zeigt die Messwerte für jeweils 10 Äpfel und 10 Birnen.

Äpfel A:	$F/\mu\text{m}$	L	Birnen B:	$F/\mu\text{m}$	L
	0,61	1,01		0,54	1,11
	0,59	1,06		0,56	1,06
	0,57	1,03		0,51	1,13
	0,64	1,04		0,59	1,13
	0,67	1,08		0,59	1,08
	0,62	1,02		0,55	1,12
	0,62	1,07		0,53	1,08
	0,55	1,01		0,49	1,10
	0,59	1,03		0,56	1,11
	0,66	1,03		0,57	1,07

Wie man aus den beiden ► Abbildungen 10.2, oben erkennt, ist eine vollständige Trennung der beiden Verteilungen mit einem einfachen Schnitt nicht möglich.

Schauen wir uns die beiden Eigenschaften Farbe und relative Länge in einem 2-dimensionalen Histogramm an (► Abbildung 10.2, unten), erkennen wir eine Korrelation, die wir für die Trennung der Äpfel und Birnen ausnutzen können.

Abbildung 10.1 Äpfeln und Birnen

Charakterisierung von Äpfeln und Birnen anhand ihrer Farbe F (maximal reflektierte Wellenlänge im Sonnenlicht) und aufgrund ihrer relativen Länge $L = l/b$, d. h. des Größenverhältnisses von Länge l dividiert durch Breite b.

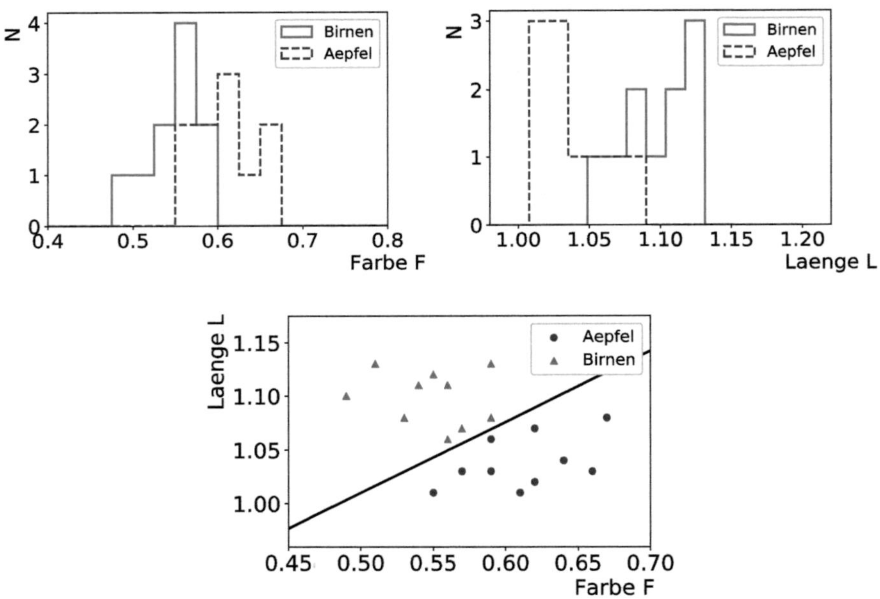

Abbildung 10.2 Farbe F und relative Länge L von Äpfeln und Birnen

In den jeweils 1-dimensionalen Verteilungen der Farbe F und der relativen Länge L lassen sich Äpfel und Birnen nicht einfach trennen (obere Verteilungen). Tragen wir hingegen die Farben F und Längen L als 2-dimensionale Verteilung auf, sind Äpfel und Birnen anhand einer Geraden voneinander trennbar (untere Abbildung). Ziel der Fisher-Diskriminanten-Methode ist, diese Gerade zu berechnen. (Python-Code: `Fig_Klassifizierung.py`)

EXTRAS ONLINE Quellcode

10.1.1 Allgemeines Verfahren

Wir werden jetzt zunächst das allgemeine Verfahren zur Bestimmung einer solchen Trenngeraden von Fisher einführen und dann auf die N Messdaten anwenden. Dabei bezeichnen wir nun allgemein die Eigenschaften mit x_i. In unserem Beispiel bedeuten:

$$x_1 = F \quad \text{Farbe}$$
$$x_2 = L \quad \text{Länge}$$

Das Verfahren zum Auffinden der besten Trennung läuft in zwei Schritten:

1 Zunächst kombinieren wir die Messungen,

2 um sie anschließend zu trennen.

Die Mittelwerte und die Kovarianzen für die beiden Eigenschaften x_1, x_2 der Klasse A (Äpfel) sehen folgendermaßen aus:

$$\langle x_1^A \rangle = \frac{1}{N} \sum_{j=1}^{N} x_{1,j}^A \tag{10.1}$$

$$\langle x_2^A \rangle = \frac{1}{N} \sum_{j=1}^{N} x_{2,j}^A \tag{10.2}$$

$$V_{k,m}^A = \frac{1}{N} \sum_{i,j=1}^{N} \left(x_{k,i}^A - \langle x_k^A \rangle \right) \left(x_{m,j}^A - \langle x_m^A \rangle \right), \quad k, m = 1, 2 \tag{10.3}$$

Entsprechend berechnen wir die Mittelwerte $\langle x_1^B \rangle, \langle x_2^B \rangle$ und Kovarianzen $V_{k,m}^B$ für die Klasse B (Birnen).

Im Fisher-Verfahren werden nun die mittleren Kovarianzen

$$\langle V_{k,m} \rangle = \frac{1}{2} \left(V_{k,m}^A + V_{k,m}^B \right) \tag{10.4}$$

und die inverse Kovarianzmatrix mit den Matrixelementen $\left(\langle V \rangle^{-1} \right)_{k,m}$ berechnet.

Als Testgröße t verwenden wir hier:

$$t = \sum_{k,m=1}^{2} \left(\langle V \rangle^{-1} \right)_{k,m} \left(\langle x_m^A \rangle - \langle x_m^B \rangle \right) x_k \tag{10.5}$$

Falls die Kovarianzmatrix näherungsweise diagonal ist, ist auch die inverse Kovarianzmatrix ungefähr diagonal (vergleiche mit Gleichungen (7.59) und (7.60)):

$$\hat{V} \approx \begin{pmatrix} \sigma_1^2 & 0 \\ 0 & \sigma_2^2 \end{pmatrix} \tag{10.6}$$

$$\hat{V}^{-1} \approx \begin{pmatrix} 1/\sigma_1^2 & 0 \\ 0 & 1/\sigma_2^2 \end{pmatrix} \tag{10.7}$$

Dann besteht die Testgröße aus einer gewichteten Summe:

$$t = \underbrace{\frac{\langle x_1^A\rangle - \langle x_1^B\rangle}{\sigma_1^2}}_{\equiv g_1} \cdot x_1 + \underbrace{\frac{\langle x_2^A\rangle - \langle x_2^B\rangle}{\sigma_2^2}}_{\equiv g_2} \cdot x_2 \tag{10.8}$$

$$= g_1 \cdot x_1 + g_2 \cdot x_2 \tag{10.9}$$

Man erhält also größere Gewichte bei großen Differenzen der Mittelwerte bzw. kleinen Varianzen.

Geben wir nun einen Schwellenwert $t = t_c = \text{const.}$ vor, so erhalten wir eine Gerade im 2-dimensionalen Histogramm

$$x_2 = -\frac{g_1}{g_2}x_1 + \frac{t_c}{g_2}\,, \tag{10.10}$$

deren Steigung durch die beiden Gewichte festgelegt ist und deren Achsenabschnitt von der Wahl von t_c abhängt. Diese Gerade nutzen wir zur optimalen Trennung der beiden Ereignisklassen A und B.

10.1.2 Anwendung

Für unsere Äpfel- und Birnenmessungen berechnen wir nach den obigen Formeln die Mittelwerte der Farben und Längen $\langle F^A\rangle, \langle L^A\rangle, \langle F^B\rangle, \langle L^B\rangle$ und die folgenden Kovarianzmatrizen:

$$\hat{V} = \begin{pmatrix} \sigma_{FF} & \sigma_{FL} \\ \sigma_{LF} & \sigma_{LL} \end{pmatrix} \tag{10.11}$$

Wir multiplizieren dabei mit dem Faktor 1000, um die kleinen Zahlenwerte einfacher aufschreiben zu können:

$$\hat{V}_A \cdot 1000 = \begin{pmatrix} 1{,}46 & 0{,}45 \\ 0{,}45 & 0{,}6 \end{pmatrix} \tag{10.12}$$

$$\hat{V}_B \cdot 1000 = \begin{pmatrix} 1{,}05 & -0{,}16 \\ -0{,}16 & 0{,}63 \end{pmatrix} \tag{10.13}$$

Die invertierte mittlere Kovarianzmatrix ist:

$$\hat{V}^{-1} = \begin{pmatrix} 817 & -194 \\ -194 & 1675 \end{pmatrix} \tag{10.14}$$

Da die Nicht-Diagonalelemente nicht klein sind, können sie nicht vernachlässigt werden. Entsprechend der Berechnungsvorschrift (10.5) erhalten wir damit für die Testgröße t:

$$t = 63{,}4 \cdot F - 114{,}4 \cdot L \tag{10.15}$$

Die ► Abbildung 10.3 zeigt die Verteilung der t-Werte separat für die Äpfel- und Birnenmessungen. Mit einem Schnitt bei $t_c = -86$ kann man die beiden Obstsorten vollständig voneinander trennen.

Die sich mit diesem Wert $t = t_c$ ergebende Gerade ist in der ► Abbildung 10.2 bereits eingezeichnet. Auch hier sahen wir sofort, dass ein Schnitt entlang dieser Linie besser funktioniert als ein Schnitt parallel zur F- oder L-Achse.

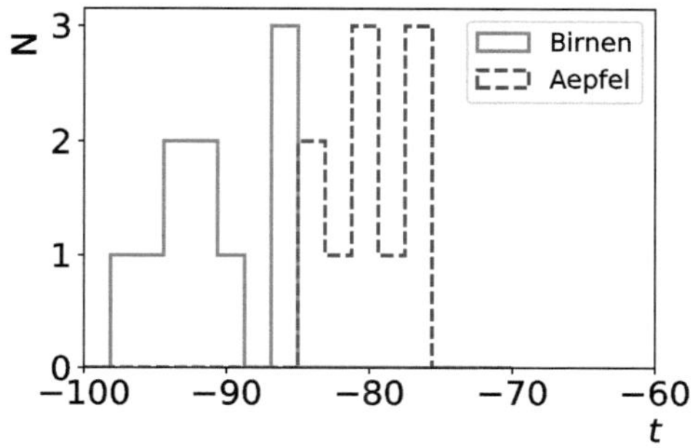

Abbildung 10.3 Fisher-Diskriminante

Die Testgröße t der Fisher-Diskriminante wird für jeden Apfel und jede Birne aus einer gewichteten Summe der Farbe F und relativen Länge L berechnet: $t_i = g_F\ F_i + g_L\ L_i$. Das Gewicht g_F für die Farbe F enthält die Differenz der Mittelwerte $\langle F_A \rangle - \langle F_B \rangle$ der Farben von Äpfeln und Birnen dividiert durch ihre mittlere Varianz σ_F^2. Das Gewicht für die relative Länge L wird entsprechend berechnet. Für $t = -86$ lassen sich Äpfel und Birnen trennen (► Abbildung 10.2). (Python-Code: `Fig_Klassifizierung.py`)

EXTRAS ONLINE Quellcode

Python Quellcode: Fisher-Diskriminante

Die Berechnungen zur Klassifizierung von Äpfeln und Birnen sind in der Python Code Datei

`Fig_Klassifizierung.py`

durchgeführt.

10.2 Boosted-Decision-Trees

Bei der Methode der »Boosted-Decision-Trees« ist das Ziel, Objekte oder Ereignisse entweder der Klasse S oder der Klasse U zuzuweisen. Das Verfahren wird inzwischen häufig in der Teilchenphysik verwendet, um Signalereignisse S von Untergrundereignissen U zu trennen [15].

In allen Ereignissen seien m Eigenschaften x_j bekannt, mit denen die Ereignisse charakterisiert werden.

Zum Beispiel nehmen wir 100 fiktive Personen an, bei denen die Eigenschaften Alter, Größe und Einkommen bekannt sind, und von denen 55 Personen in ihrem Leben mindestens einen Unfall hatten. Ein Versicherungsmathematiker möchte mit diesen Informationen Risikoabschätzungen durchführen. Er ordnet die 55 Personen mit Unfall der Gruppe S zu, die anderen bislang unfallfreien 45 Personen der Gruppe U.

Das Verfahren beruht auf sequentiell ablaufenden Entscheidungsschritten, die in einem Baum (englisch: decision tree) von oben nach unten verlaufen (► Abbildung 10.4).

An jedem Entscheidungsknoten wird eine einzelne Eigenschaft x_j des Ereignisses dazu verwendet, um das Ereignis entweder links oder rechts weiter zu untersuchen.

Gibt es keine weitere Entscheidung zu fällen, steht das Ergebnis fest: Das Ereignis ist in einem vorwiegend signalartigen oder in einem untergrundartigen Korb gelandet und wird dementsprechend als »Signal« oder »Untergrund« klassifiziert.

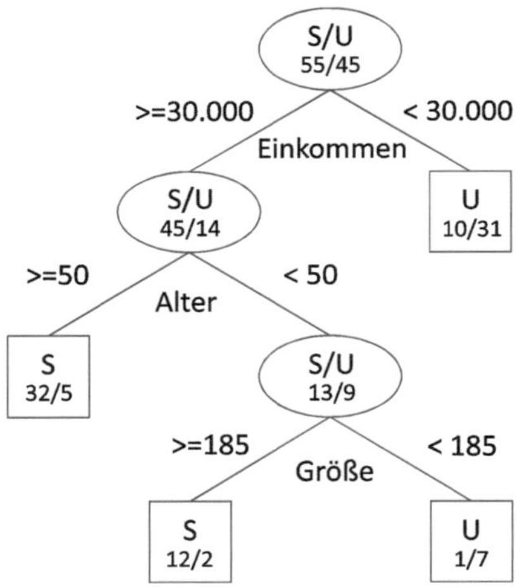

Abbildung 10.4 Entscheidungsbaum für Versicherungsfälle

Die insgesamt 100 Personen mit Unfall (55 in Gruppe S) und ohne Unfall (45 in Gruppe U) seien bekannt, ebenso ihr Einkommen E, Alter A und ihre Größe G. Mit einem Entscheidungsbaum soll mit den Variablen E, A, G eine Vorhersage berechnet werden, ob eine Person zur Gruppe S oder U gehört. Zunächst wird aufgrund des Einkommens E klassifiziert: Alle Personen mit $E < 30.000$ werden der Gruppe U zugeordnet, was immerhin in $31/(10+31) = 76\%$ der Fälle korrekt, aber bei $10/(10+31) = 24\%$ falsch ist. Für einen Teil der Personen wird eine bessere Klassifizierung durch Verwendung von mehr Variablen erreicht: Für Personen mit $E \geq 30.000$, $A < 50$ und $G \geq 185$ werden 14 Personen der Gruppe S zugeordnet, was in 12 Fällen stimmt (86%) und nur in zwei Fällen falsch ist (14%).

Das Verfahren verläuft zweistufig. Im ersten Schritt wird die Sequenz der Entscheidungen festgelegt. Dazu benötigen wir einen Datensatz, bei dem wir wissen, welches Ereignis zum Signal S gehört und welches zum Untergrund U. Im zweiten Schritt durchlaufen Ereignisse die Entscheidungssequenzen des Baums und werden entweder der Klasse S oder U zugeordnet.

Zur Vereinfachung nehmen wir $N_S = 2$ Signalereignisse und $N_U = 1$ Untergrundereignis. Die Verteilung der ersten Eigenschaft x_1 dieser Ereignisse ist in der ► Abbildung 10.5, links gezeigt.

Wir müssen nun entscheiden, wo wir den Entscheidungsschnitt in x_1 optimal setzen. Dazu minimieren wir ein sogenanntes Gini-Kriterium:

$$G \equiv (N_S + N_U)\, p\, (1 - p) \tag{10.16}$$

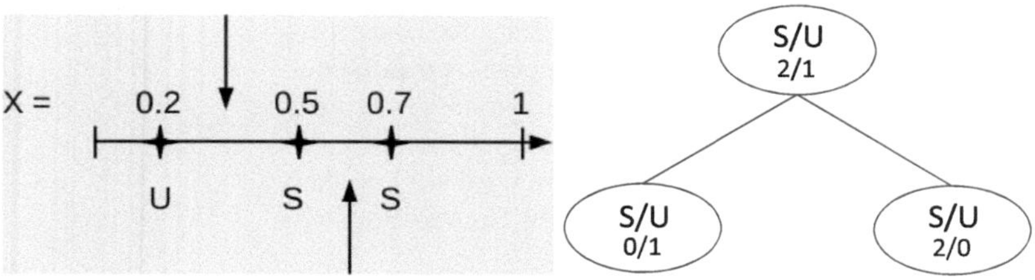

Abbildung 10.5 Optimalen Trennung von Signal- und Untergrundereignissen

Zwei Signalereignisse S und ein Untergrundereignis U seien in der Variablen x so verteilt wie links gezeigt. Ein Schnitt bei $x = 0{,}35$ führt offenbar zur optimalen Trennung der Signal- und Untergrundereignisse im Entscheidungsbaum (rechts). Würde der Schnitt bei $x = 0{,}6$ liegen, wäre die Trennung nicht optimal. Beim automatisierten Aufbau des Entscheidungsbaums wird ein sogenanntes Gini-Kriterium (10.16) minimiert, um anhand eines Datensatzes mit bekannter Klassifizierung für jede Variable x den Schnitt zur optimalen Trennung von Signal- und Untergrundereignissen zu finden.

Dabei ist p die Signalreinheit:

$$p \equiv \frac{N_S}{N_S + N_U} \tag{10.17}$$

Setzen wir den Schnitt optimal links zwischen das Signal- und das Untergrundereignis, so erhalten wir für den Weg nach links:

$$G_{links} = (0+1)\,\frac{0}{1}\left(1-\frac{0}{1}\right) = 0$$

Für den Weg nach rechts ergibt sich

$$G_{rechts} = (2+0)\,\frac{2}{2}\left(1-\frac{2}{2}\right) = 0\,,$$

also insgesamt

$$G_{links} + G_{rechts} = 0\,. \tag{10.18}$$

Würden wir den Schnitt ungünstig rechts zwischen die beiden Signalereignisse setzen, so erhalten wir für den Weg nach links

$$G_{links} = (1+1)\,\frac{1}{2}\left(1-\frac{1}{2}\right) = \frac{1}{2}$$

und den Weg nach rechts

$$G_{rechts} = (1+0)\,\frac{1}{1}\left(1-\frac{1}{1}\right) = 0\,,$$

also insgesamt

$$G_{links} + G_{rechts} = \frac{1}{2}\,. \tag{10.19}$$

Mit diesem Algorithmus werden alle Eigenschaften x_j vom Computer automatisiert untersucht und der Entscheidungsbaum anhand der minimalen Werte von $G_{links} + G_{rechts}$ gebaut. Damit könnten also bereits neue, unbekannte Ereignisse klassifiziert werden.

Da solche einfachen Entscheidungsbäume zu häufig falsche Entscheidungen treffen, wird eine wesentliche Verbesserung dadurch erzielt, dass man viele – mehrere hundert – Entscheidungsbäume konstruiert. Mit diesen Bäumen berechnen wir ein Mehrheitsvotum darüber, ob ein einzelnes Ereignis eher »Signal« oder »Untergrund« ist. Dieses Verfahren wird auf Englisch »Boost« genannt und hat dem Verfahren den Namen Boosted-Decision-Trees eingebracht.

Die Signalreinheit p und das Gini-Kriterium G wird dafür durch Gewichte w_i für die Ereignisse modifiziert. Anstelle der Ereignisanzahlen stehen jetzt die Summen über die Gewichte für Signal- und Untergrundereignisse:

$$W_S = \sum_{i=1}^{N_S} w_{S,i} \tag{10.20}$$

$$W_U = \sum_{i=1}^{N_U} w_{U,i} \tag{10.21}$$

Dementsprechend lauten jetzt die Signalreinheit und das Gini-Kriterium:

$$p = \frac{W_S}{W_S + W_U} \tag{10.22}$$

$$G = (W_S + W_U)\, p\, (1 - p) \tag{10.23}$$

Anfangs haben alle Ereignisse das Gewicht $w_i = 1$, sodass $W_S = N_S$ und $W_U = N_U$ gilt.

Nach Konstruktion des ersten Entscheidungsbaums wird nachgeschaut, welche Signalereignissen versehentlich in einem untergrundartigen Korb gelandet sind. Diese Ereignisse bekommen ein anderes Gewicht $w_i > 1$, bevor der nächstfolgende Entscheidungsbaum konstruiert wird. Auf diese Weise sieht jeder Entscheidungsbaum anders aus.

Am Ende durchläuft jedes Ereignis i also viele Entscheidungsbäume, von denen jeder Baum k ein eindeutiges Votum abgibt:

$$\begin{aligned} T_k(i) &= 1: \quad \text{»Signal«} \\ T_k(i) &= -1: \quad \text{»Untergrund«} \end{aligned} \tag{10.24}$$

Alle Informationen über das Ereignis i werden dann in einer Entscheidungsvariablen $D(i)$ kondensiert, die eine gewichtete Summe aus allen Entscheidungsbäumen ist:

$$D(i) = \frac{1}{N_{\text{Bäume}}} \sum_{k=1}^{N_{\text{Bäume}}} \alpha_k\, T_k(i) \tag{10.25}$$

Dabei ist α_k ein Baumgewicht, das auf der Basis der oben genannten Fehlentscheidungen des Entscheidungsbaums k berechnet wird und ein Gütekriterium darstellt.

10.3 Neuronales Netzwerk

Bereits anfang der 1940er gab es erste Ideen für neuronale Netzwerke [17], die heute weitreichende Anwendungen in Wissenschaft, Wirtschaft, Gesellschaft finden [18]. Ein Netzwerk kann man als mathematische Abbildung $f(\vec{x})$ auffassen. Die n Eingabewerte $\vec{x} \in \mathbb{R}^n$ werden im Netzwerk zusammengefasst, verarbeitet und führen zu mindestens einem Ausgabewert $z \in \mathbb{R}^m$ mit $m \geq 1$ (► Abbildung 10.6).

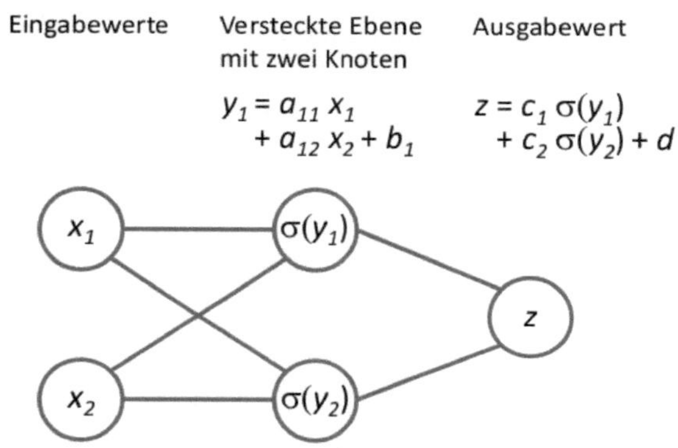

Abbildung 10.6 Neuronales Netzwerk

Die beiden Eingabewerte x_1 und x_2 werden am oberen Knoten der versteckten Ebene durch eine lineare Abbildung $y_1 = a_{11}\,x_1 + a_{12}\,x_2 + b_1$ zusammengefasst und durch eine nicht-lineare Funktion $\sigma(y_1)$ weiter verarbeitet. Die Ergebnisse aller Knoten werden im Ausgabewert $z = c_1\,\sigma(y_1) + c_1\,\sigma(y_2) + d$ zusammengefasst. Die Parameter a_{ij}, b_j, c_k, d der linearen Abbildungen werden entsprechend der Aufgabe des Netzwerks eingestellt.

10.3.1 Lineare und nichtlineare Abbildungen

In der einfachsten Netzwerkarchitektur werden an jedem Knoten (node) einer versteckten Ebene (hidden layer) sämtliche Eingabewerte durch eine lineare Abbildung miteinander verbunden:

$$\begin{pmatrix} y_1 \\ y_2 \end{pmatrix} = \begin{pmatrix} a_{11} & a_{12} \\ a_{21} & a_{22} \end{pmatrix} \begin{pmatrix} x_1 \\ x_2 \end{pmatrix} + \begin{pmatrix} b_1 \\ b_2 \end{pmatrix} \tag{10.26}$$

Den Ausgabewert z des Netzwerks erhalten wir durch Zusammenführen der Zwischenergebnisse aus der versteckten Ebene:

$$z = \begin{pmatrix} c_1 & c_2 \end{pmatrix} \begin{pmatrix} y_1 \\ y_2 \end{pmatrix} + d \tag{10.27}$$

Die Gewichtsfaktoren a_{ij}, b_j, c_k, d der linearen Abbildungen sind freie Parameter und müssen passend zur Aufgabenstellung gewählt werden. Ein Verfahren zur Optimierung der Parameter stellen wir weiter unten vor.

Dieses einfache Netzwerk produziert lineare Abbildungen $z = f(\vec{x})$ und eignet sich daher nur zur Beschreibung linearer Zusammenhänge z. B. von Messdaten, die einer Gerade folgen. Die Beschränkung auf lineare Zusammenhänge ändert sich nicht, wenn man das Netzwerk mit weiteren versteckten Ebenen ausrüstet: Eine Verkettung mehrerer linearer Abbildungen ergibt wieder eine lineare Abbildung.

Um auch die vielen Beobachtungen von Messdaten mit nichtlinearen Zusammenhängen beschreiben zu können, modifiziert man die resultierenden Werte an jedem Knoten durch eine nichtlineare Funktion σ:

$$\begin{pmatrix} y_1 \\ y_2 \end{pmatrix} \rightarrow \begin{pmatrix} \sigma(y_1) \\ \sigma(y_2) \end{pmatrix} \tag{10.28}$$

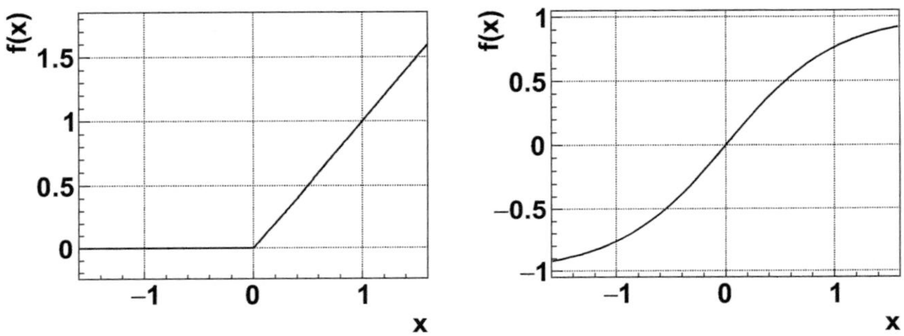

Abbildung 10.7 Aktivierungsfunktion σ

Die Anwendung einer nicht-linearen Funktion σ an jedem Knoten des neuronalen Netzwerks ermöglicht die insgesamt nicht-lineare Abbildung des Netzwerks. Verschiedene Funktionen stehen zur Auswahl, beispielhaft sind links die *ReLU*-Funktion und rechts die hyperbolische Tangensfunktion tanh gezeigt.

Die Funktion $\sigma(y)$ besitzt üblicherweise keine freien Parameter und kann so einfach aussehen wie die sogenannte Rectifier Linear Unit (*ReLU*), die in ► Abbildung 10.7 links gezeigt ist. Positive Resultate $y > 0$ bleiben erhalten und werden in die nächste Netzwerkebene weitergegeben, negative Resultate $y \leq 0$ werden ignoriert:

$$\sigma(y) = \begin{cases} y > 0 & : \quad y \\ y \leq 0 & : \quad 0 \end{cases} \tag{10.29}$$

In Anlehnung an die Funktionsweise von biologischen Neuronen wird σ als Aktivierungsfunktion (activation function) bezeichnet. Es gibt eine Reihe bewährter Funktionen, die sich zur Erzeugung nichtlinearer Abbildungen durch das Netzwerk eignen. Ein weiteres Beispiel ist die Tangens-Hyperbolicus Funktion $\sigma(y) = \tanh y$ (► Abbildung 10.7, rechts).

10.3.2 Netzwerk-Training

Damit ein neuronales Netzwerk eine von uns gewünschte Abbildung $f(\vec{x})$ berechnen kann, müssen zunächst die Netzwerkparameter optimal eingestellt werden. Dieser Vorgang wird als Netzwerk-Training bezeichnet. Für die Optimierung der Parameter benötigen wir einen Datensatz, dessen Elemente zu jedem Eingabewert $\vec{x}_i$ den Zielwert z_i besitzen, den die Abbildung $f(\vec{x}_i)$ liefern soll.

Beispiel 10.2: Funktionsdarstellung durch neuronales Netzwerk

In der ► Abbildung 10.8 liegen 1.000 Punktepaare (x_i, z_i) entlang der schwarzen gestrichelten Kurve. Diese Punktepaare sollen durch eine Funktion $f(x)$ nachvollzogen werden, die offensichtlich nichtlinear sein muss. Wir wollen die Funktion $f(x)$ durch ein neuronales Netzwerk mit sieben versteckten Ebenen von jeweils 200 Knoten mit $ReLU$-Aktivierungsfunktion realisieren, deren Parameter wir anhand der Punktepaare (x_i, z_i) optimieren. Die verschiedenen Kurven zeigen die Ausgabe des Netzwerks nach einer Anzahl von Trainingszyklen (epochs). Für frühe Zyklen sieht man die eckigen Verläufe aufgrund der $ReLU$-Funktion (► Abbildung 10.7). In späteren Zyklen haben die Kurven aufgrund der vielen Knoten glattere Verläufe. Nach 2.800 Zyklen (lila Kurve) erhalten wir eine akzeptable Beschreibung der Punktepaare (x_i, z_i): Die Parameter des Netzwerks sind passend eingestellt (Durchführung: Thorben Quast).

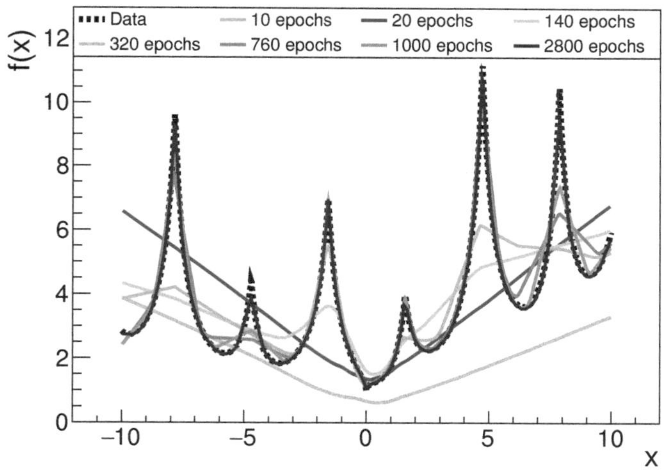

Abbildung 10.8 Schrittweise Verbesserung der Parameter beim neuronalen Netzwerk-Training

Die Parameter des Netzwerks sollen so eingestellt werden, dass der Ausgabewert des Netzwerks $z = f(x)$ die schwarz gezeichneten Punktepaare nachbildet. Nach erst wenigen Trainingszyklen (epochs) ist das Ergebnis unzureichend, aber mit steigenden Trainingszyklen wird die Funktion immer besser vom Netzwerk angenähert.

Wie gut die aktuelle Qualität des Netzwerks ist, können wir nach jedem Trainingszyklus wie folgt bewerten. Wir bilden für eine ausreichende Anzahl von Punktepaaren (x_i, z_i) das Residuum zwischen dem Ausgabewert $z = f(x_i)$ des Netzwerks und dem erwarteten Wert z_i des Punktepaares. Den Mittelwert der quadrierten Residuen dieser Punktepaare bezeichnen wir als Zielfunktion (objective function):

$$J = \frac{1}{m} \sum_{i=1}^{m} [f(x_i) - z_i]^2 \tag{10.30}$$

Für die optimale Einstellung der Netzwerkparameter soll die Zielfunktion minimal werden. Um diese Minimierung zu erreichen, verwenden wir die partiellen Ableitungen der Zielfunktion nach den Netzwerkparametern. Das Prinzip dieses Gradienten-Verfahrens (gradient descent) erklären wir im Folgenden mithilfe eines einzigen Netzwerkknotens. Wir zerlegen dessen Berechnungsschritte in einzelne Rechenoperationen.

Beispiel 10.3: Backpropagation im neuronalen Netzwerk

Für eine beispielhafte Berechnung an einem Netzwerk-Knoten (► Abbildung 10.9) geben wir folgende Situation vor: Die aktuellen Einstellungen der Netzwerkparameter seien $a = 0{,}5$ und $b = 0{,}1$. Als Aktivierungsfunktion verwenden wir $\sigma = ReLU$. Das zu prüfende Punktepaar (x_j, z_j) habe die Werte $(x_j = 1, z_j = 1)$. Aus diesen Vorgaben erhalten wir folgenden Wert für die Zielfunktion:

$$\begin{aligned} z_1 &= a \cdot x &&= 0{,}5 \\ z_2 &= z_1 + b &&= 0{,}6 \\ z_3 &= \sigma(z_2) &&= 0{,}6 \\ J &= (z_3 - z_j)^2 &&= 0{,}16 \end{aligned} \tag{10.31}$$

Wie müssen wir z. B. den Parameter a ändern, um einen kleineren Wert der Zielfunktion zu erreichen? Für ein effizientes Vorgehen bilden wir die partielle Ableitung der Zielfunktion nach dem Parameter a, die sich nach der Kettenregel aus den einzelnen Rechenschritten berechnen lässt:

$$\frac{\partial J}{\partial a} = \frac{\partial J}{\partial z_3} \cdot \frac{\partial z_3}{\partial z_2} \cdot \frac{\partial z_2}{\partial z_1} \cdot \frac{\partial z_1}{\partial a} \tag{10.32}$$

Da die Berechnung der Ableitungen sozusagen rückwärts durch die bisherige Rechenvorschrift erfolgt, wird diese Berechnung als Backpropagation (backpropagation) bezeichnet (► Abbildung 10.9). Nach den Gleichungen in (10.31) lauten die Ergebnisse der einzelnen Terme:

$$\frac{\partial z_1}{\partial a} = x = 1\,, \quad \frac{\partial z_2}{\partial z_1} = 1\,, \quad \frac{\partial z_3}{\partial z_2} = \frac{\partial \sigma(z_2)}{\partial z_2} = 1\,, \quad \frac{\partial J}{\partial z_3} = 2(z_3 - z_j) = -0{,}8 \tag{10.33}$$

Bei der Ableitung der *ReLU*-Funktion (10.29) haben wir das positive Vorzeichen von z_2 in (10.31) beachtet. Die partielle Ableitung (10.32) der Zielfunktion nach dem Parameter a ergibt somit:

$$\frac{\partial J}{\partial a} = 1 \cdot 1 \cdot 1 \cdot (-0{,}8) = -0{,}8 \tag{10.34}$$

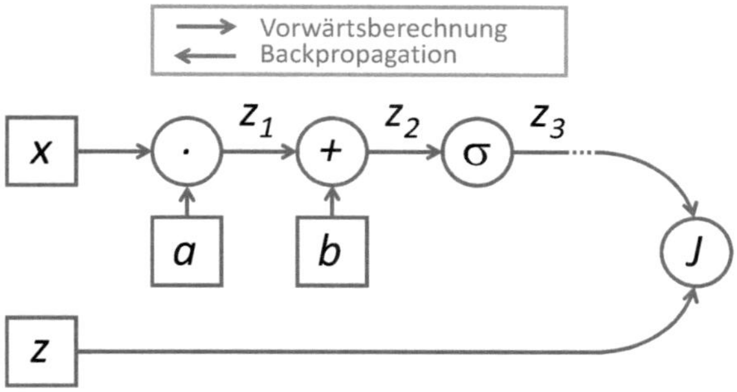

Abbildung 10.9 Berechnungsschritte am Netzwerkknoten

Bei der Vorwärtsberechnung wird der Eingabewert x zunächst mit dem Parameter a multipliziert ($z_1 = ax$), danach wird der Parameter b addiert ($z_2 = z_1 + b$) und schließlich die Aktivierungsfunktion $z_3 = \sigma(z_2)$ angewendet. In der Zielfunktion J wird das quadratische Residuum zwischen dem Ausgabewert z_3 und dem erwarteten Wert z berechnet $J = (z_3 - z)^2$. Die Ableitung $\partial J/\partial a$ ergibt Aufschluss darüber, wie der Parameter a verändert werden muss, um das Residuum zu minimieren. Nach der Kettenregel lässt sich die Ableitung rückwärts durch den Grafen verfolgen und dabei numerisch berechnen, weswegen man von "Backpropagation" spricht.

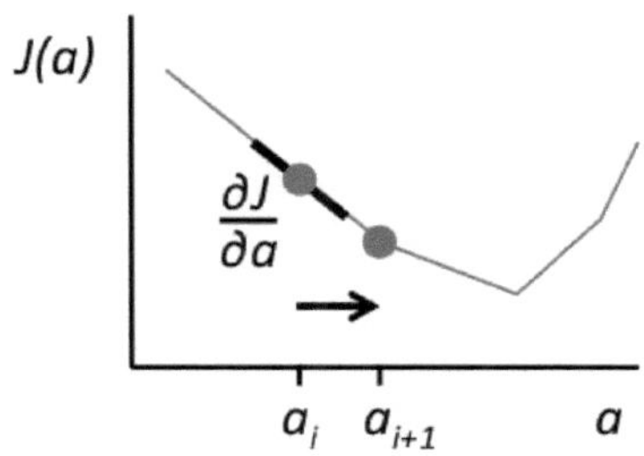

Abbildung 10.10 Optimierung der Parameter

Die partielle Ableitung $\partial J/\partial a$ der Zielfunktion J nach dem Netzwerk-Parameter a zeigt in die entgegengesetzte Richtung, in der dieser Parameter verändert werden muss, um die Zielfunktion J zu minimieren. Durch dieses Optimierungsverfahren werden sämtliche Parameter des Netzwerks schrittweise eingestellt.

In unserem Beispiel ist die partielle Ableitung $\partial J/\partial a < 0$ negativ, d. h. die Zielfunktion J wird sinken, wenn wir den Netzwerkparameter a im nächsten Schritt der Optimierung vergrößern (► Abbildung 10.10):

$$a \to a - \alpha \cdot \frac{\partial J}{\partial a} \tag{10.35}$$

Die Größe α bezeichnet die sogenannte Lernrate des Netzwerks (learning rate). Einen geeigneten Wert für die Lernrate erhält man durch Ausprobieren, ein typisch empfohlener anfänglicher Wert ist $\alpha = 0,01$, der im Lauf des Trainings schrittweise verringert wird.

Dieses Optimierungsverfahren lässt sich für alle Netzwerkparameter numerisch am Computer durchführen. Mehrere geeignete Computerprogramme sind dafür erhältlich [19, 20]. Eine Umgebung zum Ausprobieren findet sich online unter [21].

10.3.3 Vorhersagen des Netzwerks

Nachdem die Netzwerkparameter optimiert sind, können wir Vorhersagen des Netzwerks für eine Eingabe $\vec{x}$ berechnen. Diese Berechnungen gehen am Computer gewöhnlich sehr schnell, da im Wesentlichen lineare Operationen durchzuführen sind.

10.3.4 Klassifizierung durch neuronale Netzwerke

Neuronale Netzwerke werden auch für Klassifizierungen von Ereignissen oder Objekten verwendet. Um Signalereignisse von Untergrundrauschen, Äpfel von Birnen oder Bilder von Hunden und Pferde zu trennen, brauchen wir lediglich die Ausgabe des Netzwerks und seine Zielfunktion zu modifizieren.

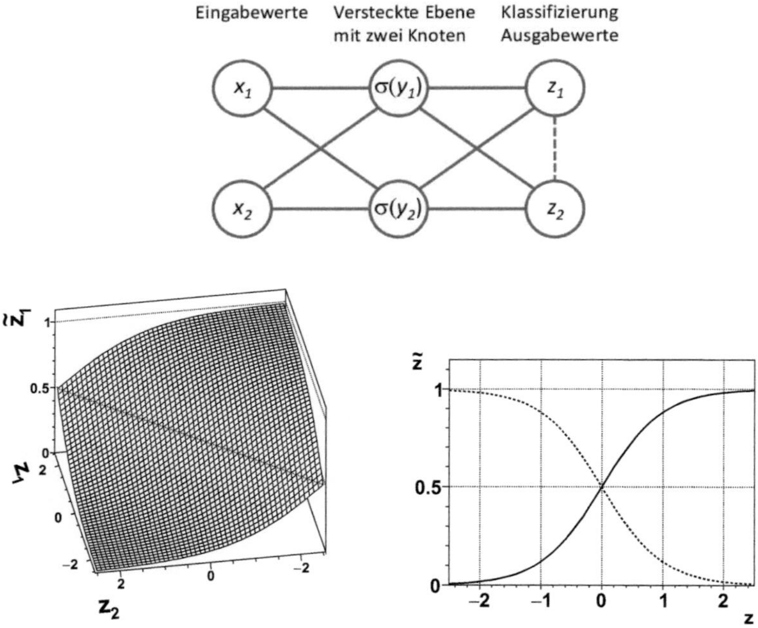

Abbildung 10.11 Klassifizierung mit einem neuronalen Netzwerk

Bei der Klassifizierung mit einem neuronalen Netzwerk verwenden wir 2 Ausgabewerte z_1 und z_2 (oben), die jeweils durch die Exponentialfunktion verstärkt und dann normiert werden, dass der größere der beiden Ausgabewerte gewinnt (10.37). Unten links ist der Ausgabewert für die erste Ausgabe $\tilde{z}_1(z_1, z_2)$ nach der Normierung mit der Exponentialfunktion gezeigt. Rechts ist eine vereinfachte Projektion gezeigt, die die Gegenläufigkeit der beiden Klassifizierungsvariablen $\tilde{z}_1$ und $\tilde{z}_2$ visualisiert.

Als Aktivierungsfunktion für die versteckte Ebene nehmen wir z. B. den Tangens Hyperbolicus $\sigma(y) = \tanh y$, der sowohl positive als auch negative Werte liefert. Für die Klassifizierung von Ereignissen in zwei Klassen verwenden wir zwei Knoten $\vec{z} \in \mathbb{R}^2$ als Ausgabe des Netzwerks nach der versteckten Ebene (10.26, 10.28) (► Abbildung 10.11):

$$\begin{pmatrix} z_1 \\ z_2 \end{pmatrix} = \begin{pmatrix} c_{11} & c_{12} \\ c_{21} & c_{22} \end{pmatrix} \begin{pmatrix} \sigma(y_1) \\ \sigma(y_2) \end{pmatrix} + \begin{pmatrix} d_1 \\ d_2 \end{pmatrix} \tag{10.36}$$

Die Ergebnisse dieser letzten Ebene werden zunächst mit der Exponentialfunktion verstärkt und so normiert

$$\begin{pmatrix} \tilde{z}_1 \\ \tilde{z}_2 \end{pmatrix} = \frac{1}{e^{z_1} + e^{z_2}} \begin{pmatrix} e^{z_1} \\ e^{z_2} \end{pmatrix}, \tag{10.37}$$

dass $\tilde{z}_1 + \tilde{z}_2 = 1$ ergibt (sogenannte $Softmax$-Funktion, ► Abbildung 10.11). Damit lassen sich die Ergebnisse als Wahrscheinlichkeit interpretieren. Wollen wir Bilder von 1) Hunden und 2) Pferden unterscheiden, so klassifiziert das Netzwerk Bilder mit $\tilde{z}_1 > \tilde{z}_2$ als Hunde und Bilder mit $\tilde{z}_1 < \tilde{z}_2$ als Pferde.

Voraussetzung für das Training dieses Netzwerks ist ein Datensatz, in dem zusätzlich für jedes Bild mit Eingabeinformation $\vec{x_i}$ aller Bildpixel eindeutige Information darüber vorliegt, ob es sich entweder um einen Hund oder ein Pferd handelt. Diese Information zum wahren Bildinhalt kodieren wir für jedes Bild in dem Vektor (sogenanntes one-hot-encoding):

$$\vec{w}_j = \begin{pmatrix} w_1 & w_2 \end{pmatrix} = \begin{cases} \begin{pmatrix} 1 & 0 \end{pmatrix}: & \text{Hund} \\ \begin{pmatrix} 0 & 1 \end{pmatrix}: & \text{Pferd} \end{cases} \tag{10.38}$$

Beim Netzwerk-Training verwenden wir als Zielfunktion die sogenannte Kreuz-Entropie (cross entropy) für eine ausreichend große Anzahl m von Beispielbildern:

$$J = -\frac{1}{m} \sum_{i=1}^{m} \begin{pmatrix} w_1 & w_2 \end{pmatrix} \begin{pmatrix} \log\left[\tilde{z}_1(\vec{x}_i)\right] \\ \log\left[\tilde{z}_2(\vec{x}_i)\right] \end{pmatrix} \tag{10.39}$$

Das Skalarprodukt berechnen wir mit dem Vektor $\vec{w}_i$ (10.38), der den wahren Bildinhalt enthält, und dem Logarithmus der beiden normierten Netzwerkausgaben $\tilde{z}_1$ und $\tilde{z}_2$ (10.37).

Um die Wirkungsweise der Zielfunktion (10.39) zu verstehen, nehmen wir folgendes Beispiel als Zwischenresultat während des Trainingsprozesses. Für das Bild $\vec{x}_k$ eines Hundes sei die Vorhersage des Netzwerks:

$$\begin{pmatrix} \tilde{z}_1(\vec{x}_k) \\ \tilde{z}_2(\vec{x}_k) \end{pmatrix} = \begin{pmatrix} 0{,}8 \\ 0{,}2 \end{pmatrix} \tag{10.40}$$

In der Zielfunktion ergibt sich mit dem Skalarprodukt der beiden Vektoren der Beitrag $J = (-1) \cdot w_1 \cdot \log(\tilde{z}_1(\vec{x}_k)) = (-1) \cdot 1 \cdot \log(0{,}8) \approx 0{,}1$. Wegen $w_2 = 0$ für Hunde ergibt sich kein weiterer Beitrag ($w_2 \cdot \log(\tilde{z}_2(\vec{x}_k)) = 0$).

Ein vom Netzwerk falsch klassifiziertes Hundebild $\vec{x}_p$ mit der Vorhersage

$$\begin{pmatrix} \tilde{z}_1(\vec{x}_p) \\ \tilde{z}_2(\vec{x}_p) \end{pmatrix} = \begin{pmatrix} 0{,}2 \\ 0{,}8 \end{pmatrix} \tag{10.41}$$

ergibt dagegen den deutlich größeren Beitrag $J = 0{,}7$ zur Zielfunktion und motiviert für das Netzwerk-Training weitere Verbesserungen der Netzwerkparameter.

Für das Netzwerk-Training verwenden wir nicht den gesamten Datensatz von Bildern, sondern teilen ihn in 3 Teile: 1) den Trainingsdatensatz, 2) den Validierungsdatensatz und 3) den Testdatensatz. Zum Trainieren des Netzwerks wird immer nur der Trainingsdatensatz verwendet. Nach dem Training überprüfen wir die Qualität der Klassifizierung mit dem Validierungsdatensatz. Typischerweise nehmen wir danach Verbesserungen am Netzwerk vor und trainieren es erneut mit dem Trainingsdatensatz. Dadurch wird der Validierungsdatensatz indirekt in den Trainingsprozess des Netzwerks einbezogen. Erst wenn die Netzwerkparameter fertig und optimal eingestellt sind, bestimmen wir mit dem Testdatensatz die endgültige Qualität der Klassifizierung durch das Netzwerk.

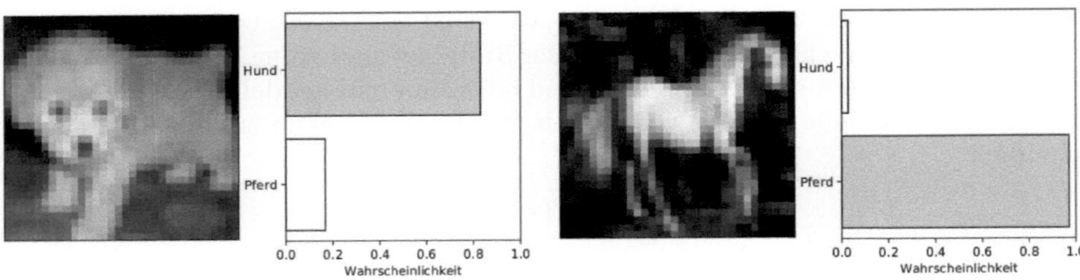

Abbildung 10.12 Beispielbilder mit Klassifizierungsvorhersage des Netzwerks

Die Vorhersage, dass es sich beim linken Bild um einen Hund handelt, wird mit 80% Wahrscheinlichkeit getroffen. Beim rechten Bild hat die Vorhersage über 90% Wahrscheinlichkeit, dass es sich um ein Pferd handelt.

Beispiel 10.4: Klassifizierung von Bildern mit neuronalem Netzwerk

Wir verwenden hier Farbbilder von Hunden und Pferden mit vergleichsweise niedriger Auflösung von 32 mal 32 Bildpunkten aus dem CIFAR-Datensatz [22]. Für alle 3 Farben (Rot, Grün, Blau) fügen wir die 32 Bildpunkte aller 32 Zeilen hintereinander in einen Vektor mit 3.072 Plätzen. Jeder Wert wird an einen der 3.072 Eingangsknoten des Netzwerks übergeben.

Unser neuronales Netzwerk hat 2 versteckte Ebenen mit 512 und 128 Knoten. Als Aktivierungsfunktion nehmen wir die $ReLU$-Funktion. Das Ergebnis der Klassifizierung lesen wir bei den beiden Ausgangsknoten ab. Die Netzwerkvorhersage ist ein Hund für $z_1 > z_2$ und ein Pferd für $z_2 > z_1$.

Das Training des Netzwerks wird mit 4.500 Bildern von Hunden und 4.500 Bildern von Pferden durchgeführt, wobei dem Netzwerk jeweils die korrekte Klassifizierung übergeben wird. Die Validierung des Trainings wird mit 1.000 Hundebildern und 1.000 Pferdebildern durchgeführt.

Die Evaluierung des Netzwerks geschieht mit dem Testdatensatz von weiteren 2.000 Bildern, die nicht beim Training verwendet wurden. In der ► Abbildung 10.12 sind zwei Beispielbilder gezeigt. Beide Bilder wurden richtig erkannt (Durchführung der Analyse Niklas Langner).

Trotzdem ist die Vorhersage des Netzwerks nicht immer korrekt. Die folgende Tabelle zeigt die relative Anzahl der korrekten Klassifizierungen und die Fehler in den Vorhersagen des Netzwerks:

	Netzwerk: Hund	Netzwerk: Pferd
wahrer Hund	0,76	0,14
wahres Pferd	0,24	0,86

Mithilfe moderner Netzwerkarchitekturen, z. B. »convolutional« Netzwerke, gelingen heutzutage fast perfekte Klassifizierungen von Bildern, selbst bei sehr vielen Bildkategorien und komplexen Darstellungen [23, 24].

Das Wichtigste zum Mitnehmen

- Fisher-Diskriminantenmethode: Es liegen 2 Variablen x und y zur Trennung von 2 Klassen vor. Anhand von Trainingsdaten wird analytisch eine Gerade $y(x)$ konstruiert, die beide Klassen in optimaler Weise trennt.
- Boosted-Decision-Trees: Bei diesem maschinellen Lernverfahren werden n Variablen x_i verwendet, um anhand von Trainingsdaten einen sequentiellen Entscheidungsbaum zu konstruieren. An jedem Knoten wird automatisch diejenige Variable x_k herausgesucht, die 2 Klassen bei dem Wert $x_k = x_{k\circ}$ optimal voneinander trennt. Durch den Aufbau von m verschiedenen Entscheidungsbäumen und Mittelung ihrer Ergebnisse wird die Qualität der Klassifizierung verbessert.
- Neuronales Netzwerk: Bei diesem maschinellen Lernverfahren wird eine multi-dimensionale Abbildung von n Eingangsvariablen auf m Ausgangsvariablen anhand von Trainingsdaten optimiert. Das Netzwerk besteht aus k Ebenen mit l Knoten. An jedem Knoten einer Ebene werden Informationen aus der vorigen Ebene durch lineare Abbildung zusammengefasst und anschließend einer nicht-linearen Funktion unterworfen. Eine Anwendung solcher Netzwerke ist die Klassifizierung. Durch die große Anzahl einstellbarer Parameter eines Netzwerks ergibt sich eine hohe Flexibilität und damit ein sehr leistungsfähiges Instrument für hoch-dimensionale Abbildungen.

Anhang: Lösungen und Tabellen

Lösungen zu den Textaufgaben

Lösung zu Aufgabe 1.1: Mittelwert, Standardabweichung

Bitte wiederholen Sie die Zusammenfassung des ersten Kapitels.

Lösung zu Aufgabe 2.1: Lotterie

Wir wählen $k = 3$ Zahlen aus insgesamt $n = 6$ Zahlen aus. Die Anzahl der Möglichkeiten für 3 verschiedene Zahlen beträgt:

$$N = \frac{6!}{3!\,3!} = \frac{6 \cdot 5 \cdot 4}{3 \cdot 2 \cdot 1} = \frac{120}{6} = 20$$

Die Wahrscheinlichkeit, eine bestimmte Kombination von Zahlen zu tippen ist

$$P(2,4,6) = \frac{1}{20} = 0{,}05 = 5\% \ .$$

Es handelt sich um eine Lotterie mit relativ guten Gewinnchancen.

Lösung zu Aufgabe 3.1: Mensch-ärgere-Dich-nicht

Die Wahrscheinlichkeit beim Spiel Mensch-ärgere-Dich-nicht in zehn Runden kein einziges Mal die Augenzahl 6 zu würfeln beträgt mit $p = 1/6$, $n = 10$ und $r = 0$:

$$\begin{aligned} P(0) &= \binom{10}{0} \cdot \left(\frac{1}{6}\right)^0 \cdot \left(\frac{5}{6}\right)^{10} \\ &= \frac{10!}{0!\,10!} \cdot 1 \cdot \left(\frac{5}{6}\right)^{10} = 16\% \end{aligned}$$

Diese Wahrscheinlichkeit ist verblüffend groß.

Lösung zu Aufgabe 3.2: Binomialtheorem mit $n = 3$

Die kubische Anwendung des Binomialtheorems lautet folgendermaßen:

$$\begin{aligned}(a+b)^3 &= \sum_{r=0}^{3} \binom{3}{r} \cdot a^r \cdot b^{3-r} \\ &= \binom{3}{0} \cdot a^0 \cdot b^3 + \binom{3}{1} \cdot a^1 \cdot b^2 + \binom{3}{2} \cdot a^2 \cdot b^1 + \binom{3}{3} \cdot a^3 \cdot b^0 \\ &= \frac{3!}{0!\,3!} \cdot b^3 + \frac{3!}{1!\,2!} \cdot a \cdot b^2 + \frac{3!}{2!\,1!} \cdot a^2 \cdot b + \frac{3!}{3!\,1!} \cdot a^3 \\ &= b^3 + 3\,a\,b^2 + 3\,a^2\,b + a^3\end{aligned}$$

Lösung zu Aufgabe 3.3: Exponentialverteilung

Eine Autopanne ergibt sich im Mittel alle 10.000 km, d.h. der Mittelwert der Exponentialverteilung

$$f(x) = \frac{1}{\mu}\, e^{-x/\mu}$$

beträgt $\mu = 10.000$. Setzen wir eine Fahrdistanz von 3.000 km ein, d. h. $x = 3.000$, ergibt sich die geringe Wahrscheinlichkeit von $7{,}4 \cdot 10^{-5}$ für eine Panne.

Die Exponentialverteilung ist gedächtnislos. Das bedeutet, von jeder Distanz an gerechnet ergibt sich wieder dieselbe Wahrscheinlichkeit für eine Autopanne nach 3.000 km.

Lösung zu Aufgabe 4.1: Fehler des Mittelwerts

Bei $n = 100$ Zufallszahlen x_i, die der Wahrscheinlichkeitsdichte $f(x_i)$ mit dem Mittelwert $\langle x \rangle$ und der Standardabweichung σ entnommen wurden, schätzen wir den Mittelwert durch

$$\langle x \rangle = \frac{1}{n} \sum_{i=1}^{n} x_i \, .$$

Der Fehler des Mittelwerts beträgt

$$\sigma_{\langle x \rangle} = \frac{\sigma}{\sqrt{n}} \, .$$

Teilen wir die n Zufallszahlen in $j = 1, \dots, m$ Gruppen mit jeweils k Werten ein, dann erhalten wir m Mittelwerte

$$\langle x \rangle_j = \frac{1}{k} \sum_{i=1}^{k} x_i \, .$$

Nach dem Zentralen Grenzwertsatz folgen sie einer Gaußverteilung mit

$$\sigma_{\langle x \rangle_j} = \frac{\sigma}{\sqrt{k}} \, .$$

Wir bilden jetzt den Mittelwert dieser Mittelwerte

$$\langle x \rangle' = \frac{1}{m} \sum_{i=1}^{m} \langle x \rangle_j \, .$$

Der Fehler dieses Mittelwerts beträgt wegen $n = k \cdot m$:

$$\sigma_{\langle x \rangle'} = \frac{\sigma_{\langle x \rangle_j}}{\sqrt{m}} = \frac{\sigma}{\sqrt{k}\,\sqrt{m}} = \frac{\sigma}{\sqrt{n}}$$

Demnach gibt es keinen Unterschied in der Genauigkeit der beiden Mittelwerte.

Lösung zu Aufgabe 5.1: Division unkorrelierter Messgrößen

Für die zusammengesetzte Messgröße

$$y = \frac{x_1}{x_2}$$

ergibt sich nach dem Fehlerfortpflanzungsgesetz (5.22):

$$\begin{aligned}
\sigma_y^2 &= \left(\frac{\partial y}{\partial x_1}\right)^2 \cdot \sigma_1^2 + \left(\frac{\partial y}{\partial x_2}\right)^2 \cdot \sigma_2^2 \\
&= \frac{1}{x_2^2} \cdot \sigma_1^2 + \left(-\frac{x_1}{x_2^2}\right)^2 \cdot \sigma_2^2 \\
&= \underbrace{\left(\frac{x_1^2}{x_2^2}\right)}_{= y^2} \cdot \left[\left(\frac{\sigma_1}{x_1}\right)^2 + \left(\frac{\sigma_2}{x_2}\right)^2\right]
\end{aligned}$$

Dividieren wir auf beiden Seiten durch die zusammengesetzte Messgröße y, so erhalten wir Terme aus den relativen Fehlern:

$$\frac{\sigma_y}{y} = \sqrt{\left(\frac{\sigma_1}{x_1}\right)^2 + \left(\frac{\sigma_2}{x_2}\right)^2}$$

Bei Division von Messgrößen werden die relativen Fehler quadratisch addiert.

Lösung zu Aufgabe 5.2: Erdbeschleunigung

Die Erdbeschleunigung g berechnen wir aus der Fallzeitmessung t und der Wegmessung s:

$$g = \frac{2\,s}{t^2}$$

Der relative Fehler von g ist unter Berücksichtigung von $\sigma_{t^2}/t^2 = 2 \cdot \sigma_t/t$:

$$\begin{aligned}
\frac{\sigma_g}{g} &= \sqrt{\left(\frac{\sigma_s}{s}\right)^2 + \left(\frac{\sigma_{t^2}}{t^2}\right)^2} \\
&= \sqrt{\left(\frac{\sigma_s}{s}\right)^2 + \left(2\,\frac{\sigma_t}{t}\right)^2}
\end{aligned}$$

Lösung zu Aufgabe 7.1: Maximum-Likelihood-Methode

Wir summieren die Werte nach Gleichung (7.28)

$$F(a) = 2\sum_{j=1}^{N}\mu_j - 2\sum_{j=1}^{N} n_j \ln \mu_j$$

und erhalten für $a = 0$:

$$F(0) = 2\ [\,9 - (1\cdot \ln 2 + 5\cdot \ln 3 + 3\cdot \ln 2)\,] = 1{,}47$$

Für $a = 1$ ergibt sich:

$$F(1) = 2\ [\,9 - (1\cdot \ln 1 + 5\cdot \ln 2 + 3\cdot \ln 3)\,] = 4{,}48$$

Für $a = -1$ ist:

$$F(-1) = 2\ [\,9 - (1\cdot \ln 3 + 5\cdot \ln 2 + 3\cdot \ln 1)\,] = 8{,}87$$

Der beste Schätzwert für a liegt zwischen $a = 0$ und $a = 1$.

Lösung zu Aufgabe 7.2: Elektrischer Widerstand

Als Modell verwenden wir das Ohmsche Gesetz in einer Form, die als Parameter die elektrische Leitfähigkeit $a_2 = 1/R$ enthält und einen möglichen Offset $I_\circ$ bei der Strommessung berücksichtigt:

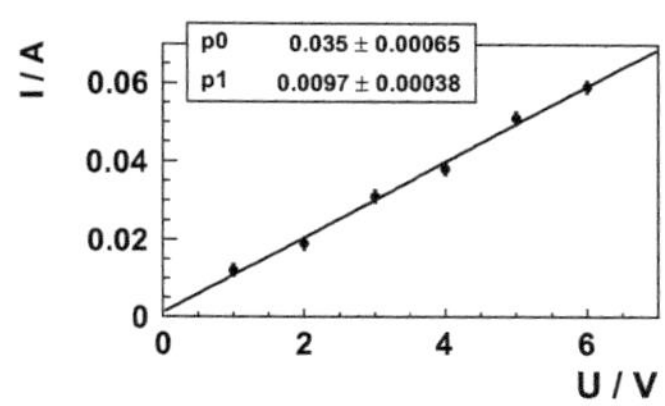

$$I(U_i) = I_\circ + \frac{1}{R}\cdot U_i = \underbrace{I_\circ + \frac{\overline{U}}{R}}_{=a_1} + \underbrace{\frac{1}{R}}_{=a_2}\cdot (U_i - \overline{U})$$

Für die Berechnung der Parameter benötigen wir verschiedene Summen:

Spannungs- und Strommittelwerte:

$$\overline{U} = \frac{1}{n}\sum_{i=1}^{n} U_i = 3{,}5\,\mathrm{V}$$

$$a_1 = I(\overline{U}) = \overline{I} = \frac{1}{n}\sum_{i=1}^{n} I_i = 35\,\mathrm{mA}$$

Quadratische Differenzen:

$$\sum_{i=1}^{n}(U_i - \overline{U})^2 = (2{,}5^2 + 1{,}5^2 + \ldots)\mathrm{V}^2 = 17{,}5\,\mathrm{V}^2$$

Gewichtete Summe der Strommessungen:

$$\sum_{i=1}^{n} I_i(U_i - \overline{U}) = (-12 \cdot 2{,}5 \ldots)\,\mathrm{mA\,V} = 0{,}17\,\mathrm{A\,V}$$

Leitfähigkeit $a_2 = 1/R$:

$$a_2 = \frac{\sum_{i=1}^{n} I_i(U_i - \overline{U})}{\sum_{i=1}^{n}(U_i - \overline{U})^2} = \frac{0{,}170\,\mathrm{A\,V}}{17{,}5\mathrm{V}^2} = 0{,}0097\,\frac{1}{\Omega}$$

Varianz der Messdaten:

$$s^2 = \frac{1}{n-2}\sum_{i=1}^{n}\left(a_1 + a_2(U_i - \overline{U}) - I_i\right)^2 = 2{,}5\,\mathrm{mA}^2$$

Fehler von a_1, a_2:

$$s_{a_1} = \frac{s}{\sqrt{n}} = 0{,}65\,\mathrm{mA}$$

$$s_{a_2} = \frac{s}{\sqrt{\sum_{i=1}^{n}(U_i - \overline{U})^2}} = 0{,}0004\,\frac{1}{\Omega}$$

Unsicherheit bei $U = 0$:

$$s_{I\,(\mathrm{Modell})} = s\sqrt{\frac{1}{n} + \frac{\overline{U}^2}{\sum_{i=1}^{n}(U_i - \overline{U})^2}} = 1{,}5\,\mathrm{mA}$$

Offset der Strommessung nicht nachweisbar:

$$I_\circ = a_1 - \frac{\overline{U}}{R} = 1{,}05\,\mathrm{mA} < s_{I\,(\mathrm{Modell})}$$

Gemessener Widerstand:

$$R = \frac{1}{a_2} = (103 \pm 4)\,\Omega$$

Lösung zu Aufgabe 8.1: Vergleich zweier experimenteller Mittelwerte

Die Messwerte der Experimente lauten:

$$\begin{array}{llll} \text{Experiment 1}: & \text{n} & \text{Werte} & x_1, x_2, \ldots x_n \\ \text{Experiment 2}: & \text{m} & \text{Werte} & y_1, y_2, \ldots y_m \end{array}$$

Um die Kompatibilität der beiden experimentellen Resultate zu testen, berechnen wir die Mittelwerte und die Fehler der Mittelwerte:

$$\overline{x} \pm s_x/\sqrt{n} \quad \text{mit} \quad \overline{x} = \frac{1}{n}\sum_{i=1}^{n} x_i\,, \quad s_x^2 = \frac{1}{n-1}\sum_{i=1}^{n}(x_i - \overline{x})^2$$

$$\overline{y} \pm s_y/\sqrt{m} \quad \text{mit} \quad \overline{y} = \frac{1}{m}\sum_{i=1}^{m} y_i\,, \quad s_y^2 = \frac{1}{m-1}\sum_{i=1}^{m}(y_i - \overline{y})^2$$

Messwerte	$x_i = 3,\ 5,\ 7$	$y_i = -2,\ 0,\ 2,\ 4$
Mittelwert	$\overline{x} = 5$	$\overline{y} = 1$
Freiheitsgrade	$n - 1 = 3 - 1 = 2$	$m - 1 = 4 - 1 = 3$
Varianz	$s_x^2 = \frac{1}{2}(2^2 + 0^2 + 2^2) = 4$	$s_y^2 = \frac{1}{3}(3^2 + 1^2 + 1^2 + 3^2) = \frac{20}{3}$
Fehler	$s_{\overline{x}} = 2/\sqrt{3}$	$s_{\overline{y}} = (\sqrt{20/3})/\sqrt{4} = \sqrt{5/3}$

Als Testgröße t verwenden wir die Differenz der Mittelwerte, dividiert durch die kombinierten Mittelwertfehler:

$$t = \frac{\overline{x} - \overline{y}}{\sqrt{s_{\overline{x}}^2 + s_{\overline{y}}^2}}$$

Die Testgröße t folgt einer t-Verteilung mit $k = n + m - 2 = 5$ Freiheitsgraden, wobei die 2 Freiheitsgrade durch die Verwendung der beiden experimentellen Mittelwerte bei der Fehlerberechnung abgezogen werden.

$$t = \frac{5 - 1}{\sqrt{4/3 + 5/3}} = \frac{4}{3}$$

Da wir beide Experimente als Referenzexperiment betrachten können, ist nur der Betrag $|t|$ der Testgröße relevant. Die Wahrscheinlichkeit, bei $k = 5$ Freiheitsgraden $|t| \geq 4/3$ zu messen, beträgt

$$P = 2\int_{4/3}^{\infty} f_5(t)\,dt = 12\%\ .$$

Das Konfidenzniveau entspricht demnach $CL = 1 - P = 88\%$. Falls die Fehler gaußverteilt sind, liegt die Übereinstimmung der Mittelwerte innerhalb von 2 Standardabweichungen. Wir bezeichnen diese gemessenen Mittelwerte als statistisch miteinander verträglich.

Lösung zu Aufgabe 8.2: χ^2-Wahrscheinlichkeit

Bei $n = 50$ Messungen (Freiheitsgraden) ist es wahrscheinlich, den Wert $\chi^2 = 55$ zu erhalten: Die Wahrscheinlichkeit, sogar einen noch größeren Wert zu erhalten, beträgt $P = \int_{55}^{\infty} f_{50}(\chi^2)\, d\chi^2 = 29\%$.

Der vergleichsweise kleine Wert $\chi^2 = 30$ ist unwahrscheinlich: Die Wahrscheinlichkeit diesen Wert oder sogar noch einen kleineren Wert zu erhalten, beträgt gerade mal $P = \int_{0}^{30} f_{50}(\chi^2)\, d\chi^2 = 1\%$. Bei einem solchen Ergebnis würde man die Fehlerrechnung seiner Messung unter der Hypothese überprüfen, dass die Fehler im Nenner der Residuen (8.21) als zu groß angenommen, also überschätzt wurden.

Wahrscheinlichkeitsverteilungen und Kenngrößen

Verteilung	Form	Mittelwert	Standardabweichung	Gleichung
Binomialverteilung	$P(r) = \binom{n}{r} \cdot p^r \cdot (1-p)^{n-r},\ r = 0, 1, \ldots, n$	$\langle r \rangle = n\,p$	$\sigma = \sqrt{n\,p\,(1-p)}$	(3.34)
Poissonverteilung	$P(r) = e^{-\mu} \cdot \frac{\mu^r}{r!},\ r = 0, 1, 2, \ldots$	$\langle r \rangle = n\,p \equiv \mu$	$\sigma = \sqrt{n\,p}$	(3.45)
Gleichverteilung	$f(x) = \begin{cases} \frac{1}{b-a} & a \le x \le b \\ 0 & \text{außerhalb} \end{cases}$	$\langle x \rangle = \frac{a+b}{2}$	$\sigma = \frac{b-a}{\sqrt{12}}$	(3.30)
Gaußverteilung	$f(x) = \frac{1}{\sqrt{2\,\pi}\,\sigma} \cdot e^{-\frac{(x-\mu)^2}{2\,\sigma^2}}$	$\langle x \rangle = \mu$	σ	(3.52)
Exponentialverteilung	$f(x) = \begin{cases} \frac{1}{\mu}\, e^{-x/\mu} & x \ge 0 \\ 0 & x < 0 \end{cases}$	$\langle x \rangle = \mu$	$\sigma = \mu$	(3.66)
Student t-Verteilung	$f_n(t) = \frac{1}{\sqrt{n\,\pi}} \cdot \frac{\Gamma\left(\frac{n+1}{2}\right)}{\Gamma\left(\frac{n}{2}\right)} \cdot \left(1 + \frac{t^2}{n}\right)^{-\frac{n+1}{2}}$	$\langle t \rangle = 0\ ;\ n > 1$	$\sigma = \sqrt{\frac{n}{n-2}};\ n > 2$	(8.11)
χ^2-Verteilung	$f_n(\chi^2) = \frac{\frac{1}{2}\left(\frac{\chi^2}{2}\right)^{\frac{n}{2}-1} e^{-\frac{\chi^2}{2}}}{\Gamma\left(\frac{n}{2}\right)},\ \chi^2 \equiv \sum_{i=1}^{n} x_i^2$	$\langle \chi^2 \rangle = n$	$\sigma = \sqrt{2\,n}$	(8.17)

Tabelle A.1 Wahrscheinlichkeitsverteilungen

Kenngrößen	Wahrscheinlichkeitsverteilung $f(x)$	Schätzung mit Messwerten	Gleichung
Lokalisierungsparameter			
Mittelwert	$\langle x \rangle = \int_{-\infty}^{\infty} x \cdot f(x)\ dx$	$\langle x \rangle = \frac{1}{n} \sum_{i=1}^{n} x_i$	(3.13)
Median	$\int_{-\infty}^{x_{med}} f(x)\, dx = \int_{x_{med}}^{\infty} f(x)\, dx = 0,5$		(3.18)
Wahrscheinlichster Wert	$f_{max} = f(x_{max})$		(3.17)
Dispersionsparameter			
Standardabweichung	$\sigma = \sqrt{\int_{-\infty}^{\infty} (x - \langle x \rangle)^2 \cdot f(x)\ dx}$	$s = \sqrt{\frac{1}{n-1} \sum_{i=1}^{n} (x_i - \langle x \rangle)^2}$	(3.21)
Varianz	$V = \int_{-\infty}^{\infty} (x - \langle x \rangle)^2 \cdot f(x)\ dx$	$V = \frac{1}{n-1} \sum_{i=1}^{n} (x_i - \langle x \rangle)^2$	(3.19)
Root-Mean-Square	$x_{\mathrm{RMS}} = \sqrt{\int_{-\infty}^{\infty} x^2 \cdot f(x)\ dx}$		(3.22)
Full-Width-Half-Maximum	$f(x_{(+,1/2)}) = f(x_{(-,1/2)}) = \frac{f_{max}}{2}$: $\mathrm{FWHM} = \mid x_{(+,1/2)} - x_{(-,1/2)} \mid$		(3.26)

Tabelle A.2 Kenngrößen für Verteilungen

Index

K

L

M

N

Literaturverzeichnis

[1] Van Rossum, G. and Drake Jr, F. L., Python tutorial, Centrum voor Wiskunde en Informatica Amsterdam, The Netherlands (1995); Python Software Foundation, https://www.python.org (21-Sep-2019).

[2] Van der Walt, S., Colbert, S. C., and Varoquaux, G., The NumPy Array: A Structure for Efficient Numerical Computation, Computing in Science & Engineering, 13, 22–30 (2011); Travis E, Oliphant. A guide to NumPy, USA: Trelgol Publishing, (2006)

[3] Jones E, Oliphant E, Peterson P, et al. SciPy: Open Source Scientific Tools for Python, 2001–, http://www.scipy.org/ (21-Sep-2019)

[4] Hunter, J. D., Matplotlib: A 2D Graphics Environment, Computing in Science & Engineering, 9, 90–95 (2007)

[5] Brun, R., Rademakers, F.: ROOT – An Object Oriented Data Analysis Framework, Nucl. Inst. & Meth. in Phys. Res. A 398 (1996) 81,
ROOT: http://root.cern.ch (24-Sep-2019)

[6] Bretz H.-P., Brodski, M., Erdmann, M., Fischer, R., Hinzmann, A., et al., A Development Environment for Visual Physics Analysis, Journal of Instrumentation JINST 7 (2012) T08005,
VISPA: https://vispa.physik.rwth-aachen.de (24-Sep-2019)

[7] Blobel, V., Lohrmann, E.: Statistische und numerische Methoden der Datenanalyse, Teubner Studienbücher Physik (1998), http://www.desy.de/ blobel/ebuch.html (31-Jul-2019).

[8] Bronstein, I., Semendjajev, K.: Taschenbuch der Mathematik, Verlag Harri Deutsch, 19. Auflage (1981)

[9] Van Hees, H.: Vorlesungsskript Grundlagen der Quantentheorie, Frankfurt Institute for Advanced Studies (2011)

[10] Wietfeldt, F.E., Greene, G.L., Colloquium: The neutron lifetime, Rev. Mod. Phys. 83 (2011) 1173

[11] M. Tanabashi et al. (Particle Data Group), The Review of Particle Physics (2019), Phys. Rev. D 98, 030001 (2018) and 2019 update,
PDG: http://pdg.lbl.gov (24-Sep-2019)

[12] Newell, D. B. et al., The CODATA 2017 values of h,e,k, and NA for the revision of the SI, Metrologia 55, L13–L16 (2018); Mohr, P. J., Newell, D. B., Taylor, B. N., Tiesinga, E., Data and analysis for the CODATA 2017 special fundamental constants adjustment, Metrologia 55, 125–146 (2018),
NIST: http://physics.nist.gov/constants (24-Sep-2019)

[13] Cowan, G.: Statistical Data Analysis, Oxford University Press (1998)

[14] Cowan, G., Cranmer, K., Gross, E., Vitells O.: Asymptotic formulae for likelihood-based tests of new physics, Eur. Phys. J. C71 (2011) 1554, https://arxiv.org/abs/1007.1727

[15] Hoecker, A., Speckmayer, P., Stelzer, J., Therhaag, J., von Toerne, E., Voss, H.: TMVA - Toolkit for Multivariate Data Analysis, PoS ACAT 040 (2007), https://arxiv.org/abs/physics/0703039

[16] Müller, T., Ott, J., Wagner-Kuhr, J.: Theta – A Framework for Template-based Modeling and Inference, Karlsruhe Institute of Technology (2010)

[17] McCulloch, W. S., Pitts, W.: Bulletin of Mathematical Biophysics (1943) 5: 115. https://doi.org/10.1007/BF02478259

[18] I. Goodfellow, Y. Bengio and A. Courville, Deep Learning, MIT Press, Cambridge, MA, US (2016), https://www.deeplearningbook.org

[19] F. Chollet et al., Keras: The Python Deep Learning library, (2015). https://github.com/keras-team/keras

[20] M. Abadi *et al.*, TensorFlow: Large-scale machine learning on heterogeneous systems, arXiv:1603.04467 [cs.DC], https://www.tensorflow.org (21-12-2018).

[21] https://playground.tensorflow.org (2-Jan-2019).

[22] Krizhevsky, A., Learning Multiple Layers of Features from Tiny Images, 2009, https://www.cs.toronto.edu/ kriz/cifar.html (29-Jul-2019).

[23] Russakovsky, O., Deng, J., *et al.*, ImageNet Large Scale Visual Recognition Challenge IJCV, arXiv:1409.0575 [cs.CV].

[24] Touvron, H., Vedaldi, A., Douze, M., Jégou, H., Fixing the train-test resolution discrepancy, arXiv:1906.06423

Klassische Mechanik